資料にみる『関東大震災から国民防空への展開』口絵

本書は当時の資料をもとに、関東大震災の教訓がどのように昭和初期の国民防空に使われたのかについて検証する。

論述に入る前に、ここでその作業に使用した資料の書影や画像を口絵として紹介する。これらは本研究において収集したもので、一部（国）とあるのは国会図書館デジタルコレクション・国立公文書館デジタルアーカイブ等所収の画像である。また、論文や雑誌掲載の資料の書影は省略している。

資料やカバーの出典等は参考資料（277 ～ 284 頁）を参照されたい。

口絵頁の資料判型（一部大判は例外あり）

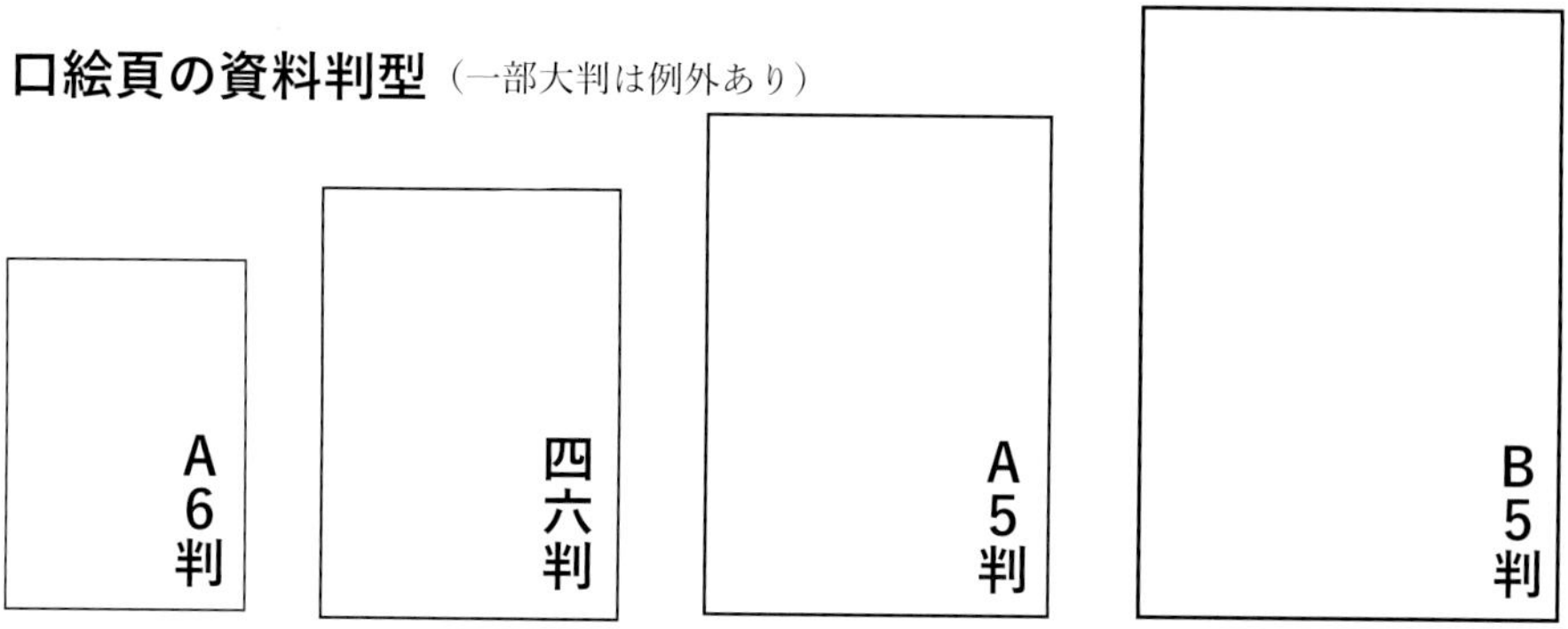

A6判　四六判　A5判　B5判

（以下、資料番号に即して書影等画像を示す。発行元等は参考資料 277 頁以下を参照）

*1-3 原田勝正他『東京・関東大震災前後』1997

*1-2 土田宏成『近代日本の国民防空体制』2010

*1-1 波多野勝他『関東大震災と日米外交』1999

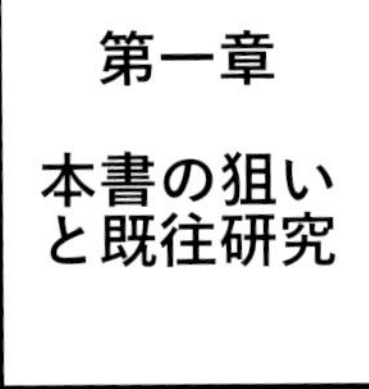

*1-9 防衛研修所戦史室『戦史叢書本土防空作戦』1968

*1-8 東京都公文書館『都史資料集成第 12 巻』2012

*1-5 上山和雄編『帝都と軍隊―地域と民衆の視点から』2002

*1-6 東京都『東京都戦災誌』2008

*1-15 水島朝穂・大前　治『検証防空法』2014

*1-13 吉田律人『軍隊の対内的機能と関東大震災』2016

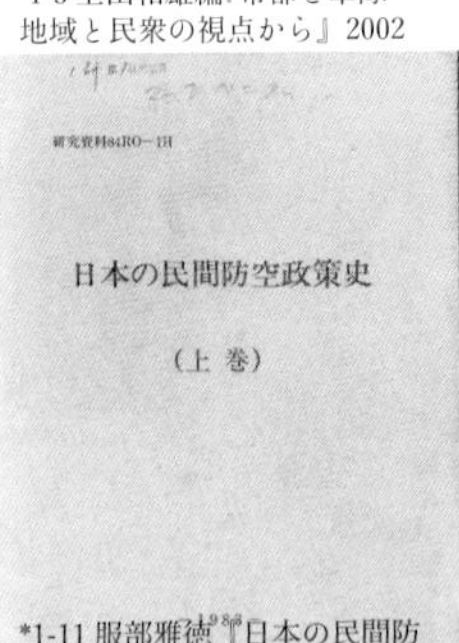

*1-11 服部雅徳『日本の民間防空政策史（上巻）』1983

*1-10 浄法寺朝美『日本防空史』1981

**1-19 川口朋子『建物疎開と都市防空』2014

*1-18 黒田康弘『帝国日本の防空対策』2010

*1-17 大井昌靖『民防空政策における国民保護』2016

*1-16 大前　治『逃げるな火を消せ戦時下トンデモ『防空法』』2016

*2-8 復興調査協会『帝都復興史付横浜復興記念史』1930

*2-2 森靖夫『永田鉄山』2011

第二章

国民防空の展開過程

*1-20 玉井清編著『写真週報とその時代（下）』2017

*3-5 復興事務局編『帝都復興事業誌計画編』1931

*3-4 松尾章一監修『関東大震災政府陸海軍関係資料』1997

*3-3 東京市役所『東京震災録』1926

第三章

関東大震災時の軍の活動と教訓

*6-2 小林淳一郎述『帝国陸軍の現状と国民の覚悟』1924

*6-1 長岡外史『日本飛行政策』1918（国）

第六章

防空を巡る言説と関東大震災

*3-6 東京市政調査会編『帝都復興秘録』1930

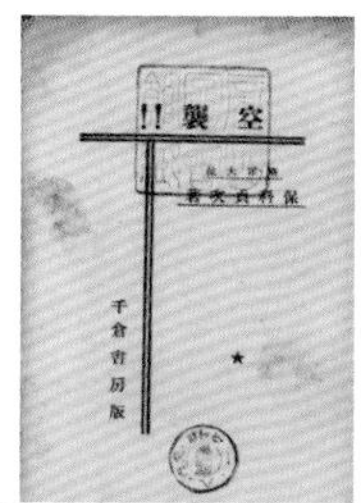

*6-6 保科貞次『空襲!!』千倉書房 1931（国）

*6-5 皇國飛行協会編『防空の智識』1931

*6-4 和田亀治述『帝国の国防』1931

*6-3 川島清治郎『空中国防』1928

*6-10 陸軍省新聞班
『空の国防』1934

*6-9 雑誌日の出 9 月号付録
『空襲下の日本』1933

*6-8　山田新吾編著
『爆撃対防空』1933

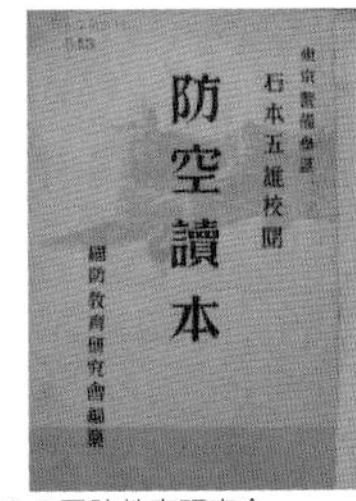

*6-7 国防教育研究会
『防空読本』1933

*6-14 保科貞次
『防空の科学』1935

*6-13　陸軍省つわもの編集部
『空の護り国民防空必携』1934

*6-12 西田福次郎
『空襲と帝都防衛』1934

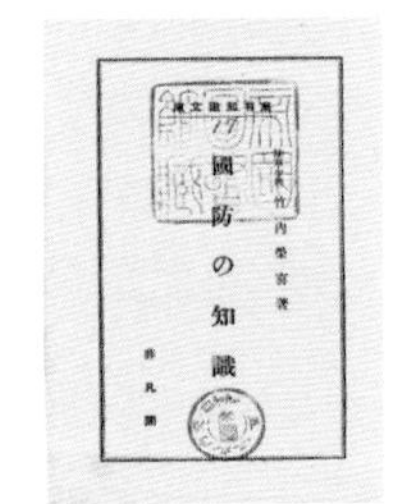

*6-11 竹内栄喜
『国防の知識』1934（国）

*6-18 高橋常吉
『敵機来らば』1937

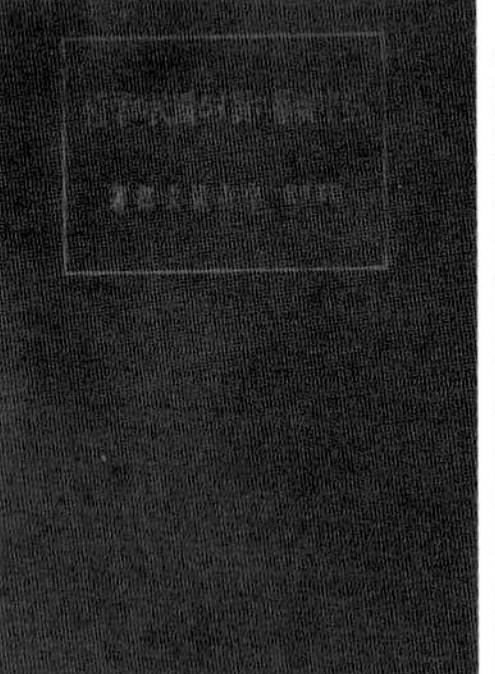
*6-17 宇山熊太郎『空中襲撃に対する国民の準備』1937

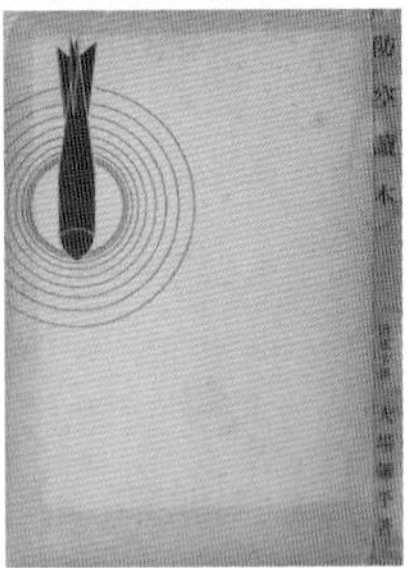

*6-16 陸軍少将大場彌平
『防空読本』1937

*6-15 宇山熊太郎
『国防論』1936

*6-22 東京日日・大阪毎日新聞社編『戦時防空読本』1941

*6-21 毎夕新聞社
『隣組家庭防空必携』1940

*6-20 内務省計画局編
『国民防空読本』1939

*6-19 波多野繁蔵
『家庭防空読本』1939

*6-26 陸軍報道部検閲
『国民防空書』1941

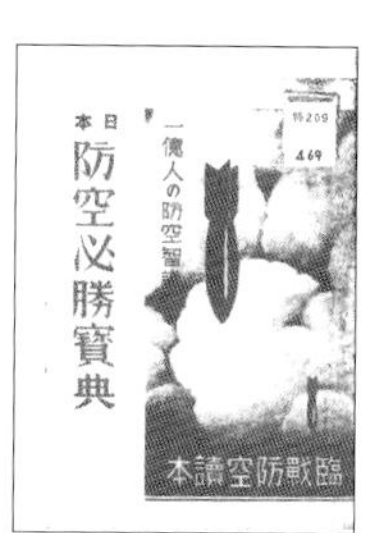

*6-25 佐藤誠也編『防空必勝宝典臨戦防空読本』1941（国）

*6-24 上坂倉次
『国民防衛の書』1941

*6-23 国枝金市他『国民防空の知識：空襲に備へて』1941

*6-29 石井作二郎
『実際的防空指導』1942（国）

*6-28 藤田義光『防空法解説 一大東亜戦と国民防空』1942

*6-27-2 内務省他
『時局防空必携』1941

*6-27 難波三十四『現時局下の防空『時局防空必携』の解説』1941

*6-33 内務省防空局『改定『時局防空必携解説』1943

*6-32 山口清人『もし東京が爆撃されたら！』1943

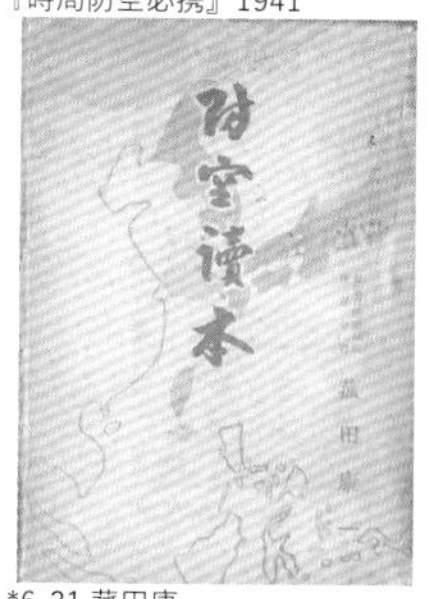

*6-31 菰田康一
『防空読本』1943

*6-30 難波三十四『国防科学叢書 22　防空』1942

*6-36 小橋豊
『国民防空知識』1938（国）

*6-35 田邊平学
『防空教室』1945

*6-34 館林三喜男他
『防空総論』1943（国）

*6-33-2 内務省
『時局防空必携』1943

第七章

震災調査、火災実験・焼夷弾消火、都市の防火的構築

*6-43 中村徳次
『実戦的家庭防火群』1940

*6-38 難波三十四他『教育パンフ防空必勝の態勢』1941

*6-37 難波三十四
『防空必勝の栞』1941

*7-4 東京府
『大正震災誌』1925

*7-3 改造社編
『大正大震火災誌』1924

*7-2 警視庁消防部
『帝都大正震火記録』1924

*7-1 震災予防調査会
『震災予防調査会報告 第百号（戊）』1924

*7-9 内田祥文著
『建築と火災』1942

*7-7-2 中村清二『1923年東京に於る地震による大火災』1924

*7-6 東京市
『東京震災録前篇』1926

*7-5 内務省社会局『大正震災志　上下・附図』1926

*7-21 内務省防空局『大型焼夷弾防護指導要領』1943

*7-19 陸軍科学研究所編纂『市民ガス防護必携附焼夷弾の防火方法』に対する認識及び措置に就て』1935

*7-18 陸軍科学研究所
『焼夷弾』1934

*7-11 岩波書店
『防災科学（5）火災』1935

*7-26 浅田常三郎
『国を守る科学』1941

*7-25 浅田常三郎
『防空科学』1943

*7-24 東　健一『防空の化学
科学選書 37』1942

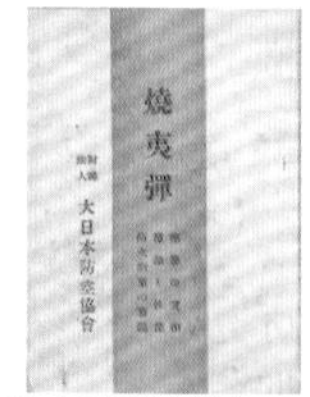

*7-23 大日本防空協会
『焼夷弾』1941

7-30E バートレットカーー『戦略東京
大空爆一九四五年三月十日の
真実』1994

*7-29R シェイファー『米国
の日本空襲にモラルはあった
か』1996

*7-28 日本建築学会『近代日
本建築学発達史』1973

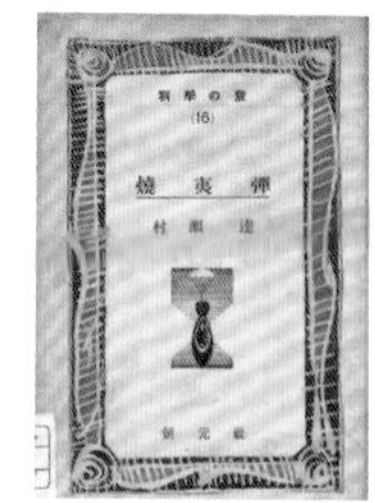

*7-27 村瀬　達
『焼夷弾　科学の泉 16』1944

*7-36 東京市『都市防空パンフレット』1937 ～ 1939

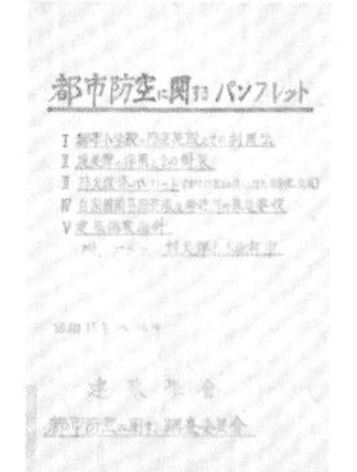

*7-34 建築学会『都市防空に
関するパンフレット』1940

*7-33 日本建築学会『焼夷弾
の作用とその対策』1937

*7-39 松本治彦
『防空と国土計画』1943

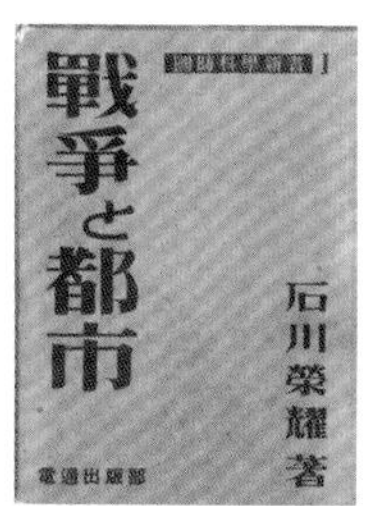

*7-38 石川栄耀『国防科学新
書 I　戦争と都市』1942

*7-37 磯村英一
『防空都市の研究』1940

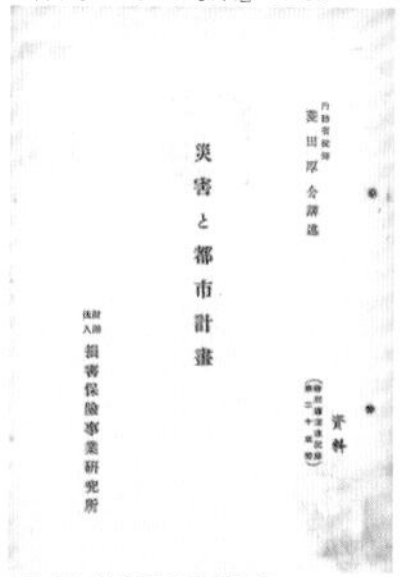

*7-35 菱田厚介講述
『災害と都市計画』1937

*7-45 静岡新報社編
『静岡大火写真帖』1940

*7-43 町田保　『土木防空—
都市計画編 5』1943

*7-41 田邊平学
『不燃都市』1945

*7-40 菱田厚介『科学新書 51
新都市の構成』1943

*8-3 写真週報 42 号『焼夷弾
の延焼は防げる』1938.11.30

*8-2 写真週報 29 号
『防空おぼえ帖』1938.8.31

*8-1 玉井　清編著『写真週報
とその時代下』2017（再掲）

第八章

防空に関する国民啓発と関東大震災

*8-7 写真週報 208 号『全力で
守れこの空この国土』1942.2.18

*8-6 写真週報 184 号
『都市防空』1941.9.3

*8-5 写真週報 136 号
『ロンドン空爆』1940.10.2

*8-4 写真週報 88 号『国民挙っ
て空に備えよ』1939.10.25

*8-11 写真週報 288 号
『注水競技会』1943.9.20

*8-10 写真週報 283 号『改訂時
局防空必携写真解説』1943.8.4

*8-9 写真週報 282 号（軍防空）
1943.7.28

*8-8 写真週報 261 号『大型焼夷
弾はどう消すか』1943.3.3

*8-15 写真週報 319 号『五月の空に手を伸ばせ』1944.5.3 A3

*8-14 写真週報 314 号『兵器は私たちで --』1944.3.2

*8-13 写真週報 311 号『敵機は狙う我が頭上』1944.3.1

*8-12 写真週報 305 号『空襲に予告なし』1944.1.19

*8-29 神奈川大『国策紙芝居からみる日本の戦争』2018A4

*8-18 東京都『東京都都史紀要 36』1996

*8-17 写真週報 333 号『やろう勝つためには --』1944.8.9

*8-16 写真週報 332 号『国民大和一致、--』1944.8.2

*8-30　日本教育紙芝居協会『警視庁指導　空の護り』1939

*8-31　日本防空協会編纂『焼夷弾』大日本畫劇株式会社 1941

*8-32 大日本防空協会編纂『防空壕』大日本畫劇株式会社 1941

*8-33 日本教育紙芝居協会『家庭防空陣』日本教育画劇 1941

*8-34 大日本防空協会『防空必携我等の防空　第一部基本訓練編』大日本画劇 1942

*8-36 大日本防空協会『防空必携我等の防空　第三部空襲編』大日本画劇 1942

*8-35 大日本防空協会『防空必携我等の防空　第二部警戒対策編』大日本画劇 1942

*8-37 東京市防衛局提供『紙芝居トーキー　防空は防火なり』興亜文化録音発行年不明

*8-38 日本教育紙芝居協会『敵くだる日まで』日本教育画劇（株）1943

午前二時
日本教育紙芝居協會
繪畫・油野誠一
脚本・鈴木景山

*8-40 日本教育紙芝居協会『午前二時』日本教育画劇（株)1944

*8-41 日本教育紙芝居協会『我は何をなすべきか』日本教育画劇 1944

*8-39 日本少国民文化協会選定紙芝居『クウシウ』全甲社紙芝居刊行会 1943(画像：福岡市博物館)

*8-43 大日本防空協会『内務省推薦　防空絵とき』1941

*8-42 内務省計画局編『少年防空読本』大日本防空協会 1941

*8-43 大日本防空協会『内務省推薦　防空絵とき』1941

*8-46 日本赤十字社『赤十字博物館報第十九号』1938

*8-44 警視庁防空課・消防課検閲『隣組防空絵解』1944

*8-45 内務省計画局編『バウクウノオハナシ』 大日本防空協会　昭和 15 年

*8-47 赤十字博物館作成ポスター『防空図解』第三輯・一輯　小林又七本店　昭和 13 年 6 月 94 × 64cm 国立公文書館ﾃﾞｼﾞﾀﾙｱｰｶｲﾌﾞ

吉村昭
関東大震災

*9-1 吉村　昭『関東大震災』
文藝春秋社 1973

第九章

『神田和泉町・佐久間町の事蹟』の防空活用

第七章（178 頁）付図　菱田厚介「東京防火計画試案」A4 大

*7-35　菱田厚介講述『災害と都市計画』昭和 12 年 3 月

*9-4 山角徳太郎編
『神田復興史並焼残記』1925

*9-2 鈴木　淳『関東大震災』
ちくま新書 2004

（本文 244 頁参照）

日本教育紙芝居協会　作品番号二〇四

『関東大震災』

発行　昭和十六年九月一日

表紙

　またむぐり来た九月一日家を焼かれ子にはぐれ親を見失った人達が、あてもなく今日も明日も焼け野原と化した東京の町から町をさまよい歩いた十八年前の関東大震災。あの悲惨時を新しく思い出す。大正十二年九月一日午前十一時五十八分。だれがあの大地震を予期したであろうか。

　東京市民の大部分は昼の食卓につこうとしていた時であった。ゴーッ

①

　グラグラ耳をうつ怪音に続いて地震だッ。

②

　壁は落ちる。棚は倒れかかる。一瞬にして私達は恐怖の底にたたき込まれた。火事だぁ！。

③

　あっ水が出ない、断水だ。頼みの綱とする水道からは一滴の水も出ない。二度目の震動。

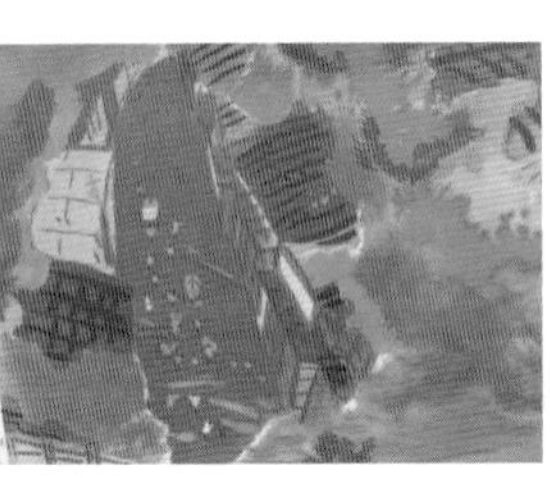

④

　地震に続いて起きる火事。百四五十カ所を火元として起こった火事はたちまちに人も家も紅蓮の焔に包んでしまったのである。日本橋、本郷台、浅草、ここは神田の一廓、神田川に沿う

⑤

　佐久間町、和泉町の片ほとりである。三方の空をおおう黒煙。しかも大地は、間断なく揺れているのだ。この世の終わりとも思われる恐ろしさ。

⑥

　「あっ飛び火だ飛び火だ」風が変わって小学校の屋根に火がついた。これが焼ければ、この町は絶望だ。非常の時に出会えばまず自分の為のみ計りたがるのが人情だが、この町の人々は賢かった。勇敢だった。「町を守れ！」「学校を焼くな！」「火を消すんだ！」「水だ！」「水だ！」「ソラキタ　ヨイショ」「ソラキタ　ヨイショ」

⑦

　バケツ、鍋、釜、おはち、水の入る者なら何でもよかった。手早く持ち寄ると直ちに近くの井戸から汲み上げた水の手送りが始まった。そして学校の火を消し止めた頃　通りは家財道具を積んだ手車、リヤカー、自転車

⑧ 子供を負ぶった母親、老人の手をひいた人、いずれも安全な場所をもとめて逃げ惑う人たちで一杯だった。この町の人々も老人や子供、女達だけを上野公園に避難させることにした。

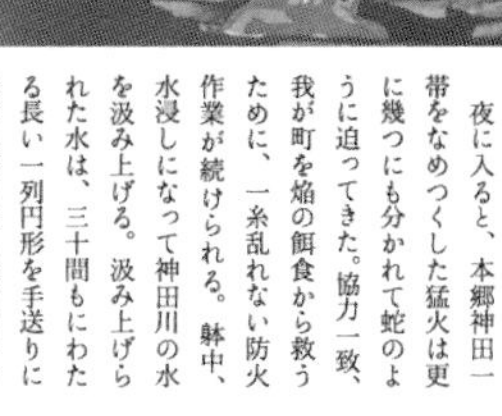

⑨ 夜に入ると、本郷神田一帯をなめつくした猛火は更に幾つにも分かれて蛇のように迫ってきた。協力一致、我が町を焔の餌食から救うために、一糸乱れない防火作業が続けられる。軒中、水浸しになって神田川の水を汲み上げる。汲み上げられた水は、三十間もにわたる長い一列円形を手送りに運ばれ怒り狂う猛火にかけられる。

⑩ 間近い焔は手を焼き胸を焼くばかりに熱い。「次は鍋だぞ戸にかけてくれ」「よし鍋、来い」一方では

⑪ 火を呼びやすいペンキ塗りの看板類はことごとく取り外し。家々の窓や雨戸はぴったり閉じた。このように力強い団結のもとに困難を押して真剣な防火作業が続けられているとき、他の多くの町の人々は

⑫ 「ああなんということだ。」「もはや神仏におすがり申すより外はない」呆然と火の勢いにのまれてしまい、路まで運び出した家財道具の番人をしているに過ぎなかった。そして、火の手が家財にのびてくると慌てて

⑬ その家財を真道の反対側に移すだけが精一杯の努力で、我が家、我が町が目の前で灰になるのを手をつかねて見ているのだった。またようやく運び出した家財道具を

⑭ 舟に積み込みやれ安心と思ったのも束の間、家財に火が飛び移り船の中が火事になり、水の中に飛び込んで溺死した人も数しれない。

⑮ 身一つで安全な場所に逃れた人達は空の彼方のわが家を焼く火焔を悲しく眺めるよりすべを知らなかった。のろわしい一夜は過ぎたが火勢は少しのおとろえさえ見せず暁かけて空一面に

⑯ すざまじいスカーフ雲が現出して人々の不安を倍加させた。
その頃町を守る佐久間町、和泉町の人達は、

⑰
綱、針金、ノコギリ、丸太を使って、延焼のおそれがある家を取り壊していた。いずれも飲まず食わずに迎えた朝だった。その日も暮れて再び夜になると

⑱
「おいどうしたんだ、しっかりしろ！」「すまん、ただフラフラとしただけだ」「つかれたんだ少し休んできたらどうだ」そういって力づける者も激しい疲労にともすれば倒れそうになるのであった。「おーいポンプだぞぉ！」

⑲
ガソリンポンプのホースが屋根の火をめがけて勢いよく水を噴き出すと、人々は一度の百万の味方を得たように元気づきポンプに呼応して働き始めた。和泉町のポンプ会社に一台あったのがわかり引き出されてきたのだった。水は下水の水を使った。ポンプの出動で火が全く消えたと見えたのもひととき、更に新しい火の手が隣町松永町に伸びていた。

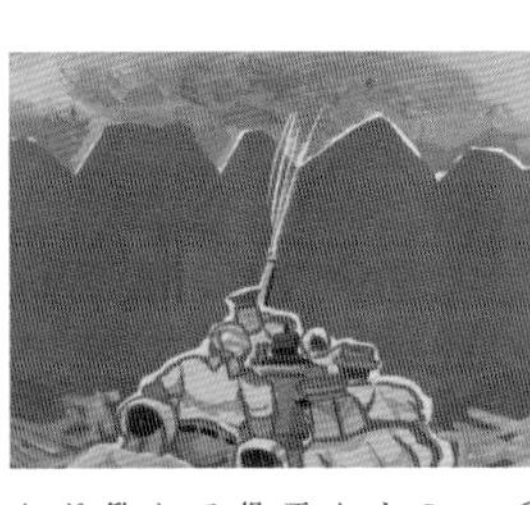

⑳
「この火一つだぞ。」「この火さえ消せば我々の町は助かるんだぞ。」二日二晩、不眠不休の躰はともすればその場に崩れ落ちてしまいそうである。松永町の人達も加わって今は倒れる瞬間まで働こうという悲壮な決意がだれの顔にもあふれていた。

㉑
「あっ水が出なくなった」「下水の水がなくなった」これまでの努力がここに至って水泡に帰すのか！だがその時天運か風向きがにわかに一変したのである。

㉒
萬歳！萬歳！萬歳！かすれた声を振り絞って人々は萬歳を叫んだ。九月三日午前四時ほのぼのと空が白みかけていた。一望荒涼の焦土と化した中に

㉓
このまちの人々の努力が、神田佐久間町、和泉町、松永町の一廓に一千六百三十戸の焼け残り家屋を島のように浮かび上がらせたのである。

この焼け残りの島の中には米一万三千俵を貯蔵した神田川倉庫があって、東京市の罹災民を一時期飢餓から救ったのであった。三日間四十時間にわたって燃え続けた大火災は、東京全市に全焼戸数四十八万三千戸、死者五万八千五百七十人、重傷七千八百七十六人、行方不明一万五百五十六人の悲惨な記録を出したのである。もし全市民がこの神田佐久間町、和泉町、松永町の如き滅私奉公の誠と、実践が行われたならば、東京をかくまで焦土としなくてすんだかもしれない。事変下に迎える震災記念日の意義を私達は深く味わわなければならないのである。

本作品に出てくる場所は史蹟となって左のやうな札が立つてゐます。

『木札記載文』
史蹟
大正十二年九月一日關東地方大震火災當時町民協力防火守護之地
神田區佐久間町二丁目　全部
〃　三丁目　〃
〃　四丁目　〃
〃　平河町　〃
〃　和泉町　〃
〃　佐久間町一丁目ノ一部
〃　松永町ノ一部
下谷區御徒町一丁目ノ一部
以上は町民人力の限りを盡して天祐神助により燒失を免れたる町名也
昭和十四年正月
東京府
以上

昭和十六年八月二十八日 印刷納本
昭和十六年九月 一 日發 行

關東大震災

不許複製

編輯者　佐木秋夫
發行者　相馬正男
印刷者　横山豊
印刷所　横山印刷所
發行所　日本教育畫劇株式會社

日本教育紙芝居協會作品

はじめに

まもなく一九二三（大正12）年の関東大震災から百年、一九四五（昭和20）年の戦争終結から80年を迎える。関東大震災は社会に大きな影響を与え、この震災をうけて国民防空の取り組みが始まり、防空法の成立をはじめとする「国民防空」の政策展開が進んだことは、今日多くの研究書によって定説として成立している。

これを災害対策の視点から見ると、大規模災害で生じた事態や教訓を次の時代に生かした一つの事例ととらえることができる。本書では、この関東大震災の教訓から国民防空の政策が発展していった過程を、次の時代の政策に災害教訓を利用した事例として取り上げて検討し、その過程から災害の原因や結果を社会が適切に把握して次の施策に生かすための留意すべき事項を見出すことが目的である。

以下の検証では、当時の資料を用いて、震災の教訓がどう読み取られて意義づけされ、国民防空に関する施策体系が展開したかを考察していく。その結果、そこには今日の我々でも陥りやすい傾向が出現している可能性がある。とはいえ、仮に当時の国民防空に関東大震災の教訓を適切に生かしたとしても、想定をはるかに超えた物量による空襲の惨禍は避けえなかったろう。ただし、適切に震災を学ぶことで空襲下の人的被害の軽減や戦後の円滑な再建に役立った可能性はある。重要なことは、災害を正しく学ばなかったという経験を受け止め、繰り返さないことにある。

関東大震災百年を迎える今日、歴史の必然性は理解しながらも、戦時の経験を他山の石として、過去の災害の教訓や被災者の思いを大切にした柔軟で多様な防災対策や持続的な国土政策を展開することが重要になる。

現代は、人間の思い込みや想定を超える大きな災害が生起する時代になっている。歴史から学ぶことによって、本書が次の時代への展望を構築する一助となれば幸いである。

二〇二二（令和四）年十二月

筆者敬白

資料にみる「関東大震災から国民防空への展開」――災害教訓の使われ方を再考する―― 目次

第一章　本書の狙いと既往研究

太平洋戦争終結から80年近く経過した。昭和初期に戦争に移行した過程については様々な分野で多くの研究が進んでいる。本書は、百年前の一九二三（大正12）年の関東大震災が、それに続く昭和初期の国民防空の展開の中にどのように表出しているかを、当時の資料等をもとに検証することが目的である。

最初に国民防空に関連する主要な研究を紹介し、このテーマに関連してどのように論じられているのかを整理する。

資料引用と傍線について（**各章共通**）

本文中の資料を引用した箇所については、原則として現代仮名遣い・ひらがなに改め、漢字は新字体にするよう努めたが、一部歴史的仮名遣いや当時の文体・旧字が残っていることを前もって弁明する。正確には原資料にあたっていただきたい。

第一章　本書の狙いと既往研究

1　本書の狙い

歴史的にみると我が国の災害対策では、大規模災害の教訓から対策が生まれ、次の時代や災害に展開されてきた。このサイクルは、一九四七（昭和22）年「災害救助法」、一九六一（昭和36）年「災害対策基本法」、近年では二〇一三（平成25）年「大規模災害からの復興に関する法律」など、今日の様々な施策も例にもれない。

ここでとりあげるのは、一九二三（大正12）年の関東大震災とそれに続いて昭和前期に展開された国民防空対策である。関東大震災を機に国民防空態勢の構築が進展するが、当局者や国民がこの関東大震災の教訓をどのように認識して反映したかを検討する。

注「国民防空」：空襲による惨禍をもたらした第一次世界大戦後に「総力戦」の概念が生じ、そこでは防空は、迎撃機や高射砲等戦力を用いて陸海軍が行う「軍防空」の外に、爆弾等の投下による被害を最小限にするための国民が行う行為である「国民防空」（民防空、民間防空とも呼ばれる）が必要とされた。一九三七（昭和12）年の防空法では、軍が行う防空以外の市民が行う「灯火管制、消防、防毒、避難、救護、並びにこれらに関し必要な監視、通信、警報」の8項目を「民防空（国民防空）」と定義している。

明治末に東京に地震がきたら火の海になるという警告（*0今村明恒「市街地に於る地震の生命及財産に對する損害を輕減する簡法」雑誌『太陽』第11巻 第12号 一九〇五（明治38）年9月）はあったものの、大地震に対する準備がない状況で一九二三関東大震災をむかえ、大量の人的・物的被害が生じた。その関東大震災を契機に軍・政府と国民とが一丸になって国民防空を推進したという定説が近年の研究書では成立している。

震災前、第一次世界大戦を見聞していた我が国の軍部や当局は、震災を機に次の戦争への準備の一部として国民を巻き込んだ防空政策を展開し、その結果、一九四五（昭和20）年、戦争終結と荒廃した国土が出現するに到った。ある意味、震災の経験を学んで、次の災禍への備えを展開した歴史的事例であるが、震災からどのような「学び」がされたか、もしくはされなかったか、その細部は分明とはいえない。

本書では、当時の文献や言説、戦後の研究成果等様々な資料を紹介しながら関東大震災とその教訓がどう表出されているかを把握し、当時の人々が関東大震災の経験をどのように国民防空政策に反映させたかを検証し、それを通じて災害からの教訓の読み取り方や次に備えるための視点を検討していく。

そのことを通じて、今日、災害の原因や結果を社会がきちんと把握し、次の施策に生かすにはどうすべきかを考察する。特に明らかにすべき重点課題として設定した項目は次のとおりである。

◆重点的な検討課題

（1）軍は、関東大震災の被害や様相をどのように受け止めたか（第三章）
（2）防空法以前の防護団・防空演習の展開に関東大震災の影響はあったか（第四章）
（3）防空法の成立過程で、関東大震災はどのように検討されたか（第五章）
（4）国民防空の展開を促す言説の中で、関東大震災はどのような影響を与えたか（第六章）
（5）火災実験・焼夷弾消火実験・都市の防火的構築と関東大震災の影響はどの程度か（第七章）
（6）国民への防空啓発に関東大震災はどう表現されたか（第八章）
（7）関東大震災時の「神田和泉町・佐久間町の事蹟」は、どう「活用」されたか（第九章）
（8）以上の検討をふまえて、災害教訓を適正に活用するための留意事項を考察する（第十章）

（摘要1）原則として筆者が収集した資料をもとに作成したが、当時の公文書や書籍等は「国会図書館デジタルコレクション」等で多数公開されていることもあり、一部、取得できなかった文献はそれを参照したことも付記する。
（摘要2）著者の判断により、引用資料の関東大震災に関連する記述には傍線を付している。

2　既往研究と本論考の課題

国民防空分野の研究は、二〇〇〇年前後に資料が公開されはじめたこともあって、近年、急速に進展している。ここでは、①全体的俯瞰的研究、②地域史の視点の研究、③戦史分野の研究、④有事法制・国民保護の観点からの研究、⑤都市の防空的構築・都市疎開に関する研究、⑥国民啓発等に区分して既往研究を整理した。（書影は口絵頁参照）

①　全体的俯瞰的研究

◆波多野勝・飯森明子『関東大震災と日米外交』草思社　一九九九年8月　*1-1

日米外交の観点から関東大震災をみたもので、震災前の排日問題、震災後の国防への展開等を論じ、震災時に一時的に友好関係が生じた米国となぜ戦争に到ったかを記す。同書では、大震災は戦禍による焦土化を連想させ、我が国の国防議論が喚起され、畑英太郎、山梨半造、長岡外史等軍部の要人の言説から航空戦力の充実が唱えられた（230頁〜）こと、また、震災後の一九二四年の移民法成立や一九二九年世界恐慌以降に満州への進出が拡大し、東アジアの緊張が高まっていった（258頁〜）、と記している。なお、震災後の近衛師団・第一師団の所見から、軍は関東大震災において「人心の動揺や自警団が暴走したことの反省から、軍事思想の普及並びに国防観念涵養の要を深刻に徹底せしめる」ことを重視したとする。

◆土田宏成『近代日本の「国民防空」体制』神田外語大学出版局　二〇一〇年1月　*1-2

先行研究や軍・内務省文書及び戦後の防衛関連研究等をふまえて近代日本の国民防空体制の成立過程をとりまとめた、国民防空を論じる場合に最も重視されている研究書である。同書で土田は、研究課題として、①関東大震災の経験が国民防空を発展させた、②防空演習がどう定着したか、③国民防空組織「防護団」はどう組織されたか、④防空法はどう成立したか、⑤「警防団」はどう設立されたか、の5点を課題に論述を進めている。

24頁「第一次世界大戦における空襲の登場は、日本ではどのように受け取られたのか。このことを特に関東大震災との関連に注目して明らかにしたい。筆者は関東大震災と「国民防空」の問には、原田勝正氏（本書*1-3）が指摘するよりも、もっと密接で有機的な関連があったと考えている。当時の日本人にとって未知のものであった空襲は、関東大震災の経験によって、はじめて深く理解されることになった。人間は自分が体験したことのない事柄を理解するため、意識的に、あるいは無意識的に自己の体験の中から類似の体験を探し出し、それをよりどころとする。軍部をはじめとする防空関係者は、関東大震災に空襲との類似性を見出し、国民に対してもそのように宣伝したのであった。

48頁「陸軍は震災直後の所見の中で、「震災時の国民のパニック状態、或いは自警団の暴走に現れた国民の団体的訓練の欠如に対する批判と将来に備えた訓練の必要」及び「軍隊と地方官民の連携確保および自警団改良の必要性」を提起した。

51～52頁　また、震災大火から空襲火災が連想され、「日本の防空は関東大震災から生まれたといっても過言ではない」、また「震災≒空襲という発想は軍部以外の人々にも共有され、空襲に対する認識が一般にも普及していった」、そして「震災の経験によって「国民防空」が国民にも受け入れられる素地ができあがった」と記述している。

さらに土田は、同書のまとめにおいて以下のように関東大震災の果たした大きな影響を明らかにした。

310頁「関東大震災がなければ、一九二〇年代の軍縮時代における〈民間防空〉態勢の構築や防空演習の実施は困難であったろう。陸軍は関東大震災の被害やそこから導き出された教訓を強調することにより、将来の総力戦に備えた施策に対して軍部外の支持を獲得しようとし、それにある程度成功した。ところが、満洲事変後は状況が変わる。戦争とそれにともなう空襲に対する危機感の高まりによって、陸軍は震災の被害や教訓を強調する必要性をさほど感じなくなっていった。そして関東大震災を契機として立案された団体組織計画は、「国民防空」団体である防護団となって実現した。やがて対米戦争に突入し、空襲が現実のものとなると、とうとう防護団の起源すら空襲に基づいて説明され、理解されるようになってしまう。（中略）こうして関東大震災と防空演習、防護団との密接な関係は忘却されていき、空襲と敗戦を経て、現在に至ったのである」

即ち、土田は、関東大震災の自警団の暴走と放任火災を活用して、軍及び政府は防空の施策を離陸することに成功したが、後半になると震災の被害や教訓は「忘却」されたと指摘している。

本書もそれと同じ視点を有するが、その過程で関東大震災からどのような被害や教訓が学ばれたか、または取り上げられなかったかを検討する。

② 地域史からの研究

◆ 原田勝正・塩崎文雄編『東京・関東大震災前後』日本経済評論社　一九九七年9月　*1-3

この書には一九一〇～一九四〇年代の東京及び周辺の変化をテーマにした論文8編が収録されている。うち、第八章の原田勝正「総力戦体制と防空演習―『国民動員』と民衆の再編成」（355～390頁）では、大正に始まる国民動員・民防空の展開を詳述している。同論文では日本の総力戦体制は、関東大震災の前後、一九一八年軍需工業動員法公布から一九二七年資源局設置にかけて始まるが、一九二四年「国防の基礎確立に関する建議」によって国家総動員が提唱され、その中から一九二八年に大阪防空演習が行われ、東京では一九三二年に防護団が編成され、防空演習を担ったとされる。この書では「関東大震災の自警団は戒厳令下で軍隊から活動を認められ、総力戦下に置ける空襲被害の危機管理となる防護団結成に連なった」（361頁）とされている。

◆ 山本唯人「防空消防の展開と民間消防組織の統合過程―防空体制の形成と都市化―」『日本都市社会学会年報17』一九九九年　*1-4

東京における防護団の成立と活動、警防団の発足に関する論文。（*1-3 原田では不明とされていた）防護団の成立過程について、東京府知事牛塚虎太郎の言から、「関東大震災の教訓をもとに、「空襲に備へて帝都の防空に任ずる役割があるが、出来始めは天変地異に備えてこさえた」（95頁）と記す。

◆**上山和雄編『「帝都と軍隊―地域と民衆の視点から」首都圏史叢書3』日本経済評論社　二〇〇二年 *1-5**

帝都における民・軍の防衛体制の実態、地域と軍隊の関係、警防団の活動状況など民衆や行政と軍の関係を論述している。同書の「第一章　帝都防衛態勢の変遷」は文献 *1-2 の土田宏成が執筆し、空襲から東京を守るため「陸軍は震災の経験から大災害時の消防・救護・治安維持活動などについて、地方自治体・警察・軍隊との連絡・協調、そして公的機関の活動をサポートする秩序だった市民の協力が必要」（17頁）として、灯火管制などを通じて「市民総動員」がなされた、と記述する。

◆**東京都『東京都戦災誌』明元社　二〇〇八年8月　*1-6**

一九五三（昭和28）年に東京都がまとめた行政資料を集約したもの。当時の東京や政府の戦時体制、戦時下の国民の生活状況、詳細な空襲被害報告、罹災者救護措置までが収録されている。同書では、一九三〇（昭和5）年東京非常変災要務規約、一九三二（昭和7）年東京市連合防護団発足以降の記述が本務であり、関東大震災の影響に言及した箇所は見当たらない。

◆**白石弘之「東京都公文書館が所蔵する関東大震災関係資料について」『年報首都圏史研究2011』首都圏形成史研究会　二〇〇一年12月　*1-7**

白石は、東京都公文書館が有する関東大震災関連資料を報告した論文の結論に、防空への関東大震災の影響を「おわりに　関東大震災の教訓化・必勝の家庭防空群」で記述している。引用された史料は二点（山口清人『もしも東京が空襲されたら』大新社一九四三年4月（*6-32）と陸軍大将阿部信行「関東大震災回顧」（『防空事情』一九四一年9月号，財団法人大日本防空協会）の講演前説を引用し、関東大震災から「自分の家は自分で護る」という教訓が導かれ、必勝の初期防火体制がつくられたが、一九四五（昭和20）年の相次ぐ大空襲によってもろくも崩壊したとしている（18頁）。

◆ **東京都公文書館『都史資料集成第12巻　東京都防衛局の2920日』東京都生活文化局　二〇一二（平成24）年4月 *1-8**

東京における国民防空体制の沿革について公文書・史料をまとめた書。特に震災後に結成された「防護団」活動、東京都防空計画、建物疎開、家庭及び隣組防空群の指導等を収録している。

解説の中で、大日本防空協会による一九三八（昭和13）年作成のポスター『焼夷弾の脅威』（*8-47 口絵参照）を引用し、内務省は百箇所の火点であった関東大震災に対し五千箇所の焼夷弾による火元火災を防ぐのが課題と捉えたと推論している（xi 頁）。また、白石 *1-7 が引用した史料二点を引用し、「志気が弛緩していたので突然の惨事に狼狽した」国民に対し、内務省は「空襲に備え如何に防空意識を植え付け実地訓練を施していくか」に取り組んだとする（xiv ～ xv 頁）。

③　戦史分野の研究

◆ **防衛庁防衛研修所戦史室『戦史叢書　本土防空作戦』朝雲新聞社　一九六八（昭和43）年10月 *1-9**

大正末期から終戦までの国内における陸軍の防空施策並に防空作戦を、民防空にもふれながら記述している。特に各年度の空襲想定を示し、戦況に即して想定が変化していったことが明記されている。

軍部は、一九一八（大正7）年に終結する第一次世界大戦の状況を学び、将来の戦争は国家総力戦になるという認識を抱いたが、陸軍参謀本部で本格的に国土防空研究が始まったのは一九二七（昭和2）年後半からであり、一九二八（昭和3）年の大阪防空演習より国民防空啓発が始まった、とする。この書では一九二八（昭和3）年の陸軍参謀本部『国土防空の方針』で「関東大震災時の治安の混乱から示唆を受け、空襲時の治安維持のための警備を厳にする必要が考えられた」（13頁）と記述している。

◆ **浄法寺朝美『日本防空史』原書房　一九八一年3月　*1-10**

著者は一九二八（昭和3）年陸軍技師・築城本部員から、一九四四（昭和19）年陸軍技術大佐・工兵学校研究部長、戦後は防衛庁に勤務。同書では第一次世界大戦期の空爆、国家総動員法や防空法の成立、日米開戦以降の軍・官庁・事業所・工場の防空や国民防空、各種実験、後半は空襲の被害等を総括し、日米の国力・軍事力の差を因として様々な齟齬、判断不足等により敗戦に到ったと記す。

国民防空については一九三九（昭和14）年の警防団令からの記述で、関東大震災との関連は記されていない。

◆ **服部雅徳『日本の民間防空政策　上巻』防衛庁防衛研究所　一九八三（昭和59）年1月　*1-11**

陸軍及び政府諸機関の文書をもとに、民間防空史として政策の起源や変遷等をまとめた研究資料で、軍と政府の交渉経過等もまとめられている。

一九二七（昭和2）年の基礎研究段階で国土防空は消防隊、救護班、灯火管制、防空監視哨、治安維持、交通整理等で「軍部のみならず地方官・民の諸団体の協力が必要」とされていた。ただし、この書においてもこの基本的な方向性を確立する段階で、防空関係者が関東大震災を丁寧に研究したとする記述はみられない。

◆ **柳澤　潤「日本陸軍の本土防空に対する考えとその防空作戦の結末」『戦史研究年報（11）』防衛省防衛研究所　二〇〇八年3月　*1-12**

各種文献を集大成し、なぜ陸軍の防空作戦が失敗したかについて考察した研究。特に軍事専門家の視点から、陸軍上層部が対米戦を真剣に考えておらず、爆撃機による空襲の惨禍を開戦時には予測していなかったことは、非があるとする。長岡外史『飛行機と帝都復興』（一九二三年1月）、難波三十四『防空必勝の栞』（*6-37）等を引用しているので間接的に関東大震災の影響を認識していたとうかがえる。結論として「陸軍首脳部は、対米戦を考えておらず、家永が説くような爆撃機による空襲の惨禍を開戦時には予測していなかった」（102頁）、「日本の防空で最も欠けていた点は、軍による「直接防空」と「消極的防空」の中の都市計画による都市の不燃化であった。結果論的に言えば、国力の乏しい日本が攻撃にも防御にも十分な兵力をもつことが困難だったこと、さらには国力を無視した英米との戦いが敗因」（100頁）としている。

◆吉田律人『軍隊の対内的機能と関東大震災―明治・大正期の災害出動』日本経済評論社二〇一六年2月 *1-13

明治・大正期における軍隊の災害出動を詳細に検討して、軍隊が国民抑止・国民救済の二面を持った機関であること等を論証し、軍の果たした役割を考察する。特に関東大震災時の軍部の活動状況を詳しく著述している。同書では、「関東大震災は軍の治安維持機能を見直す契機になリ、兵営設置を求める声につながったほか、震災後各地で作成された「防災計画」でも災害時の役割が明確に位置づけられた」（340頁）「関東大震災を契機に陸軍は初めて全国規模の軍事動員を意識するようになった」（346頁）と結論づけている。震災からの防空への影響については具体的には記述されていない。

④　有事法制・国民保護の観点からの研究

◆氏家康裕「国民保護の視点からの有事法制の史的考察―民防空を中心として―」防衛省戦史研究年報（8）二〇〇五年3月　*1-14

戦時中の防空に関する資料を検討し、特に軍の関わりを明らかにすることで、国民保護のあり方について今日への教訓を提起する。結論として、防空の失敗は、「国民及び政府の危機意識の欠落からくる対応の遅れ」とともに「大空襲前においては、関東大震災で焼野原となり多数の犠牲者を出していたため、空襲によってそのような惨害を繰り返さないよう措置しなければならないとの問題意識が自覚されていたが、結局は焼野原となり多数の犠牲者を出してしまった」としているが、その論拠は示されていない。

◆**水島朝穂・大前 治『検証防空法—空襲下で禁じられた避難』法律文化社 二〇一四年2月 *1-15**

防空法は「目的は生命保護ではなく、守るべきは国家体制であった」という視点から、防空法成立と改正の過程を俯瞰している。国民への防空指導が精神主義に転化し、「避難・退去は許さず、応急消火を義務づけ」た防空の指導方針が空襲時の惨事をもたらしたと論じ、空襲被災者への補償や非常事態への警鐘を提起している。

◆**大前 治『逃げるな・火を消せ・戦時下トンデモ「防空法」』合同出版社 二〇一六年11月 *1-16**

昭和16年改正の防空法下で「逃げないで避難せよ」という指導がなされたことを図解等で紹介し、当時の不合理な指導で生じた空襲被災者への補償を提起する。記述は一九二八（昭和3）年の大阪防空演習の記事から始まるため、関東大震災にはふれていない。

一九四一（昭和16）年の防空演習に伴う情報局発「民防空啓発宣伝要領」（昭和16年8月13日）で、「空襲状況の紹介にあたっては我が国における空襲があたかも欧州に於けるがごとく大規模に実施され、又は関東大震災の如き惨害を生ずるかのごとき感を与えざることに特に注意すること」とあり、軍は「緊迫感は与えたいが敗北観念は与えたくない」と考えていた、とする（13頁）。

◆**大井昌靖『民防空政策における国民保護—防空から防災へ』錦正社 二〇一六（平成28）年 *1-17**

防空法に基づく国民防空による消火や救護等それぞれの対策がどう展開されたかを検討し、国民保護政策としての歴史的意義を検証し、今日への教訓を考察する。第四章では「消防・防火」について、東京大空襲のようなエリア攻撃の場合以外は家庭防空組織（隣組）の応急消火の効果がかなりあった、と論じている。

黒田（*1-18）の書をもとに「関東大震災を経て火災に対する脆弱性の問題は、不燃都市の主張及び防空体制の確立により解決されようとしていた（中略）耐火建築補助制度は日中戦争の開始により打ち切られた」（24頁）と記述するが、当時の不燃都市構築は東京限定の施策であり、そこまでの評価は難しい。

⑤　都市の防空的構築、都市疎開に関する研究

◆ 黒田康弘『帝国日本の防空対策―木造家屋密集都市と空襲』新人物往来社　二〇一〇年10月　*1-18

関東大震災後、都市改造が進まない中で都市の防空的構築、防火改修、防空壕、疎開等国民防空の展開を進めるが効なく空襲被害に到った要因を、米軍の対応にも目配りしながら論述する。

この書では「第一章　大震災と都市改造」において、震災を受けて建築・都市計画研究者が不燃化への熱意を示し、建築学会防空委員会の建議や田邊平学の論を引用し「不燃都市建設」の主張がなされたことを記述する。また、昭和初期の軍人の言でも、空襲をうければ関東大震災と同じようになるという指摘があり、桐生悠々の記事や佐野利器のラジオ放送でも同様な意見だったという。同書では「第一次大戦において空襲で発生した空襲被害の情報は都市改造の必要性を痛感させ、さらに関東大震災によって発生した大火災は日本の都市の欠陥を改めて明らかにした」（139頁）と述べ、政府広報『週報』では、昭和15年段階では木造都市の改修・防空施設の強化に重点を置いていたが、昭和16年段階では「空襲恐るべからず」になったと指摘している。

その他、防火改修、消防対策の推移、防空壕への施策、疎開等を論述し、最後に震災と戦災の惨状を繰り返した原因を、木造家屋の存在・耐火建築が普及しなかったことと共に、「関東大震災の経験が必ずしも正しい知識として人々に定着していなかった」（338頁）。初期消火が不可欠とされたが設備の強化は進まず、「神田佐久間町住民による消火活動がしきりに吹聴され」（339頁）逃げ遅れの原因となった、と記述している。本書もこの黒田の主張と同じ立場であるが、関東大震災の何が学ばれた、学ばれなかったかも考察する。

◆ 川口朋子『建物疎開と都市防空「非戦災都市」京都の戦中・戦後』京都大学学術出版会　二〇一四年3月　*1-19

国民防空のうち一九四三（昭和18）年10月に始まる建物疎開について京都市を対象にどう実施されたかを記

述し、それが市街地の変容や社会・生活に与えた影響等を論じる。

疎開を論じる前置きとして、土田（*1-2）を引用して「日本の民防空の萌芽は一九二三関東大震災に見る」（34頁）とし、内務省は都市改造を進めたが、「陸軍にとっては大地震による惨状は空襲を受けた時の我が国の惨状を連想させ」（37頁）、軍縮時の予算獲得の大義名分に防空を掲げた、と記述する。同書の主眼である疎開の発想については、「都市部に木造家屋が密集する我が国の都市事情に応じた防空である。日本では、火災に強く延焼しにくい『不燃都市』をつくるために建築物の疎開を執行したのである」（97頁）としている。空地帯・防空空地（一九四三年3月内務省告示180号181号）、疎開空地（一九四三年12月都市疎開実施要綱）が設けられ、前者は1000～2000ｍ（外環状空地帯）と300～500ｍ（内環状及び放射空地帯）、後者の幅員は50～100ｍ幅員とある。幅員の数値設定の根拠に関東大震災の教訓が生かされた（*7-40 菱田）と推測できるが、言及はない。

⑥ 国民啓発等その他

◆ 岩村正史「第2章　空襲に備えよ―民間防空の変容」玉井清編著『写真週報とその時代　下　戦時日本の国防・対外意識』慶應義塾大学出版会　二〇一七年7月　*1-20

一九三八（昭和13）年2月～一九四五（昭和20）年7月まで発行された国策グラフ雑誌『写真週報』において、当時国民に軍部や政府がどう防空を指導したかを記述している。章のまとめ（80頁）で、一九三八（昭和13）～一九四〇（昭和15）年前半までは毒ガス弾の脅威を強調し、焼夷弾は比較的楽観視され防空記事も緊張感が少なかったが、一九四〇（昭和15）年以降焼夷弾の脅威を強調、消火法が開発された後一九四一（昭和16）年になると「身を顧みず空襲に立ち向かう」ことが要求された。戦局悪化に伴い本土空襲必至になると疎開が推奨された。本土空襲が始まると被害小を強調する傾向があったが、一九四五（昭和20）年3月の東京大空襲以後は「惨害を紹介し敵への憎悪を煽り速やかに疎開」を提唱したが、国民消火の政策は無力であったと結論づける。この『写真週報』で、関東大震災がどう引用され、空襲に重ねられたかについて本書第八章で検討する。

第一章まとめ　既存研究にみる関東大震災の位置づけ

以上、近年に行われた研究書によって、国民防空の背景や実態等が明らかになりつつある。各研究において、軍部や内務省などが国民防空を関東大震災を動機付けにして展開したという定説が成立しており、この点への異説はみられない。特に、陸軍では関東大震災を防空政策の提唱と展開の契機にしたこと、内務省や学会が関与する都市防空分野では、不燃化や防火建築普及は関東大震災から出発したことが指摘されている。

これまでの研究では関東大震災が国民防空の展開に与えた影響を以下の四点に整理できる。

①　国民防空の当初のきっかけは関東大震災、後半では役割が低減した

関東大震災があったため、防護団の結成や防空演習への動員、防空法等による防空態勢構築を展開できたが、態勢ができたあとは、地震災害等は顧みられずその役割は減じることになった。

・関東大震災がなければ、一九二〇年代の軍縮時代における〈民間防衛〉態勢の構築や防空演習の実施は困難であった（土田＊1-2）。

・防護団は「関東大震災の教訓をもとに、空襲に備へて帝都の防空に任ずる役割があるが、出来始めは天変地異に備えてこさえた」（＊1-4 山本）

・関東大震災の自警団の暴走と放任火災を活用して、軍及び政府は防空の施策を離陸することに成功したが、後半になると震災の被害や教訓は「忘却」された（＊1-2 土田）。

・昭和16年の段階では、「空襲状況の紹介にあたっては・・関東大震災の如き惨害を生ずるかのごとき感を与えざることに特に注意すること」、軍は「緊迫感は与えたいが敗北観念は与えたくなかった」（＊1-16 大前）

②　震災と空襲のイメージを重ね合わせた

初期の段階では、震災と空襲のイメージを重ね合わせ、総力戦となる次の戦争への準備や心構えを促した。

・関東大震災は戦禍による焦土化を連想させた（＊1-1 波多野）。

・軍部をはじめとする防空関係者は、関東大震災に空襲との類似性を見出し、国民に対してもそのように宣伝した（*1-2 土田）。
・震災大火から空襲火災が連想され、「日本の防空は関東大震災から生まれたといっても過言ではない」（*1-2 土田）
・陸軍にとっては大地震による惨状は空襲を受けた時の我が國の惨状を連想させた（*1-19 川口）。
・「志気が弛緩していたので突然の惨事に狼狽し」た国民に対し、内務省は「空襲に備え如何に防空意識を植え付け実地訓練を施していくか」に取り組んだ（*1-8 東京都公文書館）。

③ 軍への好感度が高まる一方、人心掌握や警備統制の必要性が認識された

関東大震災で果たした役割によって国民による軍への好感度は高まった。一方、デマ騒動等の教訓から、戦争に備えての国民への統制や国防意識の涵養、防空を担う人材育成の重要性が軍を中心に認識された。

・「人心の動揺や自警団が暴走したことの反省から軍事思想の普及、並びに国防観念涵養の要を深刻に徹底せしめる」ことを重視した（*1-1 波多野）。
・軍は「震災時の国民のパニック状態、或いは自警団の暴走に現れた国民の団体的訓練の欠如に対する批判と将来に備えた訓練の必要」及び「軍隊と地方官民の連携確保および自警団改良の必要性」が提起された（*1-2 土田）。
・「関東大震災の自警団は戒厳令下で軍隊から活動を認められ、総力戦下に置ける空襲被害の危機管理となる防護団結成に連なった」（*1-3 原田）。
・「関東大震災時の治安の混乱から示唆を受け、空襲時の治安維持のための警備を厳にする必要」があった（*1-9 本土防空戦）。

④ 防火への意識が強まり、不燃化や防火等の意識が生まれた

我が国の市街地は燃えやすいという基本認識のもとで、空襲火災に備えて防火意識の徹底、国民による防火組織の形成や不燃化や都市改造等に関する意識が生まれた。

・関東大震災から「自分の家は自分で護る」という教訓が導かれ、必勝の初期防火体制が、一九四五（昭和20）年の相次ぐ大空襲によって、もろくも崩壊した（*1-7 白石）。
・内務省は百箇所の火点であった関東大震災に対し、五千箇所の焼夷弾による火元火災を防ぐのが課題と捉えたと推論し

ている（*1-8 東京都公文書館）。

・大空襲前においては、関東大震災で焼野原となり多数の犠牲者を出していたため、空襲によってそのような惨害を繰り返さないよう措置しなければならないとの問題意識が自覚されていた（*1-14 氏家）。

・「第一次大戦において空襲で発生した空襲被害の情報は都市改造の必要性を痛感させ、さらに関東大震災によって発生した大火災は日本の都市の欠陥を改めて明らかにした」（*1-18 黒田）

・「関東大震災の経験が必ずしも正しい知識として人々に定着していなかった」、初期消火が不可欠とされたが、設備の強化は進まず、「神田佐久間町住民による消火活動がしきりに吹聴された」（*1-18 黒田）

いずれの研究でも、戦前の国民防空態勢の構築に関東大震災が果たした役割の大きさが指摘されている。

但し、関東大震災の被害と教訓を適切に読み取り施策に生かしたかという視点では、いずれの研究も論じてはいない。特に読み取られなかった教訓が多々ある。例えば、大震災の時になされた初期消火や消防隊の消火成功・失敗の原因や、死者が集中した箇所が出現した一方、大群衆の避難が混乱なく行われた事例もあったが、考慮された形跡はみられない。軍がどのように関東大震災の被害を研究したかについては、一九三〇（昭和5）年12月の防空研究会の内容が一部しか伝わっておらず、本書では不明であった（140頁参照）が、災害の記録等を分析し科学的総合的に行った形跡はみられない。多発した火災旋風についても、第一次世界大戦の例や一九四三年7月のハンブルク空襲の実相等が伝わっていたはずであるが、国民防空では俎上にあがっていない。

結果として一九四五（昭和20）年にあのような空襲被害をもたらしたことは、言いかえれば、どこかで災害の教訓の読み方が不適切で、関東大震災はある政策の「方便」として、都合がよいところだけ施策誘導に使われたという仮説も成り立つ。同時に何のための「方便」だったかということも問われねばならない。

本書では、前掲の先行研究をリスペクトしながらも、国民防空展開の中で、「関東大震災」の何が注目され使われたか・使われなかったか、を当時の資料から読み取ることを中心に、震災の使われ方や国民防空の目的を考察し、適切な「災害の教訓」活用の留意事項を提起する。

第二章　国民防空の展開過程

「国民防空」への関東大震災の影響を論じるにあたって、国民防空の施策が構築された経過を既存研究等から整理する。

敵機の空襲に対する防空が論じられるようになったのは一九二三関東大震災より以前で、欧州を戦場とする大戦の中で航空機による偵察・爆撃が展開され戦争の様相が一変したためである。我が国では大戦後、軍縮等が課題になった国防を巡る情勢の中で、関東大震災に衝撃を得た軍部が主導し防空態勢の構築を始め、一九三七（昭和12）年4月「防空法」が制定される。以後二回の法改正を経て終戦を迎える。第二章ではこの一連のあらましを整理する。

◆参考　国土防空の分類

国土防空の全体像を示す分類として、柳沢（*1-12）は下図のように、軍を中心にした「積極的防空」と民を主体にした「消極的防空」にわけて整理している。

後者が本書で扱う「国民防空」に該当する。当時の防空啓発書もほぼ共通した区分を行っている。

別　図: 国土防空の分類

- 国土防空
  - 積極的防空
    - 攻勢防空
      - 地上軍による敵爆撃機根拠地の占領(軍)
      - 航空機による敵爆撃機根拠地の破壊(軍)
    - 直接防空
      - 警戒監視・目標指示
        - 監視哨(軍・民)
        - 聴音機部隊(軍)
        - レーダー部隊(軍)
        - エリント部隊(軍)
      - 指揮・統制・通信
        - 指揮所(軍)
        - 通信隊(軍)
      - 可視光による敵機補足－照空隊(軍)
      - 敵機撃墜
        - 戦闘機
          - 昼間戦闘機(軍)
          - 夜間戦闘機(軍)
        - 高射砲・高射機関砲(軍)
      - 敵機行動妨害—阻塞気球・阻塞凧(軍・民)
  - 消極的防空
    - 警報伝達(民)
    - 消防
      - 職業消防組織(民)
      - 民間消防(民)
    - 都市の視認性低下
      - 灯火管制(民)
      - 建築物等の偽装(民)
      - 煙幕展張(民)
    - 都市の不燃化
      - 都市計画
        - 建材の不燃化(民)
        - 空地、道路の整備(民)
      - 防火帯設定－建物疎開(民)
    - 防毒・防疫(民)
    - 避難(民)
    - 救護(民)
    - 非常用物資の配給(民)
    - 応急復旧(民)

出典 *1-12　柳澤　潤「日本陸軍の本土防空に対する考えとその防空作戦の結末」『戦史研究年報 (11)』防衛省防衛研究所　2008 年 03 月

第二章　国民防空の展開過程

関東大震災の被害に関する公的な記録は大正年間にはほぼまとめられ、復興に関する記録も一九三二（昭和7）年頃までに作成されている。言い換えれば、これ以降に出される著作や施策は、これらを参考に関東大震災の様相と教訓を学んで参考にすることができたはずである。

◆震災と復興の公的記録

警視庁消防部　『帝都大正震火記録』　一九二四（大正13）年3月
東京市　『東京大正震災誌』　一九二五（大正14）年4月
改造社編　『大正大震火災誌』　一九二四（大正13）年5月
東京府　『東京府大正震災誌』　一九二五（大正14）年5月
山角徳太郎編　『神田復興史並焼残記』　一九二五（大正14）年5月（神田和泉町・佐久間町の記録）
内務省社会局　『大正震災志　上下・附図』　一九二六（大正15）年2月
東京市　『東京震災録・前・中・後・別篇』　一九二六（大正15）年3月
震災予防調査会　『震災予防調査会報告 第百号（甲）『地震篇』・（乙）『地変及津波篇・（戊）『火災篇』以上一九二四（大正13）年3月、（丙）『建築物篇上・下』・（丁）『建築物以外の工作物篇』一九二五（大正15）年10月
復興局・東京市政調査会『帝都復興事業概観』　一九二八（昭和3）年3月
日本統計普及会　『帝都復興事業大観』上下巻　一九三〇（昭和5）年3月
復興調査協会　『帝都復興史附横浜復興記念史』　一九三〇（昭和5）年5〜6月
復興事務局編　『帝都復興事業誌』全6巻　一九三一（昭和6）年3月〜一九三二（昭和7）年2月
復興事務局編　『帝都復興区劃整理誌』全6冊　一九三一（昭和6）年3月〜一九三二（昭和7）年2月
東京市　『帝都復興祭志』　一九三二（昭和7）年3月

なお、一九〇五（明治38）年、雑誌『太陽』に東京への地震襲来と大被害を警告する論文が地震学者今村明

恒によって発表されたが、それから生じた社会不安がいわゆる「大森・今村論争」によって沈静化したこともあって、当時の社会は大地震のことは考えられておらず準備もなかった。

*0今村明恒「市街地に於る地震の生命及財産に對する損害を輕減する簡法」雑誌『太陽』第11巻 第12号、一九〇五年9月1日、162-171頁

ただし、災害後の救護に関しては制度があった。一八九一濃尾地震や一八九六明治三陸津波、その他相次ぐ水害で国の中央儲蓄金が足りなくなったため、一八九九（明治32）年「罹災救助基金法」が制定され、道府県で基金を設置し、不足すると国庫が補助する制度がつくられ、一九四七年制定の災害救助法まで続いた。避難所費、食糧費、被服費、小屋掛費等が基金から支出され、各費目の支出限度額は知事が地方の実情に応じて決定し、原則として現物給付であった。また、大災害が起きると皇室は名代として侍従を派遣、巡検させ救恤金を下賜した。軍は迅速に被災地に展開し、治安維持や緊急医療、道路確保・瓦礫処理にあたった。ともに人心安定の役割を果たした（*2-1）。即ち、府県が一義的に被災者を救護する仕組みは事前にあったが、大災害発生時における府県市、警察、軍など関係組織間の連係方法については定まっていなかった。

1　関東大震災以前（一九一五（大正4）年から一九二三（大正12）年まで）

一九一四（大正3）年7月28日から一九一八（大正7）年11月11日に欧州を中心に繰り広げられた第一次世界大戦は、軍を中心にこれからの近代戦は国力を含む総力戦・科学戦になるという考えをもたらした。大戦下の欧州に滞在していた軍人を中心に、次の戦争においては空襲の被害に対処すること、すなわち防空の備えが提起されたが、一部軍人の問題意識や小規模な演習にとどまった。

・一九一四（大正3）年7月28日　第一次世界大戦勃発
・一九一五（大正4）年12月　陸軍省内に欧州駐在を体験した軍人を中心に「臨時軍事調査会」が設置され、一九一七（大

正6）年1月「欧州交戦諸国の陸軍について」をまとめ、今後の戦争のあり方として総力戦を打ち出した（*2-2 森68頁）。
・一九一七（大正6）年11月　水野広徳海軍中佐（大戦時私費留学中）が東京朝日新聞に、独軍によるロンドン空襲下の状況を報じる記事を執筆した（*1-2 土田）。
・一九一八（大正7）年6月　陸軍中将長岡外史が謄写印刷の『日本飛行政策』（*2-3 長岡）を配布し、航空機による東京や大阪の空襲を危惧した。
・一九一八（大正7）年11月11日　第一次世界大戦が終結。
・一九一九（大正8）年には海軍横須賀鎮守府内で、灯火管制を行う我が国最初の防空演習が行われた（*1-2 土田43頁）。
・一九二〇（大正9）年5月　陸軍省「国家総動員に関する意見」として、総力戦に向けての国民動員やそのための国民の自発性喚起の必要性が提起された（*2-2 森68頁）。
・一九二一（大正10）年10月　雑誌『中央公論』で伊東忠太・内田祥三・佐藤功一らが都市の耐火化を提唱した（*2-4,5,6）。
・一九二一（大正10）年11月の東京付近での陸軍大演習にあたって参謀本部が東京市（当時は後藤市長）に参加を勧奨したが実現できなかった（*2-7 上坂（一））。
・一九二一（大正10）年　陸海軍間で航空に関する任務分担協定（「陸海軍航空任務分擔協定ノ件」）が締結され、国土主要地域の防衛は陸軍が担当することとなった（*1-12 柳澤）。当時は日本の近隣諸国は大きな空軍力を持っておらず、航空機の性能がまだ貧弱であったため防空の取り組みは進まなかった（*1-11 服部）（*1-12 柳澤）。
・一九二八（大正11）年『中央公論』1月号に水野広徳海軍中佐が「軍備縮小と国民思想」を発表し、航空機による空襲が今後の戦争で起きると予測し、警告を行ったが広がらなかった（*1-2 土田）。
・一九二三（大正12）年～一九二四（大正13）年にパリ留学中の菰田康一大尉及び一九二五（大正14）年1月英国派遣の深山龜三郎大尉がそれぞれパリとロンドンの防空の調査を行った（*1-2 土田）。深山は帰国後、参謀本部で防空の研究を開始し、また別課の阿部菊一少佐の研究もなされたが、結論に到ることなく一九二八（昭和3）年に終了した（*1-11 服部1頁）。

2　一九二三（大正12）年9月関東大震災から一九三一（昭和6）年まで

一九二三（大正12）年9月の関東大震災では、大災害とそれに伴う事態を為政者も国民も想定していなかった。政府や軍・警察などにも準備がなかったことや、流言や自警団暴走など社会的混乱に対し治安を制御できなかったことに大きな衝撃が広がった。特に、第一次世界大戦後、総力戦を構想していた軍にとっては、戦地の後方、特に国内でこの種の混乱が生じることは致命的と考えた。

東京・横浜が被災した関東大震災のあと、次は大阪に地震が起きるのではという不安が関西で高まった。大阪ではその時期労働争議もあり、災害や空襲も含む「変災」に対して事前に準備するため、震災の翌年に府・市や軍の関係機関により「非常変災要務規約」がつくられ、異常な事態のときに各機関が連係し市民を組織的に統制する枠組が生まれた。これらは関東大震災の教訓によるもので、きわめて迅速であったといえよう。

昭和初期には軍部では航空戦の研究や総動員体制の検討も進んだこともあって、一九二八（昭和3）年には軍が主導して大阪市で灯火管制を主とする大規模な防空演習が行われた。その動きが東京に波及し、東京で「非常変災要務規約」が成立し防空演習がなされ、各地の演習が続き、防空措置徹底の裏付けとして法律が必要という動きになった。関東大震災が、社会に防空を強く意識させるスプリングボードになったことは否定できない。

・一九二三（大正12）年9月1日11時58分　関東に大地震が発生。東京市では、地震発生直後から火災が多発し　9月3日午前10時まで延焼が続いた。軍は午後1時10分には動き出したが、自警団等による混乱が続発、2日に戒厳令が公布された。関東戒厳司令部は11月には廃止となり、警備、治安にあたる東京警備司令部が設置され、一九三七（昭和12）年まで続いた。軍隊が直後の救護活動に入ったことで地震以前にあった反軍世論は低下し　軍の好感度アップにつながった。（*1-2 土田）。

・一九二三（大正12）年9月27日　帝都復興院が発足、12月議会で帝都復興計画は確定した。帝都復興にあたって飛行場建設など防空の意見もよせられたが、実現しなかった（*2-8 帝都復興史）。

・一九二三（大正12）10月　今村明恒は大阪市の講演で、関西においても大地震の可能性があり、地震への備え・火災防止の強化を説いた。同年12月大阪府議会、市議会は相次いで、地震に関する研究機関設置等を決議した。

・一九二四（大正13）年7月　大阪市電争議が勃発、労働争議や社会主義思想の拡大の風潮が見られたが、他方で在郷軍人を中心に民間防衛意識が高まった（*1-2 土田）。

・一九二四（大正13）年9月　大阪府・市・第四師団・大阪憲兵隊により「大阪市非常変災要務規約」が1日に成立した。関東大震災の教訓から、非常変災発生時に公的機関の代表による委員会によって連携を確保し、市民を組織的に統制する仕組みを定めた（*1-2 土田）。
・一九二四（大正13）年5月　北但馬地震が発生、兵庫県豊岡や城崎に大被害、大阪にも死者や液状化被害が生じた。
・一九二五（大正14）年3月　第50回帝国議会衆議院において「防務委員会設置に関する建議」議決、貴族院でも「国防の基礎確立に関する建議」が議決された。これらを受けて陸軍省は同年9月に「国家総動員設置のための準備委員会」を閣議に提起した。同9月には陸軍省には軍需動員を円滑に行う「整備局」が設置された。翌一九二六（大正15）年4月に陸軍案がまとまり、8月に内閣の元に総動員資源の統制・運用を準備する「資源局」の設置が決まった。一九二七（昭和2）年5月に「資源局」が設置され、「総動員体制」が動き出した（*2-2 森 109~111 頁）。
・一九二七（昭和2）年3月　北丹後地震が発生、丹後半島や峰山町で大被害、軍による救援活動が活発になされた。
・一九二七（昭和2）年3月　深山亀三郎大尉がロンドン防空調査から帰国し、参謀本部第三課の部員に補され空襲対策に関する検討が始まり、国土防空の重要性が認められるようになった（*1-11 服部 12 頁）。防空の方針は、開戦劈頭に陸海軍ともに攻勢作戦に出て航続距離内の敵の航空根拠地を奪取し、あるいは来航する敵の航空母艦を撃沈することを掲げた（*2-9 稲田）、（*1-12 柳澤）。
・一九二七（昭和2）年9月　東京足立区千住で「千住町警備隊」による「航空機襲来に対する住民の防衛演習」実施。地元消防組、警察、在郷軍人会、青年団等が主催した。毒ガス対策、焼夷弾落下と消火、灯火管制、警備活動等を行った。本格演習の前段階的な訓練であった（*1-2 土田 102 頁）。
・一九二八（昭和3）年7月　大阪市において最初の都市防空演習が参謀本部・第四師団、大阪憲兵隊と府・市によって14万人近い動員のもと実施された。このとき灯火を一斉に止める「中央管制方式」の燈火管制訓練が行われた（*1-2 土田他）。
・一九二九（昭和4）年7月　名古屋防空演習では、大阪の反省から「防空演習計画実施規約」を定め、第三師団、県、逓信局、鉄道局、名古屋・豊橋・岡崎・一宮各市が連携し、小学校や大工場を単位に一時的な「防空自警団」が組織された（*1-2 土田）。
・一九二九（昭和4）年3月　軍務局より「國土防空に就て」が作成され、5月「偕行社記事」に掲載され、議員等に配布された。世界大戦の教訓として「国土防空は国防上の最大の急務なり、将来防空なくして国防なし」と訴えた。（*2-10 軍務局）。
・一九三〇（昭和5）年4月　資源局作成「総動員基本計画綱領案」閣議決定、第 111 条で国民防空が定義されている。
・一九三〇（昭和5）年3月　帝都復興祭、この頃には震災と被災後の対応の記録がまとまっていた。
・一九三〇（昭和5）年7月31日　軍の主導による「東京非常変災要務規約」が成立、9月1日から施行が始まった。震災だけでなく空襲を念頭にした「変災」に対応するものであった。市長の下に「防護団」結成を定めた（*1-2 土田、他）。
・一九三一（昭和6）年7月　北九州防空演習、軍や各機関が連係して実施した。灯火管制は各戸方式であった。大阪・名古屋・

北九州等の防空演習の総括の中では、各機関の業務を明確にし、国民に求める義務に強制力を発生させるため、法的根拠となる「防空法」が必要であることを陸軍は主張した（*1-19 川口）。
・一九三一（昭和６）年９月　満州事変が勃発する。

3　一九三一（昭和7）年4月満州事変から一九三七（昭和12）年防空法成立まで

防空演習を展開する過程で、東京・横浜を中心に「防護団」という国民防空の担い手が登場する。各地の防空演習において、灯火管制等で当局や防護団の指示に従わない市民との間にトラブルが生じ、市民に防空の義務を課すべきという意見が演習後に多発した（*2-7 上坂）。それを受けて住民の協力義務の裏付けになる法令が必要という声が高まった。一九三三（昭和８）年頃から軍主導で法案の検討が進められたが、内務省との調整が難航し、一九三六（昭和11）年軍から内務省に主管が移った。一九三七（昭和12）年４月に「防空法」が成立する。一方、この時期、建築学会等を中心に火災の研究が始まり、陸軍研究所では焼夷弾消火の技術が開発された。一九三四（昭和９）年３月に函館大火があり、復興では広幅員の緑地帯配置等防火に配慮した都市計画が展開された。計画策定には内務省や学会が関与し、これは後年の都市の防火的構築に引き継がれた。

・一九三二（昭和7）年4月　東京では「防護団」設立の動きが始まり、９月１日に空襲に備える「東京市連合防護団」が結成された。神奈川県でも4月に「横浜川崎非常変災要務規約」が成立、9月には「横浜川崎連合防護団」が結成された。防護団は、特に敵機が投下する焼夷弾・瓦斯弾に対処し、都市の被害を防止し住民の安全を図る目的があった（*1-2 土田）。
・一九三二（昭和7）年7月　「近畿防空演習」が行われた。
・一九三三（昭和8）年1月　衆議院に「防空施設促進に関する建議」が提出され、3月25日衆議院本会議で成立した。これ以後陸軍が防空法の文案作成に努めることになった（*1-2 土田 217 頁他）。
・一九三三（昭和8）年8月、９月の「関東防空演習」では、防護団が「各戸管制方式」の灯火管制の指導にあたった。この演習では、桐生悠々筆禍事件や燈火管制に疑問を呈した大阪毎日新聞社説訂正事件が起きている（*1-2 土田）。
・一九三三（昭和8）年10月上旬　陸軍省軍務局防備課は防空法案作成を開始、一九三四（昭和9）年12月に陸軍大臣に「防

空法決定案」を提出した（*1-11 民間防空 106-118 頁）。しかし、内務省との調整がつかず、一九三五（昭和11）年5月の第69回議会貴族院予算委員会の陸軍大臣答弁にて内務省が主管と決定した。防空法は、一九三七（昭和12）年3月31日貴族院、4月5日衆議院にて可決され制定された（*1-11 民間防空 230 頁）。内容的には一九三六（昭和11）年9月の陸軍省防備課「国民防空概要」に即している（*1-11 民間防空 193 頁）。

・一九三三（昭和8）年7月　陸軍科学研究所は焼夷弾消火の研究を開始、乾燥砂などでは消火は難しいことが判明した。
・一九三三（昭和8）年8月　東京帝国大学建築学科による実大家屋火災実験が大学グラウンドで実施され、木造家屋の火災温度曲線等防火に関する研究が始まった（*2-12 内田）。文献で見る限り大学と軍の焼夷弾実験に連携はみられない。
・一九三四（昭和9）年8月　陸軍科学研究所は戸山が原で公開実験を行い、大量の水を周囲にかけることで消火できることを示した（*2-11 陸軍科学研究所15頁）。
・一九三四（昭和9）年3月　函館大火、死者2,166名、焼損棟数11,105棟、発達低気圧による強風下の大火となった。
・一九三五（昭和10）年7月　第二回三市（東京・横浜・川崎）連合防空演習では、焼夷弾対策が取り上げられた。この頃から内務省による消防強化の取り組みが始まった（*1-2 土田）。
・一九三六（昭和11）年2月　二・二六事件が発生、このとき東京市連合防護団が出動し警備にあたった（*1-2 土田、他）。
・一九三六（昭和11）年7月　第三回三市（東京・横浜・川崎）連合防空演習がなされた（*1-2 土田、他）。
・一九三六（昭和11）年12月　防空法公布に先だって日本建築学会に「都市防空に関する調査委員会」が設置された。
・一九三七（昭和12）年3月　大島浩少将を団長とするドイツの航空視察が行われた（*1-9 本土防空 42-43 頁）。
・一九三七（昭和12）年3月31日に貴族院、4月5日衆議院で防空法が可決成立した。

4　一九三七（昭和12）年防空法の成立から一九四一（昭和16）年防空法第一次改正まで

防空法成立後の7月には日中戦争（日中事変）が始まり、より一層戦争への遂行体制が強化されていく。一九三九（昭和14）年1月には消防を担っていた「消防組」と、防空への協力組織である「防護団」を統合した「警防団」が発足し、都市では町内会や隣組の組織化が進行する。このころから、建築物の「防火改修」や「家庭防空群」の編成など空襲に備えての防火対策が重点課題になり、軍のインドシナ進駐や米国の輸出規制など米英との戦争必至の情勢を迎えて、防空法も一九四一（昭和16）年4月に改正され、国民防空の展開が本格化していく。

・一九三七（昭和12）年7月　日中戦争（日中事変、日華事変とも呼ぶ）が勃発した。
・一九三七（昭和12）年9月　「国民精神総動員実施要領」がだされた。
・一九三七（昭和12）年12月　内務省「防空指導一般要領」、防空義務を示し、分野別指導方針や訓練、設備強化を定めた。
・一九三八（昭和13）年9月　建築学会は「市街地建築物法施行令中追加すべき「防空建築関係規則」要綱案の件」を内務大臣に提出、次いで「重要都市に於ける既存木造家屋の防火補修強制に関する建議」を内務大臣に提出し、木造密集地の防火改修の支援策を訴えた。この時期、内務省では防空法成立をうけて市街地建築物法施行規則の改正作業が進んでいた。以後、建築学会では、一九三九（昭和14）年12月『防空パンフレット』（*7-34）の発行や講演会の開催などがなされた。
・一九三九年（昭和14）年1月　「警防団令」が公布され、従来の消防組（警察）と防護団（軍と市町村）は、警察指揮下の「警防団」に統合することが定まった。
・一九三九（昭和14）年2月17日　前年の市街地建築物法改正を受けて、内務省令「防空建築規則」が定められ木造建物の防火構造が規定された。
・一九三九（昭和14）年5月25日　内務省は「国民防空強化促進に関する件」を作成、計画局は「国民防空強化促進計画要綱」を作成した。多くの項目が盛り込まれたが、資金等の裏付けはされなかった。また、「防空緊急対策」（研究機関設置、要員育成機関、防空施設充実、訓練、思想の普及）が取り上げられた。（*1-2 土田）。昭和14年7月内務省「防空土木指導一般要領」を皮切りに昭和17年7月「防空待避施設指導要領」まで各種の指導要領が作成されていく。
・一九三九（昭和14）年1月　「財団法人大日本防空協会」（事務局は内務省内）が発足、3月には、内務省計画局は『国民防空読本』を発行した。また一九三九（昭和14）年7月、内務省は研究機関として「防空研究所」を設置した。
・一九三九（昭和14）年8月　内務省「家庭防空隣保組織に関する件」「家庭防空隣保組織要綱」が示され、全国的に国民防空の最末端組織の育成が始まった。東京では10月に従来の「家庭防火群」が「隣組防空群」に改組された。
・一九四〇（昭和15）年1月　静岡大火、強風下の白昼の火災、死者1名全焼5,229戸、飛び火が多発し被害を拡大した。
・一九四〇（昭和15）年8月には建築学会から「重要都市に於ける建築物の防火方策急施に関する建議」が提起された。
・一九四〇（昭和15）年9月　内務省訓令「部落会町内会等整備要綱」、市街地には町内会、村落には部落会を設置しその下に隣保班（隣組）を組織することになった。
・一九四〇（昭和15）年11月　「隣保班と家庭防空隣保組織との関係に関する件」が内務省より出され、隣保班と前年8月の家庭防空隣保組織の統合が指示された。

・一九四〇（昭和15）年秋　日本軍はフランス領インドシナに軍隊を進駐、アメリカは9月末に鉄屑や鉄鋼の対日輸出を禁止、同月、日独伊三国同盟が締結された。
・一九四一（昭和16）年1月　「國土防空強化に關する件」が閣議決定された。この中で、日本の防空態勢の現状は不備欠陥が多く、都市の空襲に対する脆弱性が大きく、対策として監視通信網の拡大強化、重要都市の防火施設の整備ならびに主要施設の防護、重要都市の膨張抑制等が決定された（*1-12 柳澤）。
・一九四一（昭和16）年7月　戒厳令に関する研究がまとまる。関東大震災や二・二六事件を先例に戦時中の戒厳令公布に備えて内部検討された。震火災の概況、警視庁の活動、出兵の概況、戒厳令の実施、臨時戦災救護事務局、流言発生と警戒措置、自警団とその指導取締、救護、衛生医療、消防、犯罪等を記述している（憲法研究第53号 荒邦啓介論文 令和3年）。
・一九四一（昭和16）年7月　内務省は「隣組防火群」を「隣組防空群」に改組し、防火以外の防空業務、災害応急業務も任務として訓練を行うよう定めた。
・一九四一（昭和16）年9月　内務省に防空局が新設された。
・一九四一（昭和16）年11月　防空法改正が行われた。「従来の燈火管制、消防、防毒、避難・救護、並びに必要な監視と通信警報」に「偽装、防火、防弾、応急復旧」が加えられた。

5　一九四一（昭和16）年太平洋戦争勃発から本土空襲激化まで

一九四一（昭和16）年12月に太平洋戦争が始まる。一九四三（昭和18）年10月に第二次防空法改正があり、疎開が盛り込まれた。一九四三（昭和18）年秋には南洋の島々の米軍基地からの空襲が始まり、一九四四（昭和19）年11月以降になると本土にもB29による空襲が始まり壊滅的な被害がもたらされた。小規模な空襲や火災には、国民防空体制による被害軽減の効果はあったが、大規模空襲には限定的であった。

・一九四一（昭和16）年11月　日米交渉決裂以後、一九四一（昭和16）年12月8日のハワイ真珠湾攻撃とマレー半島奇襲から開戦、一九四二（昭和17）年5月までに東南アジアと中部及び南部太平洋の広大な地域を占領した（*1-19 川口）。
・一九四二（昭和17）年3月　前年の防空法改正を受け「防火改修規則」がつくられ、一定区域での改修義務や補助がなされるようになった。

・一九四二（昭和17）年4月18日「ドゥリトル空襲」、空襲機は太平洋の空母から発進、爆弾焼夷弾を投下後、大陸に渡った。
・一九四二（昭和17）年6月のミッドウェー海戦を機に米軍が攻勢に転じ、一九四三（昭和18）年2月のガダルカナル島撤退の後は戦局は敗勢に転換した（*1-19 川口）。
・一九四三（昭和18）年7月　東京都制が発足、その際に東京都が防空組織及び設備資機材の整備を担当し、警視庁が組織の指導統制を分掌する体制ができた。隣組防空群も警防団指導下になり警察補助及び国民動員組織になった（*1-2 土田）。
・一九四三（昭和18）年10月　改正防空法公布、「分散疎開」、「転換」、「防疫」、「非常用物資の配給」の項目が追加された。施行令も改正され、被害箇所の後片付け・清掃、飲料水の供給、応急運輸・労務も加わった。
・一九四四（昭和19）年2月、参謀本部の「緊急国土防空措置要領（案）」の中で民防空施策推進強化方策が示された。第一に都市疎開が挙げられ、全都市の半分を防火帯または道路とするため、東京都では現戸数120万戸中40万戸を除去し200万人を疎開させる計画がたてられた（*1-12 柳澤）。

以後、一九四四（昭和19）年6月の北九州空襲、10月沖縄空爆、11月東京に初の本格空襲、一九四五（昭和20）年3月東京大空襲、8月広島・長崎への原爆投下、ポツダム宣言受諾による終戦へと続く。

第二章まとめ　国民防空の展開過程

以上の流れを大きくまとめると、次のとおりである。

第一次世界大戦によって今後の戦争のあり方として「総力戦」、「国土防空」が浮上したが、国土の防空については、一九二三関東大震災前は軍関係者のごく一部が問題提起をするにとどまっていた。

大震災で生じた事態の教訓として当局や軍部では、このような事態に準備がなかったこと、自警団の暴走や流言蜚語の拡大など社会的混乱が生じたことが重大視された。震災への出動で得た軍に対する国民の信頼度向上を背景に、大阪と東京を中心に、非常時変災への取り組みが始まり、軍の主導による防空演習が動き出した。

一九二八（昭和3）年7月に最初の都市防空演習が大阪市で行われ、翌年7月名古屋での防空演習では住民による「防空自警団」が組織化されたが、一時的なものであった。一九三〇（昭和5）年7月「東京非常変災要務規約」で防護団の育成が打ち出され、2年後に「東京市連合防護団」が発足し、翌一九三三（昭和8）年夏には大規模な関東防空演習が実施された。これらの防空演習では動員や統制に強制力がなく、灯火管制などに従わない市民に対して協力義務を負わせるために防空法が必要という意見が相次いだ。

防空法については、軍の内部では一九三三（昭和8）年頃から検討が始まっていたが、内務省との調整に時間がかかり、「軍が行う防空業務に即して行う」業務という枠組みのもと一九三六（昭和11）年8月に内務省に所管が替わり、一九三七（昭和12）年4月に防空法が制定された。

一九三九（昭和14）年には警防団の編成や隣組防火群の強化などにより国民防空体制が強化され、一九四一（昭和16）年防空法改正では防空業務が強化・拡大され、一九四三（昭和18）年改正では疎開が打ち出された。一九四四（昭和19）年11月頃から一九四五（昭和20）年6月にかけて各地で空襲が激化し、一九四五（昭和20）年8月の終戦に至った。この間、一九二五（大正14）年の北但馬地震、一九二七（昭和2）年の北丹後地震は関西での非常変災への取り組みを加速し、一九三四（昭和9）年3月の函館大火、一九四〇（昭和15）年1月の静岡大火は、火災研究や防火改修及び防空に備える都市づくりを促すことになった。

このような過程で関東大震災の影響をみると、震災の混乱があったことで大阪市や東京市での「非常変災要務規約」（非常変災は災害と空襲、社会的騒擾と考えられた）の成立が促された。これは、関東大震災の時、非常事態を想定した関係機関が連係する活動体制がなかったという反省からである。防空演習では、当初は「燈火管制」や「防毒」等を重点に演習が進められたが、一九三九（昭和14）年ころから「防火」「応急消火」が大きな課題になり、一九四一（昭和16）年改正で強化され、一九四三（昭和18）年以降の重点施策として「防空壕」や「疎開」が展開した。

本書では、この展開過程において関東大震災がどのように影響をあたえたか、を主題にして分野別に検討を進める。まず、次章で関東大震災から軍がどのような教訓を得たかを整理、続く第四章では、一九二四（大正13）年9月に成立した「大阪市非常変災要務規約」と防空演習についてみていく。この関東大震災一年後という迅速さでは、大阪市などで取り組むべき震災対策の十分な検討はなされなかったと見ることもできる。

第三章　関東大震災時の軍の活動と教訓

ここでは、関東大震災の直後に東京市や陸軍がどのような教訓を得たかについて、今日的研究成果もふまえて整理しておく。

第三章　関東大震災時の軍の活動と教訓

1　震災の被害と軍隊の活動

（1）関東大震災の被害概況

二〇〇六（平成18）年7月内閣府の災害教訓の継承に関する専門調査会では、各種資料を精査し、関東大震災の被害状況を概括している。震源は相模湾沖であったが、東京では地震に起因する火災によって市街地の三分の二が焼失した。

◆*3-1　内閣府の災害教訓の継承に関する専門調査会『一九二三 関東大震災第一編』平成18年7月

（要約）一九二三（大正12）年9月1日11時58分に発生した関東大地震（マグニチュード7.9）で南関東から東海地域に及ぶ地域に広範な被害が発生した。近代化した首都圏を襲った唯一の巨大地震である。大量の死者と家屋被害を出し、電気、水道、道路、鉄道等のライフラインにも甚大な被害が発生した。

東京市では、地震発生直後から多くの出火があり、一部が大規模火災に拡大し、風向の変化もあり多くの火流が拡大・合流し、9月3日午前10時までほぼ丸二日間にわたって延焼した。これらの火災により、地震前の大正11年に357千棟あった建物のうち219千棟が焼失した。全半潰・焼失・流失・埋没の被害を受けた住家は総計370千棟以上となり、全体で10万5千余名の死者・行方不明者が発生した。火災被害のおよそ八割が旧東京市に集中した。旧東京市の火災による犠牲者は6万6千人弱、人的被害の約65％が旧東京市で生じた。また旧横浜市でも2万7千人弱が犠牲になっており、合わせて九割以上の死者・行方不明者がこの両市で発生した。

（2）陸軍の活動状況

内閣府災害教訓の継承に関する専門調査会では被害編に続く『一九二三 関東大震災第二編』（二〇〇九（平成21）年3月）で消防や医療、軍や政府の動き、地域の対応、混乱の拡大などをまとめている。（*3-2 災害教訓 2）

地震直後このような事態への準備がなく、指揮命令の混乱がある中で、軍の部隊が速やかに出動し、治安の確保や被災地での消火や救護活動につとめた。震災翌日夕刻には「戒厳令」（戦争や内乱などの非常時に際し地域を定めて通常の立法権，行政権，司法権の行使を軍に委ねる、一八八二（明治15）年太政官布告による、東京では一九〇五（明治38）年9月～1月の日比谷焼打事件に続く二回目）が布告された。その時にはすでに流言が発生していたが、応援部隊の到着とともに事態は沈静化した。このとき応援部隊を中心に警備や被災民への救護活動がなされ、これによってそれまであった軍への反発意識（大予算への批判や警察等との摩擦があった）が緩和し、軍に向ける市民の意識は好転したとされている。

◆*3-2　内閣府の災害教訓の継承に関する専門調査会『一九二三 関東大震災第二編』平成21年3月90頁～

地震当時、災害にあたるべき東京衛戍司令官が不在のため、陸軍は、急遽、第一師団長が職務を代行し、午後1時10分、「非常警備に関する命令」を発令し、近衛師団・第一師団と担当を定め出動させた。各所に展開した部隊は、まず消火活動に尽力した。治安維持のため近衛・第一師団の将兵300名を補助憲兵として憲兵司令部へ派遣、その後、自動車隊に出動を命じて部隊輸送や消火活動、罹災者の救助に活用する。この間に東京市内の火災は拡大し、補助憲兵までもが憲兵司令部等の自衛消防に割かれることになる（田崎治久編『続日本之憲兵』原書房 1971 493頁）。午後3時、赤羽の近衛・第一工兵大隊の招致を決定し、東京第一・第二衛戍病院及び在京部隊に救護班編成と救護所開設を命じる。また、巡回救護班を編成して京橋日本橋方面に出動させ、さらに午後5時ごろには近衛・第一師団の糧秣倉庫の開放を命じている。このように東京衛戍司令部は警備・救護活動に関する命令を次々に発していった。

他方、火災が広がる1日午後2時ごろ警視庁の赤池濃警視総監は軍隊の出動要請を決定し、午後4時30分に正式な出動要請書を軍隊側に提出する。地震発生後、首相官邸の臨時閣議において非常徴発令や戒厳令に関する議論が行われ、午後7時前には政府の責任で臨機に軍隊を出動させる方針が決定する（『倉富勇三郎日記』19巻国会図書館憲政資料室所蔵）。山梨陸軍大臣は参謀総長と協議し、隣県駐屯の近衛・第一師団所属部隊の東京招致と、陸軍各種学校の東京衛戍司令官指揮下編入を決定、午後9時各部隊に出動を命じる。ただし、陸軍省や東京衛戍司令部は次々と命令を発令するが、円滑に各部隊へ伝わったわけではなかった。

翌2日午前8時に森岡守成が東京衛戍司令官の職務に交代する。罹災民が混乱する中で「朝鮮人暴動」等の流言蜚語が盛んとなり、2日には「至る処に暴行惨殺等の不祥事勃発し、警察の威力全く停止したるを以て、（中略）治安維持上断乎たる処置に出づの已を得ざるに至れり」（森岡守成 1937　202頁）という状況となった。午前10時、森岡は管轄下の部隊に対して警備の任に就くことを命じ、午後2時ごろには担当地域に各々展開する。また、千葉県駐屯部隊も続々と兵営を出発し、午後10時までに展開を完了する。

2日夕刻、戒厳令（勅令三九八号・三九九号）が東京市及び隣接する一帯に施行された。命令伝達には多くの時間を要し、また、現場では軍隊と警察の間で感情的な衝突が生じる場面もあった。

3日、関東戒厳司令部は午前8時から業務を開始した。ようやく陸軍部隊を一元的に運用する指揮・命令系統が整い、応援部隊の到着もあって中央機関は次第に態勢を立て直していった。関東戒厳司令部は臨時震災救護事務局と警備方針等を協議し、5日には、治安維持は戒厳司令官の責任で担当し、救護事務は内務大臣の責任で行い、戒厳司令官は救護事業を努めて援助するという方針が決定する。

東京府内各所に展開した近衛・第一師団の各部隊は、担当区域内の警備を実施するとともに罹災者の救助や救療も行った。各隊は要所を固めつつ、担当区域内を巡察しながら警察とともに治安維持を担った。軍隊が広範囲に展開しその存在を示したことは、人々に安心を与えるものであったが、逆に混乱を拡大させる面もあった。2日から3日にかけて自警団による朝鮮人・中国人に対する殺傷事件が多発したが、軍隊も深く関わっていた。過去に戒厳令が施行された前例は少なく、軍隊の現場は戒厳令施行の目的を暴動の鎮圧と認識し、戒厳令に対する将兵たちの無理解が現場で様々な問題を起こす一因となったという。

3日、関東戒厳司令部は神奈川方面にも部隊を展開させる。同時に、陸軍部隊の担当区域を整理し、既存の東京北部、南部に加え、神奈川や小田原にも方面警備隊を設置する。さらに4日、千葉・埼玉両県に戒厳区域が拡張され、新たに藤沢・中仙道・市川・船橋・千葉・佐倉の方面警備隊が加えられる。これに地方からの応援部隊が加わり、罹災地の兵力は漸次増加する。各方面警備隊の指揮官は関東戒厳司令部と連絡を保ちながら当該地域の治安維持の責任を負い、将兵たちは吏員や警察官と連携しつつ、警備・救護活動を展開していったのである。

9月2日、第十三師団（新潟県高田市）と第十四師団（宇都宮市）など地方師団所属部隊の東京招致を決定する。この部隊は9月5日6日に到着し、一ヶ月後まで活動する。結果、10日まで約5万人の兵力が東京を中心とする罹災地に展開した。11月14日戒厳令解除・撤廃に備えて憲兵を2千人増員した。

このような軍隊の活動は地震以前の反軍世論改善につながった。

2　被災直後の震災の教訓と課題

（1）東京市による総括

昭和5年にまとめられた『東京震災録』による東京市の総括では流言飛語のような問題はあったが、一方、多くの美徳が発揮（*3-3 東京震災録）されたとしている。また、今後取り組むべき防災課題も整理されている。

◆*3-3　東京市役所『東京震災録　後輯』第三編収節　第二章一般的教訓　大正15年3月

1590頁～「傾聴すべきものの最も主なるものは、盈満の戒めなり。国民の気盈ち意驕り、華奢放縦、漸く俗を名さんと欲するに対する大懲戒として受け取るべきなり」「次に人目を惹きたるは、相愛精神、共同精神の発揮なり。自然の猛威に対し同類相隣に一致し、遭難者互いに相扶掖し相幣助して気概を免るるに努めたのみならず（中略）共同相愛の精神を発揮」「一大勇猛心の喚起を致し、奮然起ちて自然の威力に対する対抗運動となり、帝都復興の計画為る。」「沈着冷静思慮在る進退と規律節制ある活動となり、変災則下、日頃相識らざる市民が老幼を助け、婦女を励まし、（中略）さすがに大市民の訓練と襟度をみた（以下略）」

◆*3-3　東京市役所『東京震災録後輯』第三編収節　第三章地方的教訓　大正15年3月

1591頁～　第一節　災禍の研究（災禍は如何なるものか）
・地震の測定設備の充実に関する建議案
・震災予防調査会報告書百号にみる報告―大火と為りたる原因の考察（緒方惟一郎）1発火点の多数　2消防力の不備　3暴風と旋風並びに風向の変更　4水道の断水　5通信連絡途絶　6家財の路上堆積、
・火災旋風に関する研究（寺田寅彦）
第二節　避災の研究（如何にして災禍を回避すべきか）
・「避難免災の手段に関して予め十分に研究調査し、之に関する各種施設を為し、市民に周知しておく」
・震災予防調査会報告書百号にみる報告　1避難の方法　2屋内にとどまるときの心得　3階上にあるときの心得　4夜間における場合の心得　5庭園に避難したときの心得　6他所に避難したときの心得（猛火、旋風に対する心得等）

第三節　防災の研究（如何にして災禍を防護すべきか）
・都市復興と消防充実の急務（緒方）
第一節　防火用水利　第一款水道消火栓（一重三重の複線、鑿井等）／第二款防火用予備水利（一運河、二河川濠溝池澤、三スタンドパイプ、四下水、五使用後の捨水）／第三款防火用独立水利（高圧消火栓、河川取水、中央ポンプステーション）
第二節　通信連絡（一火災報知器、二無線電話、三地中線）
第三節　避難及び人命救助（一高層建築物、二木造大家屋、三池水及び防火樹、四道路橋梁、五家財搬出、六避難練習）
第四節　防火思想涵養（薬品、バラック火災等）
・大震災による東京火災調査の結論
（一）地震より火災が恐ろしい／（二）火災は起こさぬようできる／（三）損失は地震の方が少ない
（四）地震は稀、火災は頻繁／（五）地震火災防止には薬品取り締まり・地盤が悪い地点の建築取り締まり
（六）耐震耐火の建築を希望／（七）高層ほど耐火耐震を強化／（八）地震でも消防をするよう訓練
（九）消防は数多くの方法で出来るようにする／（十）道路舗装と橋梁は不燃にする
（十一）広場には消火設備をつける／（十二）広場より延長がある大道路が効果的
（十三）避難者の路上荷物放置は法令で取り締まり／（十四）市民としての教育
・危険薬品の保管及び取扱に関する注意（片山・大島）
・防火用樹木（請戸）、震火災と帝都の樹木（農商務省山林局）—各公園の面積・樹林地・状況報告
・建物構造（議院及び諸官衙震害調査委員会）

（2）東京震災録等にみる軍の総括

同書には、近衛師団・第一師団両師団による軍としての大震災の総括が収録されている。準備がなかったことで混乱があったと指摘し、今後、災害に備えた警備計画を策定し訓練をしておく重要性と、空襲を覚悟した場合の考慮が指摘されている。特に、近衛師団の所見では、戦時下の占領地での対応の参考になったこと、航空部隊襲撃のイメージを国民に与えたこと、大都市では事前から警備計画を作成し訓練をしておくべきこと、軍隊に対する好感度を国防思想普及に役立てることがなどが提起されている（*3-3 東京震災録 1627 ~ 1633 頁）。

◆*3-3　東京市役所『東京震災録　後輯』第三編収節　第三章地方的教訓　第四節救済の研究　大正15年3月

「将来参考となるべき所見」（近衛師団の所見）

1633頁～　破壊せられたる大都市占領上特に着意すべき要件

「今後、破壊直後の占領にあたって速やかに都市外囲を占領し、内外の交通を扼し、騒擾強奪その他凡て、殊に震災と同時に市街数十箇所より勃発したる大火災は、恰も敵航空隊が都市襲撃の惨害の一端を適切に市民に紹介したるものの等しく、之により国防的観念を新しくしたることも事実なり」（1627頁）

一　占領に当たっての着意（不良分子の都市侵入防止、行政・電信局・新聞社等・動力源・駅等占領、騒擾混乱の地に兵力配置、市民の移動禁止・避難所指定等）／二占領部隊は小部隊を分散配置／三照明施設／四市民の救護／五交通整備／六破壊区域の軍隊の休養

二　出動部隊の能力に関する所見（略）

三　今次の出動が軍機及び教育に及ぼしたる影響（兵士の教育等略）

四　将来の幹部教育並びに軍隊教育に関する所見（略）

五　今回実施の警備勤務に対する経験

「将来東京大阪等大都市にありては平時より警備計画を策定し置き、（中略）敏活適切に警備勤務を実施」する。火災や避難よりも「地方官民には何ら統一なく個々に行動し軍部との連絡極めて良好ならず、之がため警備上甚だ遺憾の点少なからず（中略）訓練を成すの要有り、殊に自警団において特に然り」（1630頁）

六　警備部隊の用法（配置、指揮、系統等）に関する所見

七　警備上航空機（飛行機気球）の価値

八　通信機関の能力及び警備に及ぼしたる影響

九　警備部隊の輸送給養の状況

十　宣伝の効果と流言蜚語の軍隊及び国民に及ぼしたる影響

十一　市民の警備部隊に対する心理状態及び之に鑑み国防及び軍事思想普及に関する所見

「軍隊の献身的活動は市民に感謝と信望を与えたしめたることは事実にして、当局は好機会を逸することなく国民に深刻に国防及び軍事思想を普及を為すことを要す」

十二　その他（戒厳令、救療衛生等）

一方、第一師団による所見では、今回の事態は警察・行政機関が治めるべきで軍の本務ではないが、占領地警備の知見が得られたこと、軍への意識は好転したことは確実でそれをもとに国防思想の普及をすること、但し普及宣伝にあたって軍への反発に配慮すること、また自警団組織を改め、軍や政府の監督指導下で訓練をしておくべきことなどが記されている。

◆*3-3　東京市役所『東京震災録　後輯』第三編収節　第三章地方的教訓　第四節救済の研究　大正15年3月
「将来参考となるべき所見」（第一師団の所見）

1635頁〜第一　警備勤務に関する所見　一「人心の大なる恐怖心危惧心に駆られ（中略）大なる混乱状態を惹起し不逞の徒内部に活動し（中略）行政自治の各機関渋滞停止し、流言蜚語盛んに宣伝せられ日を経るにつれて（中略）修羅の巷と化す。占領警備に当たる軍隊は果敢断行（中略）警備を周到にし（中略）以て軍隊に対する信頼心を増大せしめ、迅速に悪徒を掃討し、良民を救い（中略）速やかに市の各機関の蘇生回復に努める」／二占領軍隊の編組（略）／三占領すべき箇所及び順序（略）／四占領軍隊の任務及び地方官憲との連絡（略）／五敵火又は不逞人の掃討逮捕（略）／六警備要領／七警備部隊の用法／八罹災民の救恤救護（食糧、水、自動車等）／九市復活の促進
第二　今次の出動が将来の幹部教育並びに軍隊教育に関する所見　一、幹部教育について／二、軍隊教育について
第三　出動部隊の能力に関する所見　一、歩兵、二、乗馬兵、三、工兵、四、自動車隊、五、航空機、六、救護班
第四　将来此種勤務に対する典礼の制定及び其の教育の要否又は外人鮮人取締に関する所見（略）
第五　通信機能の能力に関する所見（略）
第六　徴用地方輸送機関の能力に関する所見（略）
第七　震災に鑑み国防及び軍事思想普及に関する所見（略）
　一、市民に与えたる影響は良好なりと雖も・・軍隊の本義寧ろ有難迷惑（中略）警察の力不足
　二、「国防及び軍事思想の普及の為には、今回の如き変態の戦時状態における軍隊の活動を其の儘宣伝の用に供するは至当ならざるも、国民の心理状態如何に論なく軍隊信頼の念向上せるは確実なりを以て、この機を逸せず更に改めて彼の大戦間欧州国民、特に戦場を国内に導きたる国民の体験したる惨状、国家総動員の真相等を紹介し、而して今回の災害を実戦の場合における一部惨害として対照し尚、有事の日に対する軍隊の本務、在郷軍人の責務を評説し、治安、秩序維持のため国民が之に伝倚するを得ざる示し、又、今回の変災間実見せる鮮人に対する人心の動揺、自警団不摂生の行為等を例

証し、以て軍事思想普及並びに国防観念涵養の要を深刻に徹底せしむるを要す」
三、国防及び軍事思想普及の方法（軍よりも在郷軍人会、学生軍事普及団、婦女子から家庭に（中略）国民に自覚自認せしむる。
四、諸外国の同情は志気の緊張を欠くことが免れない。
五、「要するに今回の変災は国防及び軍事思想普及の為絶好の機会たる如きも、一歩誤れば反って不測の忠害を生ませむことを恐る。上は多分の経費を要する復興のため国費中の多額を占むる軍備縮小を叫ぶ政治家あり、下は資産が燼滅し、路頭に迷う失業者多き現況において特に然りとす、故にこの際における普及宣伝は、人情の機微に触るるため極めて機宜に適したる措置を要す。此処においてか軍部は速やかに適切有効なる手段を講じ専任機関を積極的に之を実行するの要極めて大なりと思惟す」（1643 頁）
第八　警備部隊の給養に関する所見（略）
第九　補給に関する所見（略）
第十　経理。宿営、救恤に関する所見（略）
第十一　馬匹衛生に関する所見（略）
第十二　輜重車両及び自動車に関する所見（略）　第十三（欠）
第十四　情報宣伝に関する所見（略）
第十五　流言蜚語の軍隊及び国民に及ぼしたる影響について（略）
第十六　兵器産業に関する所見（略）
第十七　自警団に関する所見
「今次の状況に鑑み平素節制ある国民を訓練すること必要あり、而して自警団の組織は第一は統率者に其人を得ること最も肝要にして、其の編成は在郷軍人を主任とし之に消防組、青年団有志等を加え交通整理等を担任せしむるを可とす。之が為在郷軍人会の組織を改め、陸軍大臣・内務大臣並びに地方長官の監督指導を受けしめて、国民の規律節制ある團體的訓練を施すの必要あるを認む。」
第十八　罹災軍人救済に関する所見（略）
第十九　其の他所見（戒厳令下の事態）（略）
また、関東戒厳司令官山梨半造「震災と陸軍の活動状況（十月十日稿）」（*3-4 山梨）では、陸軍の活動状況を概括し、軍民一致協力で事態秩序回復ができたこと、自警団による混乱があったこと、組織と訓練に欠けたこと、空中爆撃された場合の統制等「将来のため深く国民の銘記猛省すべき」事項を述べている。中で「将来の戦争を考えうるに大都市の空中爆撃を蒙るべきはほとんど免れざる」、「大兵力を注入しないと帝都の公安が維持できないとすれば、帝国将来の国防真に寒心に堪えず」とある。

◆*3-4　関東戒厳司令官山梨半造「震災と陸軍の活動状況」一九二三（大正12）年10月10日　松尾章一監修『関東大震災政府陸海軍関係資料Ⅰ巻』日本経済評論社　1997年1月

470頁～「五、結語　之を要するに震災の跡を回想するに、其被害の激甚悲惨なる古今未曾有にして帝都五十年の文化殆と灰燼に帰し警保救恤に関する諸機関の運転一時全く停止し、加ふるに流言飛語所在に起りて民心の狂乱其極に達し、当時の人士をして著しく形勢の推移を憂慮せしたるに拘らす、幸に大なる擾乱に陥ることなく旬日を出すして警備救恤に関する施設整備し、各地の民心を概ね安定に帰し、爾来日を逐ふて秩序回復に赴きつつあるは是れ一に軍民一致協力異常の活動を遂げ自制沈着事に処したるに因るものにして国家社会の為深く慶賀に堪えさる処なり。

　然りと雖も仔細に震災救護の跡を考ふるに将来の為深く国民の銘記猛省せさるへからさる所多々ありと信す。予は軍職に在る者として特に官公私各機関に対し組織の確立及団体的訓練を一層高調せんことを提唱して止まさるなり。流言とは謂へ帝都二百五十万の市民か少数不逞の徒の為一時全く其度を失ひて狂乱に陥りたるか如き、彼の自警団か其統制宜しきを得すして却て公安を害するものありしか如き、或は公安を保持すへき官公庁にして被害の為め其職責の遂行を欠きたるものあるか如き、何れも組織及団体的訓練の欠陥に因るにあらさるか。

　予は妄りに宣伝自負を事とするものにあらすと雖も、内外の交通連絡全く遮断し官公各機関の運転殆と杜絶したる時に方り我陸軍各機関か多くは命を待つことなくして起ち、震災当日より早くも已に活動を開始し、本来の職責たる警備のみならず一般官民に関する補給救療交通通信等あらゆる方面亘り概ね克く応急救済の目的を遂し得たるは、全く有形無形上に於ける其組織及訓練整備の賜なりと信するなり。

　将来の戦争を考ふるに大都市の空中爆撃を蒙るへきは殆と免るへからさるへく、政治経済の中心地に対する敵国の宣伝思想の惑乱は益々巧妙を極むへし。此時に方り若し今次の如く大兵力を注入するにあらすんは帝都の公安保持し能さるか知きことあらんか帝国将来の国防真に寒心に堪えすと謂はさるへからす。実に各機関の組織克く確立せられ官民全体を通し統制変に処し得るの訓練を完ふすへきは国防上は勿論、平時公安上亦忽にする能はず。今や文化復興の機運頗る旺なるものあるに方り克く治に居て乱を忘れず、特に眼前の活教訓を忽にせさらんことを切望して已まさるなり。
　更に稿を終るに臨み、予は戒厳司令官として部下将卒か自らの家庭の安否すら知るのなくして命令一下直に出動し、日夜精励克く警備救恤の任を完ふし、国民の信頼に応へたる労を多しとて已ます。特に妻子眷属を喪い或は家財を焼きて尚克く公安の為本務に尽粋せし将卒に対しては真に帝国軍人の亀鑑として衷心より敬仰感謝の意を表せんとす。」

　この時期、軍民一致協力でよく事態を乗り切ったという評価はあったが、被災民が消すべき火災を消さなかった、自分のことだけ考えて混乱したという指摘や認識は公的な文書には見られない。

3　軍の活動に関する現在の評価

　今日になって当時の関東大震災時の教訓をとりまとめる研究が進み、軍の活動が再評価されている。吉田（*1-13）では、広域災害に対する「戒厳令」の事例や検討もなく未経験だったが、壊滅した警察や諸機関に替わって救護や治安維持に軍隊が出動したが、そこでは被災者の軍への依存がみられ、戒厳令の適用が逆に流言の「表書」（軍や警察がデマを認めたように理解された）になったと指摘している。

◆ *1-13　吉田律人『軍隊の対内的機能と関東大震災―明治大正期の災害出動』日本経済評論社　二〇一六年2月
241-242頁（要旨）地方官庁や警察の機能が回復しない中、軍隊の出動によって諸機関の機能を補完する役割を担った。軍事的な観点からは、第一は「戒厳地域」という新たな空間を創出し軍隊の活動の円滑化を図ったこと、第二は司令部機能の充実を図って、関東戒厳司令官が一元的に指揮できるようになった。その後、役割は軍による救護と戒厳司令部による治安維持になり、現場の意思決定の鈍化が生じた。また、警察との関係、海軍との連携に齟齬が生じ、これは以後の防空計画の策定が進む中で組織間の連携が課題となっていくのである。
289-290頁　地震直後、拡大する火災と被災者への対応に、警察は早い段階で軍隊側に出兵を要請、さらに戒厳令の適用を内閣に働きかけた。被災地では「朝鮮人暴動」の流言が広まり始め、各地で自警団が組織され、警察が担うべき機能は不法に拡散していった。そうしたなか、陸軍は被災地の秩序を保つため、東京衛戍地外の兵力を集める一方、内閣は軍隊の活動の円滑化と、人心の安定化を図るため、戒厳令の適用に踏み切っていった。

不足していた警備力は全国規模の軍事動員で充実し、陸軍部隊は被災地に幅広く展開しつつ、治安維持活動や救護活動を実施していった。また、軍隊は流言によって迫害対象となっていた朝鮮人や中国人を保護し問題の解消を図っていく。時間の経過とともに、軍隊に対する過度な依存が見られるようになった。軍隊側は地方官側の権限を奪うことを危惧していた。加えて、活動の長期化が軍隊教育の遅延に繋がるなど、戦争に備える軍隊の本務を阻害したと考えていた。

想定外の大規模な災害だったため、警察も軍隊も「朝鮮人暴動」の流言に対して、冷静に対処することはできなかった。さらに混乱に拍車をかけたのは、皮肉にも、内務省や警視庁が求めた戒厳令であった。軍隊側にその用意はなく、被災者、現場の警察官や将兵たちもその意味を正確には理解していなかった。「戒厳令」という言葉が先行し、新聞に「朝鮮人暴動」と軍隊の出動、さらに戒厳令の情報が同時に報じられ流言を表書する結果になった。

明らかなのは、関東大震災のような広域災害に対する準備が全くなかった点である。関東大震災は国内の治安維持システムにおける一つの転換点となったのである。

また、中央防災会議災害教訓の継承に関する専門調査会報告書『関東大震災第2編』*3-2では、まとめにおいて、関東大震災は当時の人々の想定を超えた災害であり、対応する体制を欠いたことが被害を拡大したとして、消防、内閣、東京府・東京市等との活動を記述している。軍についても「軍も災害への対応の計画がなかったため、場当たり的対応となった。個別的に救護などで活躍したが、関東戒厳司令部が編成されるまでは情報伝達や統制も不十分であった。特に警備に関する指示や理解は不十分で、混乱を招いた。出動部隊は戒厳の権限の理解も乏しかった。また、官民とも精神的動揺や自信喪失が著しく混乱を拡大した。」としている。

加えて、応急活動の混乱については、技術進歩を過信し災害の全貌が把握されなかった、救護上重要な施設の喪失や偏在ボランティア的な民間活動等を指摘した後、「流言が殺傷事件を招くとともに、救護にあてるべき資源と時間を浪費させた。軍隊や警察、新聞も一時は流言の伝達に寄与し、混乱を増幅した。軍、官は事態の把握後に流言取締りに転じた。火災による爆発や火災の延焼、飛び火、井戸水や池水の濁りなど震災の一部を、爆弾投擲、放火、投毒などのテロ行為によるものと誤認したことが流言」の一原因で、また、軍や警察による武器使用、武力誇示や保護のための連行も流言を裏書するように誤解された場合があり、また「犯罪の抑止のためには軍隊、警察、民間の警備は有効ではあったが、流言と結びついたためかえって人命の損失を招いた」というまとめをしている。

このように今日では軍の役割、効果等についてほぼ一定の評価が定まっていると言える。

4　震災後の軍関係者による防空に関する言説

関東大震災の惨状を見聞した軍関係者から、空襲を想起し防空への備えを論じる意見が提起されていく。

いち早く飛行機に着目した軍人長岡外史は、退役していたが、帝都復興院評議会に帝国飛行協会長阪谷芳郎と連名で「防空施設に関する件」の帝都復興に関する意見書を出している。提案として、帝都の内外に数カ所の広場を設置して防空設備及び警報装置を設置、都心より十km内外に面積二、三十万坪の飛行場を二、三箇所設置、隅田川河口に水陸飛行場、通信線は地下に、建築物は耐震耐火として防弾を顧慮し、大建築には地下室を確保すべしというものであった（*3-5 復興事業誌）。阪谷は復興院評議会会長、長岡は復興評議会委員・第一特別委員会委員を務め、席上でも隅田川河口十六万坪の飛行場の必要性を提起したが、財源や土地不足のため復興計画には含まれなかった（*3-6 帝都復興秘録 168頁）。

また、長岡外史は帝都復興祭があった一九三〇（昭和5）年に「空中戦に対しては昔ながらの東京と覚悟願います。（中略）日本如き木造都市の住民は非常な沈着がなければならぬ未来戦において、地上は焦熱地獄、空中には不定鮮人数千倍以上の暴力団（弾）（ママ）が昼夜の別なく飛んでくる。之に対し毅然として動かず沈着平静なることが特に大都市青年の教育の根底でなければならぬ」（*3-6 帝都復興秘録58頁）としている。震災前から防空強化を提唱していた長岡にとって、関東大震災はその警鐘にいっそうの説得力を与える事例となった。

◆*3-7　長岡外史『航空機と帝都復興（一・二）』東京朝日新聞　1923（大正12）年8月　出典　神戸大学経済経営研究所

新聞記事文庫災害及び災害予防（5-131）

（一）　本篇は長岡外史氏が帝都復興院評議員として委員会席上で陳述した大要を摘録したものである。「今回東京の大火災は其火元が八十何箇所と云われるが若し東京が焼夷弾を満載した敵の一飛行機に襲われたとすれば三四十分以内に同時に一斉に五六百箇所から燃え出し下町はおろか山の手の全部は見事焼払われるのである。これは敵機の第一回の襲撃である。更に第二回には数十台の敵機が飛来し公園其他広場に集った無数の市民の頭上に毒瓦斯も、鋼箭も、黴菌も手当り次第擲けるだろう。機関銃を雨と乱射するであろう、現在の優秀な軍用飛行機は一分間に百二十発を放ち出す機関銃を据え付けてある。此の場合如何に完全無欠の消防設備も何等の力があろう。焼け放題・燃え放題と覚悟しなければならぬのである。是に於て私は「将来の都市は絶対に耐火的不燃質にして耐弾性を備えねばならぬ」と提唱する。即ち帝都復興では都市自からが焼かれぬ様に造らねばならぬと云う標語を根本に考えなければならぬ。以下それが実際的問題に就て所見を細述しよう。

（二）前に述べた空中の脅威を考慮して帝都復興の計画を建てるには是非次の諸項を充足させなければならぬ。

（第一）成る可く多くの地下線路（電車鉄道）を市内に普遍的に敷設すべし、而して其のプラットホームの広さは都民の約半数を容るに足らしむべし。

（第二）　地下室を奨励し市内に新築する主要市街の小家屋には其家族の容る丈の、中等家屋には建坪の約半数を、大家屋（官公署停車場、ビルディング、アパートメント、銀行、大旅館、大病院等）には其の全部を、地下室となさしむべし、而して其総面積は市民の半数以上を収容するに足るを目途す、大戦中最も頻繁に独機の空中襲撃を受けたダンケルク市が五千九十二発の爆弾を蒙ったが、僅に四百二十四人の死者と八百八十八人の負傷とを出したに過ぎなかったのは全く堅牢な地下室を持って居た結果である。

（第三）市内の家屋建築には耐震耐火の外耐弾の三性能を備えしむべし、これがためには集合住宅を奨励し且つ建築物の高さを一定し空庭式となさしむべし。空庭には分界壁を禁じ一連平坦となす事、官公署銀行旅館等の大建築物も庭となす事は勿論である。右は平時の火災予防、運動、展望に便し有事の日は偽装、耐弾力増加或は聴音、通信、照明所等に用い又後年軽飛行機の発着場となさんが為である。今日にても最小飛行機は二十米平方の所に発着し得られ、近き将来に垂直飛行（ヘリコプター）の可能を確信する。

（第四）都市の編成に一大心臓を設くるは甚だ危険なり、今回の苦き経験に鑑み絛虫のそれの如く個々に分割せられても尚各個に生命を有する如く編成を要す。

（第五）電信電話電灯線を瓦斯水道同様地下に設け耐弾性を附すべし、又之等の原動力は力めて多くの地方に分置し各個独立の機能を有せしむべし。

（第六）政治国防機関兵営学校市場その他必要なる建設物は一所に集中せず、成るべく不規則に相当の距離に散布せしむべし。

（第七）飛行場及飛行哨所を市内及郊外適当の地に数箇所設置すべし」。

当時、陸軍軍務局航空課長であった四王天延孝工兵大佐による一九二三（大正12）年10月の講演（*3-8 四王天）でも、震災と空襲の焼夷弾による消火困難な火災に言及し、耐火構造物の重要性、地下室の効果、積極的防空との両立を述べ、不燃化等の重要性を提起している。ただ、建物が不燃化された場合、敵は焼夷弾でなく爆弾を使うので、しっかりした耐震・耐火・防弾の建築が必要という補足もしている。

◆*3-8　四王天工兵大佐帝国飛行協会講演「飛行機ニ対スル帝都編成ニ就テ」大正12年10月22日及び27日　東京都『都史資料集成 第12巻』平成24年3月

3頁～「欧洲戦争の当時を追懐して、今度の震災と比較して見ますと、警視庁第一回の発表には市内八十四ケ所から発火したと云うことであります。其の後の調査に拠りますと、未だ多いそうでありますが、併し、百ケ所を出でないように承って居ります。発火の時日は九月一日の午前十一時五十八分四十五秒から、二日の朝、若しくは三日の朝に亘って、転々発火したのでありますが、若し之れが航空機の襲撃を受けたならば、もっと多数に上るであらうと、考えるのであります」

「今回のは水も何も全く切れてしまいまして、唯だ手を束ねて祝融の呪ひの火焰の蹂躙に任せたと云うのですが、こういう風にもし敵が攻め寄せてきた場合であったならば、消防隊も全力を挙げて、消火に尽したらいいじゃないかと思いますが、今後用いられます焼夷弾というものは、過酸化窒素であって或はそれに揮発油をすっかり詰めたもの又は黄燐なども使われる事と思ひます。専門のことは存じませんが、さういう風に普通の水を以て一寸消すことの出来ないやうなものを持って参ります。もう一つは頃合をはかつて、まず焼夷する為の爆弾を投下します。その次には消防隊の活動を妨げる所の爆撃を行うことになります。（中略）普通の消防隊が普通の服装で今の消防機で消防することは不可能のことでありまして、之亦呪ひの火焰の蹂躙に任せるやうになるだらうと思ひます。」

「この消極的の防御と云うことに就いて充分なる考慮をなさる必要があると思ひます。ちょいちょい建て直しの出来る「バラック」ならようございますけれども、文明国の都市としての建物は、二十年、三十年仰に店出すごとに建て直すとは、不可能でありますから、此際慎重に考へて、充分堅固なものを搭える必要があらうと思ひます。」
「此の際シッカリした耐震、耐火の建築をしなければならぬと考へるのであります。」

第三章まとめ　軍は関東大震災の被害や様相をどのように受け止めたか

東京市や内務省にとって関東大震災からは地震等の災禍の研究、避難等避災の研究、大火災対策と消防強化等総合的な防災対策推進のための教訓や課題を得たが、軍は以下の課題を見い出した（*3-3 東京震災録）。

① 破壊された大都市占領にあたって留意すべき事項が把握できた

大火災は空襲の惨害の一端を示した。大都市を占領した場合の兵力配置や部隊の運用、兵の教育等の重要性を示す災害であった（近衛・第一両師団の所見）。

② 大都市においては軍官民の連絡を良好にして平時より警備計画を策定し訓練しておく

これまで軍と官民の連絡が良好でなく警備計画の策定や訓練はできなかった。敏活適切に警備勤務を実施する体制をつくって、訓練しておくことが重要である（近衛師団の所見）。

③ 市民の軍への好感度上昇をもとに国防や軍事思想の普及を進める

警備や活動を通じて、軍への意識は好転したことは確実で、絶好の機会を逸せずに国防・軍事思想普及を展開すること、但し普及宣伝にあたって軍への反発に配慮すべきで、専任の組織を設けて実行するのがよい（近衛・第一両師団の所見）。

④ 自警団については、軍や政府の監督指導下におき訓練をしておく

在郷軍人を主任に陸軍大臣・内務大臣並びに地方長官の監督指導を受けて、国民が規律節制ある団体的訓練を行う必要がある（第一師団の所見）。

他にも、戒厳令に関する準備不足や補給体制が脆弱だった等の反省や課題が提起されている。

一方、震災直後には空襲と震災を同一視することを抑制する所見も残されている（第一師団）（41頁*3-3 参照）。

これらのことから、関東大震災の経験は軍にとっては以下の三点が重要であったと指摘できる。

第一に、軍にとって災害時の警備や治安維持・救護への活動は本来の役割でなかったが、来たるべき戦時の大都市占領対策や市民統制等に大きな知見を得た。

第二に、関東大震災で得られた軍への好感度を背景に軍事や国防思想の普及を奨める好機になった。総力戦においては国民の理解が重要という軍の考え方を展開する絶好機になった。

第三に、戦時下における人心安定や秩序維持のため、軍や当局の統率のもとに国民を組織化することの重要性が提起された。特に戦時下での戦場後方の国内の混乱は戦争遂行に大きい打撃になるとされた。

なお、軍の所見には、軍の本務でない消火や避難、救援救護など災害対策については残されていない。また、市民が本来消すべき火災を放置し逃げたという論や、「精神論」はこの時期には見られないことも注意したい。

このあと、防空演習等を通じて防空に関する啓発が先行し、町内会や隣組の地縁組織を行政の末端に組み込む国民統制も進行した。戦争末期になると相互扶助の基盤として町内会や隣組が機能した。これらによって軍や当局が心配した非常時の無秩序な混乱や流言蜚語は終戦まで起きなかった。ある意味で震災の教訓が国民統制に生かされて所要の成果を得たという見方ができるが、功罪については今後の議論に譲りたい。

第四章　大阪市・東京市の非常変災要務規約と防空演習

一九二三（大正12）年9月の関東大震災では、政府や軍・警察などに準備がなかったことが大きな反省点となった。関西では、次は大阪に地震が起きるのではという不安が高まり、震災の翌年、府・市や軍の関係機関により「大阪市非常変災要務規約」がつくられ、異常事態（変災）時の機関の連係と市民を統制する枠組が生まれた。

これをもとに軍が主導して、一九二八（昭和3）年7月には大阪市で灯火管制を主とする大規模な「大阪防空演習」が行われた。その動きが東京に波及し、一九三〇（昭和5）年9月の「東京非常変災要務規約」の成立と、一九三三（昭和8）年8月「関東防空演習」の実施になり、各地の演習が続き、防空措置を徹底する裏付けとなる法律を求める動きが生まれた。

第四章　大阪市・東京市の非常変災要務規約と防空演習

1　大阪への大震災の影響と東京の防空への動き

（1）大阪への震災影響と非常変災要務規約の成立

震災一周年にあたる一九二四（大正13年）年9月1日、大規模災害時等における関係諸機関の連絡・協調と、在郷軍人会や青年団などの各種団体を通じた市民の動員等を定めた「大阪市非常変災要務規約」が制定された。

土田の講演記録（*4-1）によると、「関東大震災後、次に地震が襲来するのは大阪だ」といわれたためという。その後、一九二五（大正14）年5月北但馬地震（兵庫県北部が被災）、一九二七（昭和2）年3月北丹後地震（京都府北西部が被災し大阪でも死傷者がでた）と関西に地震が相次いだため、大阪での危機感は強まった。

そうした中で、大阪で非常変災要務規約にもとづき一九二八（昭和3）年7月に日本初の都市防空演習が行われた。空襲に対する訓練を行いたい陸軍と、大規模災害時にも役立つ訓練をしたいと考えていた大阪市が協力したことで演習は実現した。その二年後の一九三〇（昭和5）年9月1日に、震災復興が完了を迎えた東京でも、「東京非常変災要務規約」が成立した。

大阪市の防空演習以後、各地で防空演習が行われるようになっていく。「防空演習を通じて、市民を組織的に動員するしくみが整備、強化されていく」（*4-1 土田）と指摘されている。

大阪で規約が定まる経緯をみてみよう。このころ大阪は、東京を上回る人口や産業を有する我が国最大の都市であり、第7代大阪市長関一が、都市大改造に取り組んでいる時期である。市の中心部は整然とした矩形街区であったが、その周辺には狭あい道路・木造密集の市街地が形成されていた。

震災直後の10月、今村明恒と渡邉鐵造両東京帝大教授が大阪市公会堂にて講演した（*4-2）。その席上、今村は、大阪に地震があってもおかしくないことと、地震に伴う火災防御の重要性を説いた。また、渡邉は、大阪市には緊急に橋梁のコンクリート化や消防強化、長期的には大地震に備えて大公園や植樹帯の確保、道路拡幅等が必要であることを説いた。また、新聞に今村が摂政宮（昭和天皇）に進講した記事がでた（*4-3）。

これらをみても、大正末には次は関西で大地震が起きるという危機意識が強まっていた。関東大震災を報じる記事に関連して、次は大阪・近畿だ、地震・災害への備えを急ぐべしという記事が相次いでいた。

◆*4-2 大阪毎日新聞「大阪市民の生命の問題 日本にとっては死活の問題／地震に対する大阪市民の用心と応急永久両策を論じた今村、渡辺両博士」大阪毎日新聞 一九二三（大正12）年10.12 神戸大学経済経営研究所新聞記事文庫 都市(9-110)

十日夜大阪中央公会堂で東大地震学教室の今村明恒博士と東大教授で都市計画中央委員会委員である渡邉鐵造博士とが地震に関して大阪市民が注意すべきことを講演をした（中略）。

今村博士の説は、大阪と新潟とには今後大きな地震が起るものと見なければならぬ学術上の理由が幾多ある。但し其の時期が近いか遠いかそれは現在の科学では断言し得られない。凡そ地震の被害はそれが大地震であっても単に震災だけなら大した事はないが、火災を伴うので非常な損害となる。過去の例に見るも地震のみでは潰れ家十一軒について死者一人の割合であるが、火災が起ると潰焼家屋三軒について死者一人の割合になる、要するに地震から起る火災が恐ろしいので夫を防ぐ用意が最も肝要である。そしてどんな地震でも余震は決して恐しくないから万一の場合はたとえ地震が続いていても最初の本揺れに助かったら其人の生命はもう大丈夫なのだから全力を挙げて火災防禦に当らねばならぬというのであって、今回の東京でも市民にもっと地震の知識があり余震を恐れず気を揃えて火事を防いでいたなら損害はその二十分の一で済んだ勘定になる。今回の関東震災被害は六十億乃至六十五億円と算されるが、火災がなかったら二億乃至三億の程度で止まっていると計算されているそうである。

渡邉博士は地震から見た大阪将来の都市計画を論じその具体案として

〈応急策〉▲消防（一）師団所在地を発し下町各方面に至る街路上を走る水路管を作る事（二）消防隊を独身者で組織する▲橋梁 向う一年間以内に全市の橋梁を鉄筋コンクリートとせよ。橋の幅は現在の三〜五割を広げ橋の袂を取広げる事

〈永久策〉 大阪市では大都市計画を立案し八千万円を支出し郊外に力をそそぐとの事であるが、それよりも必要なるは市中の大改造である。即ち（一）公園設置（避難所としての）これには樹木を相当に植える必要がある、（イ）東は御堂筋より西は西横堀の範囲、東西御堂は移転すべし、（ロ）島の内（ハ）堀江（ニ）江の子島（ホ）中之島（ヘ）商品陳列館附近（ト）高津、生玉両神社所在地一帯の地（チ）難波附近（リ）監獄跡。

一公園約四五万坪とする。但しこれが全部集まっても広さでは上野公園一つにも及ばない、尚、寺院を整理する事、及び地盤薄弱地を公園とする事（二）防火線東西横堀側の家屋を取払い植樹する事、及び耐火家屋を建てる事（三）道路の拡張（イ）本町筋を現在の十二間路から二十四間とする（ロ）長堀に沿う一路（ハ）堺筋（ニ）御堂筋

現今の大巴里でさえ八億フランで出来上ったのだ、今後二十年かかっても三十年かかってもよい。大阪市民は説を学者に聴いて永久対策を講ずる必要があると確信する。この問題は大阪市民にとっては生命の問題であり日本に取っては死活の問題であると喝破した。

◆*4-3　大阪毎日新聞大阪朝日新聞「火災に処する訓練／震災には之が第一に肝要／今村博士進講の要旨」一九二三（大正12）年 10.16　神戸大学経済経営研究所新聞記事文庫都市（9-110）

摂政宮殿下に地震学、地質学等に就き進講せる今村明恒博士は十五日午前十一時五十分赤坂離宮を退出し東大地震学教室に引揚げ、光栄に輝くこの日の御下賜品を手にしながら語る。

摂政宮には此前一度地震学教室に行啓遊ばされたことがあり、地震に関する一通りの御知識を御有りだが、最初に一般の地震のことー原因地震動の物理学的性質、地震帯等の講話を申上げ、実例として今回の大地震の震源の位置区域、海嘯、地変の状況、前兆の諸項につき詳細説明を申上げた。而して地震それ自身は左まで恐るるに足らず、真に怖るべきはこれに伴う火災である、市民は全く不用意の中に地震に襲われ、地震に対して無関心であった市民は無上に怖れたために災厄を一層大ならしめ災厄の九十五パーセントは火災に因るものである。若し当時地震に処する訓練が市民にあったならば災厄の程度を余程軽いところで喰止めたことであろうということを申上げ、更に木造家屋は通常日本の震災統計によれば十一軒の倒壊に対し死者は一人に過ぎない、夫も桁、梁等大きな横木に圧されて死ぬるは余程不運な人で、大抵は下敷になっても助かるのが一般である事、一度大地震が来ればもう余震はまったく怖るるに足らず安心と心得て良しい、真に懼るべきは火災であって平時の防火設備は役に立たず、各自相警めて火の用心を為し、出火の場合は未だ小さい中に消止に全力を注ぐべきである。火災に伴う死者の割合は三倍乃至四倍、財産の損害は数十倍に上っている。

私は嘗て大地震に際しては火災を非常に重大に考えて若し今日の如き消防設備を以てすれば東京市内の大部分は焼払われ、十万以上の市民は真に戦慄を禁じ得ないものがあろうとの旨を発表したが、昨今大阪地方ではこの次の大地震は大阪地方であろうと戦々兢々たるものがある。是につき私は大阪府市当局実業家市民等の別々に夫々適当なる警戒注意を述べた。特に大阪市民に向っては火災に対する訓練さえ十分出来て居れば地震に対する災厄の大部分は免れ得べし、地震を侮ってはいけないが、又これを怖れるもいけない、これを例せば東京は劇しい天然痘に罹って将に全国に流行しようとして居る。

この際大阪は速に種痘をして居れば病気は絶対に免れぬかも知れぬが、罹っても軽い、安心して過すことが出来るとのことを説明しておきました、と申上げ、最後に寺田博士の調査した今度の旋風の真相も御説明申上げ、用意しておいた十枚ばかりの地図を差上げました（東京電話）．

一九二四（大正13）年8月の大阪朝日新聞には「大阪市非常変災要務規約」の記事がでている（*4-4）。「大阪府・市と現地の第四師団・憲兵隊の協議によるもの」で、関東大震災時に統制が効かず、事前の計画と訓練が必要ということで提起されたことを受けたものである。

◆*4-4 大阪朝日新聞「いざ鎌倉―という時の総動員の規約」1924（大正13）.8.28　神戸大学経済経営研究所 新聞記事文庫 都市（9-110）

非常時に大阪府、市、第四師団、大阪憲兵隊、これに市民の各団体の総動員を行い救護にあたる事務の担当方について二十七日最後の決定を見た。これを「大阪市非常変災要務規約」と名づけ、九月一日午後二時から中央公会堂で開かれる震災記念講演会の席上印刷に附して愈々一般聴衆に配布することになった。そして年に一回以上、全部の実地演習をやる筈で、規約は「本部」と、これが命令で動く「各部」「救助団体」の三つに大別される。

本部には「委員会」があって参謀本部の格をなし、大阪府知事を委員長に、市長、参謀長、憲兵隊長を委員とし、委員長は各官公衙の職員や大阪市内の名誉職や学識経験のある人達を顧問に頼み、意見を聞くことが出来る。委員会には各官公衙の職員から成る従事員が直属し、庶務、規画（救護実況の調査記録等）、連絡、宣伝（救護に関する一般的宣伝公告等）の四つの係に分れている。第二の各部は府、市、師団、憲兵隊の実際上の事務の分担を定めたものでこれを防護係、経理係、配給、作業、救護、運輸の六つに分ける。

一、防護係は水火防禦とこれに伴う交通の整理、傷病者の救護をする（府、憲兵隊、師団の担当）．

二、経理係は物品の買入、借入、各係への引渡（府市、師団の担当）。

三、配給は食料品、被服類、飲料水その他救恤品の準備とこれが配給をやるもので、これに食糧、被服、飲料水、雑品の四つの係がある（全部市の担当）。

四、作業は非常事変の際いろいろの建設をするもので、これに建築（府市）、道路橋梁（保全建設、市）、水道（断水の予防と回復、市）、通信設備（応急の通信設備、府、師団）、照明設備（照明の保護と回復、市）の五つの係がある。
五、救護は罹災者の収容、保健、傷病者の治療をやるもので、これに衛生（府・市）、収容、救護係班、病院（以上三係いずれも府市、師団）の四つの係がある。
六、運輸は運輸交通機関の利用を円滑にやるために汽車（府市、師団）、電車（郊外電車は府市、市電は市）、船舶（府市）、飛行機（師団）、舟車（府市）の五つの係に分かれている。
　第三の救助団体は右の各当局以外の諸団体で関係官公衙別にすると、府は方面委員、赤十字社大阪支部、府市医師会、府衛生会、市は市青年連合団の加盟団体、衛生組合、市協和連合会の加盟団体、市婦人連合会の加盟団体、第四師団は市内の在郷軍人会を横断的に糾合したものでイザという場合各係の主係からこれらの関係官公衙を経て団長にその出動方を依頼する、これらの諸団体はいずれも各係をきめる。

「大阪市非常変災要務規約」では、第一条で「大阪市における非常変災に対し常時之が応急準備を計画し以て大阪府庁、大阪市役所、第四師団、大阪憲兵隊の救護事務を適切に協調せしむるとともに市内各団体をして之に対する秩序ある援助を為さしむる」という要旨を掲げている。

第三条では、非常変災は、「震災火災、洪水、海嘯及び之に準ずべき災害、若しくは事変」と定義され、第四条ではこの規約を適用する非常変災の程度は、大阪府知事が臨機応変に認定すると定めた。

この「事変」について土田（*1-2）は、空襲よりも前年6月27日にあった「大阪市電争議」（市電労働者四千数百名が西部交通労働同盟として賃金引き上げや八時間労働制を要求して高野山に立てこもるストライキになり、市電当局は、警察や青年団・在郷軍人を動員し、学生等を使い電車を動かした）にみる争議が頻発しており、社会混乱も想定していたと見ている。特に青年団等各々の自警的団体への統制を図る意図があった。

第九条では援助を受ける団体として「市内の在郷軍人会分会、大阪市連合青年団加盟団体、大阪市内の府方面委員、同衛生組合、大阪府医師会・大阪市医師会、日本赤十字社大阪支部、大阪府衛生会、大阪市協和連合会加盟団体、大阪市婦人連合会加盟団体」が挙げられている。うち協和連合会内の「大阪府内鮮協和会」は一九二四（大正13）年5月、府・市や警察等により在日朝鮮人の統制を図る機関として設立されており、関東大震災の影響である。

規約の第三章各部事務では、本部のもとに展開される作業として、防護（水火防御とこれに伴う交通整理、傷病者の救護）、経理（物品購入、引き渡し、労務等）、配給（食糧、被服、飲料水、雑品）、作業（建築、道路橋梁、水道、通信設備、照明）、救護（衛生、収容、救護班、病院）、運輸（汽車、電車、船舶、飛行機、舟車）とされ、各々を担当する部署が定められていた。防護では、大阪市内の警察署や憲兵隊官署に援助青年団員を配属し、その方針に従わせるとされた。明らかに関東大震災の自警団暴走を教訓に定まったことがわかる。

大阪には関東大震災の教訓として災害への脆弱性や事前準備の欠如が伝わったが、その中で、軍と府・市は、震災時の自警団の暴走があったことをまず重視し、事前準備として各団体の分担や連携のあり方を定め、公からの統制強化を意図した。これは災害の教訓の生かし方の一つであるが、暴走の因になった流言対策や差別意識撤廃等は見過ごされていた。また、提起された橋梁の不燃化や不燃の都市づくりはすぐには動き出さなかった。

一方、この「大阪市非常変災要務規約」が関東大震災後一年、すなわち短期間に定まったことは震災の全容と教訓を把握した上でなされたかについては疑問が残る。この時期の政府や東京市は被災者の救護や復興に向かっており、災害の全容がまとまるのは時期的に先である。言い換えるならば、軍・参謀本部主導で震災の教訓として重視した諸団体の連絡・統制を急いだと考えられ、避難・被災者救護・復旧復興などの課題は軍の管轄外として顧みられなかった。この結果、軍部が最大の関心を示した戦時下の軍官民の協力体制構築が最優先になり、「非常変災」のもう一方の災害対策は軽視されたと考えられる。

なお、社会主義者取り締まりのため、関東大震災時に緊急勅令「治安維持の為にする罰則に関する件」（一九二三（大正14）年9月7日）、一九二五年（大正14）年4月「治安維持法」が出されているが、これらと防空の関連を示した研究はあまり見当たらない。

（2）「東京非常変災要務規約」の制定と「防護団」の編成

東京市においても復興が一段落した一九三〇（昭和5）年9月1日付けで東京警備司令部等五者により「東京非常変災要務規約」が定まった。上坂（*4-5）によれば「一九三〇（昭和5）年春関東大震災の復興がほぼ完成したのを機会に、東京警備司令部は、東京府・東京市に対し、関東大震災の惨害の一因が当時市民の団体訓練の不足にあったことが考えられるとし、非常変災時に処する警備防護を実施する組織を平時から確立し、このために訓練する必要があることを提議してきた。府・市当局はこれに賛同の意を表し」、警視庁・東京憲兵隊が加わったという。内容は「非常変災にあたりこれの防護に関し、東京府庁、東京市役所、警視庁、東京警備司令部、東京憲兵隊に跨がる事項について常時その対策を計画し、以て有事の際の事務の協調を図る」ものである。この規約の適用は五者で構成する「防護委員会」が事態を非常変災として認定し発効するが、第三条で「事変災害」という呼び方がされており、対象は大阪市と同様である。以下の業務の役割分担をはっきりさせた。

「警防」（警護、灯火管制、消防、交通整理、避難）、「工作」（偽装遮蔽、建築、水道瓦斯、交通、通信、電気）「衛生」（防毒、救護）、「配給」（食糧、被服）、「運輸」（汽車、電車、船舶、飛行機、車馬）、及び「経理」である。

これにみるように灯火管制・偽装・防毒など防空業務が強く打ち出されている。この規約では東京市による「防護団体」の設置と訓練・監督が定められた。

◆*4-5　東京非常変災要務規約について（上坂倉次「東京防空史夜話（三）」『東京消防』39巻359号　昭和35年6月）

一九三〇（昭和五）年春、関東大震火災の復興がほぼ完成したのを機会に、東京警備司令部は、東京府、東京市に対し、関東大震火災の惨容の一因が、当時市民の団体訓練の不足にあったことが考えられるとし、非常変災時に処する警備防護を実施する組織を平時から確立し、このために訓練を実施する必要があることを提議してきました。府、市当局はこれに賛同の意を表し、ほかに警視庁、東京憲兵隊とを合せ、五者の協議によってその具体策を検討することになりました。同年七月三十一日に、前記五者の主脳部をもって防護委員会が組織され、これまで関係者の問で検討されて一応の成果をみた「東京非常変災要務規約」はこのとき成立をみました。しかし、この規約にはなお修正すべき点があるとして、同委員会は、同会の下部組織である幹事会に託して、その修正協議を行わせました。

九月十日に、東京警備司令部で開催した幹事会の最終審議の結果修正案がまとまり、そこで震災記念日の九月一日付で「東京非常変災要務規約」の制定発表をみました。この規約が東京市における初期防空防護団体の組織編成ならびに活動の根幹となったものでありますので、以下に詳しく述べます。

この規約は六章五十八条からなり、第一条でその目的をつぎのように定めています。

「本規約は東京市に於ける非常変災を対象とし東京市役所、東京府庁、警視庁、東京警備司令部及東京憲兵隊（以下関係官公衛と称す）の平時に於ける防護準備並有事の場合に於ける防護実施をして完全に協調せしむると共に、右地域内に於ける各種団体に関係官公衛の防護業務に統制ある援助を為さしむるを以て目的とす」

非常変災にあたり、この規約が適用される時期と範囲は、防護委員会全員一致の決議によってきまり、戒厳令の布告もしくは宣告のあった時は、戒厳司令部の認定によって適用範囲が定められるというものでした。

第二には、防護委員会設置と役職、日々の組織、権限、事務分掌などが規定されており、委員会会長は、東京市長がこれにあたりました。

第三章は、関係官公衛の権限とその相互関係並びに防護業務にかかるものです。ここで、警防、工作、衛生、配給、運輸、経理などの規定があります。第四章は、防護団体の規定で、各区に区防護団を編成し、その下に防護分団を設ける。区防護団をあつめて東京市聯合防護団を編成するということです。第五章は、防護評議委員会の規定で、区防護団に区防護評議員会を設け、区防護団長の諮問に応ずるものです。聯合防護団にも聯合防護評議員会があります。第六章は会合と記録に関する規定です。

◆*4-6 「東京非常変災要務規約に就て」（警視庁警部西田福次郎著『空襲と帝都防衛』松華堂 昭和9年8月）

20頁「十年前の九月一日！追憶未だ新たである。濛々たる煙！炎々たる焔！によって天地悉く晦冥、軍隊も警祭も、消防も市民も唯呆然自失、街頭は阿鼻叫喚の裡に、人も家も悉く灰燼と化して、十萬の生霊と百億の国幣とを一朝にして烏有に帰せしめた。大震火災！天變地災は之を如何ともする能はず、而も国際間の變動も亦自然の数に属し、戦雲は思わざるに勃発にする。空襲に始まり空襲に終るー蓋し未来戦の実情である。爆弾は実に宣戦を布告し、その惨禍は大震火災の再出現を明白に教へる。

顧れば彼の大震火災当時市民に非常変災に処する訓練が果たして行届いていたかどうか。恐らくあの惨害は市民の不用意の裡に襲来し、不用意の裡に去ったのである。唯残されたものは広漠たる焼土と、路上に徨える百萬の市民とであった。この東京非常變災要務規約は少しく泥縄的ではあるが、苦き試練によって生まれた變災防護の準備規約である。昭和五年九月一日制定せられている。九月一日を制定の月日としたことに就ても、大いに意義が存する。而して昭和八年始めてこの規約を敵機空襲の仮定の下に実施したのが、彼の関東防空演習である。」

これらからも、関東大震災の経験が参照され防空協力組織「防護団」設立への同意が引き出されていったことがわかる。又、山本（*1-4）によると、当時の知事が後藤新平の言を受けて設立したとしている。

◆*1-4 山本唯人「防空消防の展開と民間消防組織の統合過程」日本都市社会学会年報17・1999

5頁～　東京市による防空政策の概要を知る上で最も基礎的な文献の一つは、敗戦後、一九五三（昭和28）年に編まれた『東京都戦災誌』（*1-6）である。そこで、この文献内の、「帝都における民防空事業の創始」（49頁）をみる。

一九三〇（昭和5）年9月1日、震災復興事業の終結を期に、東京警備司令部・東京府・東京市・警視庁の間の「申し合わせ」として東京非常変災要務規約が作成され、その中に、防護団についての規定が初めて盛り込まれる。次いで、一九三二（昭和7）年4月、東京市は防護団創設準備に着手、東京商工会議所の斡旋により約250万円の資金募集に成功し、市内15区の在郷軍人会、男女青年団、町内会、医事衛生団体、少年団などに呼びかけて、同年9月1日、9回目の震災記念日に合わせて東京市連合防護団を発足させた。発団式当日、会場の代々木練兵場では、団員約4万人を観衆10万人が取り巻き「大変な騒ぎ」であったという。

上の経過の中で、さしあたり注目しておきたいのは、防護団の設立と関東大震災との関係についてである。非常変災要務規約制定当時の東京府知事・牛塚虎太郎は、一九四二（昭和17）年10月24日の『市政週報』「自治防空特輯号」に掲載された対談「防護団生い立ちの十年を語る」の中で、次のように述べている。防護団設立動機の中で、関東大震災の経験がいかに重要な役割を果たしていたかを知る上で参考になる。

「防護団が生まれたのは、大震災の惨害を目の辺りに見て帝都の変災を守る団体をこしらへなければならぬと、後藤新平市長なんかに非常にやかましく言はれて、それがいつまでたつてもできなかつたものが、私が東京府知事時代に軍部、府、市で、東京非常変災要務規約といって防護団の要綱のやうなものをこしらへた。まあそれから生まれたものですが、防護団の生まれた抑々の理由は、東京に大洪水とか大地震などが起きた場合に関東大震災の二の舞をせぬ様にと専らこれに備へてできたものです。勿論空襲に備へて帝都の防空に任ずるといふ役目もあったにはあったが、抑々の出来はじめは、変災地異に備へてこしらへたものです。」

この山本（*1-4）の記述は要務規約を市が主導したという見方であるが、前掲の上坂（*4-5）によると東京警備司令部からの申し入れとある。起点は分明ではないが、大阪の経緯をみると、軍からの変災要務規約の提起があり、震災時の自警団の反省として東京市側から防護団結成が提起されたと考えるのが妥当であろう。

防護団は一九三二（昭和7）年4月より編成作業が始められた。在郷軍人会、男女青年団、町内会、婦人会、医事衛生関係、少年団等が参加した。連合防護団長は東京市長であり、区防護団長は各区長、事務は東京市教育局社会課で、当初の活動費は東京市会議所等の寄付によっていた。

編成作業が始まって四カ月後、一九三〇（昭和5）年9月1日に「東京市連合防護団発団式」が行われた。参加防護団員五万人、来賓千人、観客等をあわせると十万人余が代々木練兵場に集まった。防護団の閲団式のあと防空・防護の宣伝出し物になった。朝日新聞社及び学生航空連盟の飛行機計三機が「九月一日を忘れるな、東京市連合防護団発団式を祝す」という宣伝ビラを空中に散布、観衆を湧かせた。次いで、仮想敵機の襲来、軍の高射砲等対空防御の実演、バラックへの爆弾投下と消火訓練がなされている（*4-7）。これで分かるように、当初の動機は災害であってもこの時期にはすでに「非常変災」はほぼ「空襲」と同じ意味となり、空襲は関東大震災の火災イメージに重ねられている。この時期まだ焼夷弾に対する消火方法が確定しておらず、消火は消防による展示になっている。

◆ ***4-7　東京市連合防護団発団式（上坂倉次「東京防空史夜話（四）」『東京消防』39巻 360号　昭和35年7月）**

閲団式が終わると、この日の呼び物の飛行機による空中攻撃、地上防空諸機関による防禦活動の展開に移ります。このころ、朝日新聞社飛行機プス・モス二機、サルムソン機、学生航空聯盟の青年日本号は式場上空に姿をあらわし、約二十分にわたり祝賀飛行を行い、「九月一日を忘るるな、東京市聯合防護団発団式を祝す」なる宣伝ビラを撒き、大いに観衆の気勢をわかしました。

四時四十分頃、陸軍下志津飛行学校と所沢飛行学校所属の各五機が編隊で川崎市上空から帝都をめざして飛来するとの情報があった。これに対し、地上防空部隊の活動が開始され、聴音機が操作され、七糎半高射砲は発射態勢を整え、場の北隅の高射機関銃、対空射撃部隊もそれぞれ活動態勢にうつります。

微かに爆音が問えたかと思う間に、サルムソン五機編隊と八八式偵察機五機縦隊とが観衆の視界に入る。指揮隊長のリン然たる声、「角度七五。三千メートル」と。忽ちごう然、二基の高射砲は急速に回転し、火焔を吐く。仮装敵機は、目的地上空とおぼしいところで、爆弾投下をはじめます。しばし、彼我、攻防に時を移す（この高射砲と聴音機は浅草区民が軍に献納したものです）。

突如、投下爆弾が命中し、明治神宮拠りに建てられたバラック三棟は忽ち炎々たる焔に包まれる。これから消防演習開始というわけです。三棟の建物は炎々と燃えあがる。この時三百数十名の防火班員は一斉に行動を開始し、はじめは砂で消火にあたり、ついで遠方からの手送りバケツ注水により「消防ポンプ自動車の来援まで」の消火演習が行われます。

最後に、かねてから待機中の消防ポンプ自動車十二台が迅速な活動で部署につき、消火し鎮火させました。

また別に、東京府、市、警視庁の各衛生課から一隊ずつの衛生班を出動させ、団員の救護活動の実演を行うなど、当日の観衆に対空防護思想啓発のための各班の催し物があって、発団式の幕は閉じました。

山本（*1-4）は、防護団は何をするところか不明で広がらなかった、としているが、府・市が、関東大震災の自警団による暴走を統制できなかった反省から防護団を組織したという背景を考えると、統制される側の参加者にとって何をする組織か分かりにくかったことは首肯できる。なお、常設の「防護団」が東京・横浜・川崎等で演習前に結成されたことは、関東大震災時の自警団有無との関係がうかがえる。いずれにせよ今日からは、当初に軍が防空演習という新手法を使って、防空の担い手としての国民を育成し始めた、と言えよう。防護団の中核には在郷軍人会があり、団の活動を軍が狙う方向、即ち防災より防空に向かわせたことは想像に難くない。

◆*1-4　山本唯人「防空消防の展開と民間消防組織の統合過程」日本都市社会学会年報17・一九九九
6頁　関東大震災から関東防空演習へ―　防護団の「完成」「ところが、「団員約4万人」という見かけの壮大さにもかかわらず、結成当初の防護団が具体的には何をする団体なのか、必ずしもはっきり認知されていたわけではなかった。結成から1カ月後の一九三二（昭和7）年10月1日、東京市が市域を拡張し、新市域における防護団の結成が課題となった時、当の隣接町村に防護団の設立を見たものが一つもなかったという事実は、この組織に対する認知度の低さを物語っている。

こうした行き詰まりとも言える状況において、防空演習の実施はきわめて戦略的な意味を持っていた。もともと、大阪を始め多くの地方都市が防空演習を実施していく中、東京での防空演習を求める声がなかったわけではない。しかし、関係団体間の調整など、そのために必要となる作業の膨大さから、東京での実施は戦時による以外ほとんど不可能視されていたという。ところが、一九三二（昭和7）年12月26日、東京警備司令部が陸海軍当局に話を持ちかけると、関東防空演習の実施は一挙に現実味を帯び、防護団は、防空演習を支える基幹的な民間団体として位置付けられたのである。

以後、一九三三（昭和8）年、関東防空演習の計画が発表されると、東京市は、新市域について速やかな防護団編成の必要を認め、4月以降、この防空演習への参加を掲げて結成の準備を進める。その結果、8月の関東防空演習までに35区全てにおいて防護団が結成される。こうして、東京市連合防護団が「完成」する。

このような経緯に照らしてみるとき、「防護団」という形で、在郷軍人会、青年団、町内会、婦人団体、医事衛生団体、少年団などを構成員とする新たな民間防空団体が結成されたことは、単に関東大震災の教訓が継承され、実行に移されたなどということではない。そこから見えてくるのは、「防災体制の再編」が、関東大震災という未曾有の災害についての集合的記憶を「空襲災害」という来るべき災害のモデルとして造形していく過程であり、「防空」という新たな文脈を設定することで、防空演習という「住民参加」の新しい様式とそのための新たな主体を創造していく過程でもあったということなのである。」

（3）「防護団」から町内会・家庭防空組織、「警防団」への展開

なお防護団の構成団体の中に「町内会」がある。東京では一九三八（昭和13）年4月東京市告諭第三号「東京市町会整理要綱・東京市町会基準並びに同準則」で、市内の町会が法的に位置づけられ、全国的には一九三〇（昭和15）年9月内務省「部落会町内会整備要綱」で地方行政機関の下部組織になっていく。

しかし、震災前に町内会に該当する地縁組織がなかったわけではない。明治期には、町内の自主的な隣保団体として衛生、警防、商売繁栄、親睦、神事など相互協力を行う任意組織があった。日本橋区の記録をみると、明治30年代に「町会」、「睦会」、「講」、「氏子」、「衛生組合」、「地主会」等として発足した地縁組織が区画整理

を機に再編され、一九二四（大正13）年〜一九三二（昭和7）年にかけて「町会」として再構築されている（*4-8『日本橋二之部町会史』一九三七（昭和12）年33頁）。

この町会等の地縁組織を防空に組み込んで組織化する動きは防空法制定後に進んでいく。一九三七（昭和12）年5月「国民防空強化促進計画要綱」及び「防空指導一般要領」、8月内務省「家庭防空隣保組織に関する件」（*4-9）、「家庭防空隣保組織要綱」が示され、全国的に国民防空の最末端組織の育成が始まった。東京では一九三七（昭和12）年5月東部防衛司令部、警視庁、東京市、東京連合防護団により「家庭防空群組織要領」が作成された（*1-8 565頁）

◆ ***4-9　内務省計画局長警保局長通達『家庭防空隣保組織に関する件』昭和14年8月**（国会図書館デジタルコレクション防空関係法令及例規コマ番号237）
一方針　（一）家庭防空隣保組織は国民全般の自衛行為を基調とするものなること、特に我が国都市構成の現状よりして応急的自制消防の強化充実を急務とするものなるに鑑み防空に関する自主的自衛的機関たらしめること。

一九三九（昭和14）年1月には「警防団令」が出され、勅令団体として「警防団」が消防と防空業務を担うことになった。任意組織である防護団は東京等から全国に波及していたが、地方では多くは消防組員が兼務していたため、防空法制定を機に防護団は解散し、消防組も「警防団」に統合された。東京では江戸の「町火消」は一八七三（明治5）年4月に「消防組」に改組改称されており、全国では一八九四（明治27）年「消防組規則」によって消防組が設置され府県知事に管理が任された。戦後は一九四七（昭和22）年4月「消防団令」により復活し、翌年の「消防組織法」により警察から消防が分離する（*5-9東京消防庁『東京の消防百年の歩み』昭和55年3月他）。

一九四〇（昭和15）年9月内務省訓令「部落会町内会等整備要綱」によって、市街地には町内会、村落には部落会を設置し、その下に隣保班（隣組）を組織することになった。同年11月には内務省より「隣保班と家庭防空隣保組織との関係に関する件」が出され、隣保班と前年8月の家庭防空隣保組織の統合が指示された。

一九四一（昭和16）年7月「隣組防火群」を「隣組防空群」に改組し、防火以外の防空業務、災害応急業務も任務として訓練を行うよう定めた。さらに、一九四二（昭和17）年2月になると町会長は、市区町村長の専任告示となり、町会事務員が配備され、町会自治会は地方行政の末端に組み込まれた。

一九四二（昭和17）年8月には町内会自治会は、一九四〇（昭和15）年10月に発足した大政翼賛会の傘下になり、「市区町村常会」、「町内会常会」、「隣組常会」となった。東京府では一九四三（昭和18）年4月には「町会規定」が施行され、組織の統合整理が行われ市の管下になった（*4-8 日本橋一之部町会史89頁）。

名称等はめぐるましく変わったが、一九三九（昭和14）年から開戦前夜の一九四一（昭和16）年にかけて国民防空を担う地域組織の強化が進み、大震災時の自警団暴走に端を発した非常時における国民統制はこの段階でほぼ完了したと言える。

2　防空演習の展開

（1）大阪・名古屋等の防空演習の展開

住民を巻き込んだ防空演習について、土田（*1-2 100頁）は一九二七（昭和2）年には東京で「千住町警備隊」による「防空と消防連鎖警防演習」があったこと、東京では防空の研究は進んでいたが、まだ大々的な演習が出来る時期ではなかったとしている。

広域的な防空演習は一九二八（昭和3）年7月の第

表 4-1 大阪防空演習主要項目（出典 *1-11　30 頁）

挿表第４　　大阪防空演習主要項目

主要項目	編　　成	実施場所	実施要領	備　考
1.防空監視	防空監視隊×２ （陸軍、大阪府警） 各監視隊＝本部＋監視 監視　＝(7名)×１０～２０	陸軍：滋賀県 警察：三重県	①２４時間勤務 ②通信：監視隊内は警察電話	
2.対空射撃	(1)高射砲 司令部×３、高射砲隊×７ １０糎２門、７糎１２門 (2)高射機関銃隊×７ (3)照空灯隊×２　照空灯、聴音機を検上支給借用 (4)聴音隊×２	高射砲隊の内訳①高射砲第１連隊×３ ②野戦砲兵学校×１ ③深山重砲兵連隊×１ ④野砲兵第４連隊×２		７糎４門を兵器廠から借用
3.灯火管制	(1)大阪市電気局配電区域 (2)阪神電車配電区域　　主として西淀川区 (3)阪急電車配電区域　　主として東淀川区 (4)大阪港、海上、築港内船舶		①7月5.6.7日各20分間、自由管制 ②防衛司令部の統制による中央管制	
4.消火活動	警察部消防職員により 消防大隊（７コ中隊）編成	７月６日　６個所 ７月７日１０個所	模擬火災に対し 消防ポンプ出動	
5.警備防護	(1)警備歩兵４１０名(2)在郷軍人保警隊12082名 (3)憲兵５２６名　(4)警察官４５４６名 (5)青年団１２１０００名 (6)その他１２００名		①不穏行動の警戒 ②消防活動の支援	
6.防毒活動	(1)救護班：市民病院、赤十字病院、市青年団の１部 (2)消毒班：在郷軍人大阪府消防課の１部	城東練兵場 天王寺公園 扇町公園 甲子園	無毒発煙筒及び催涙筒使用 ７月、６及び７日で６回、６時間	科学研究所の指導による。

四師団主催の「大阪防空演習」が嚆矢となる。一九二三関東大震災、それに続く一九二五北但馬地震、一九二七北丹後地震（大阪市内死者６人負傷者96人、湾岸部に液状化発生等）があり、市民の危機感は高まっていた。これらを背景に、大都市防空演習を意図していた参謀本部・第四師団と、非常変災規約の警備や市民を含む総合的な防災訓練の実施を考えていた大阪市が連係し、市民を動員した。演習項目は表4-1（出典*1-11 民間防空30頁）のとおりで、来襲機に対する空中・地上からの防空戦闘、灯火管制、数カ所の防毒演習、模擬市街地での消防演習等である。担当は、軍が防空監視・対空射撃、電気会社・電車会社が燈火管制、警察部消防職員による消火、病院・赤十字が防毒活動を演習し、歩兵・在郷軍人・憲兵・警察官と青年団が警備を担当した。業務に参加した市民は青年団だけで恒常組織にはならなかった。これら灯火管制・消火・警備・防毒等の活動が市民に公開展示された。

大阪を皮切りに主要都市で防空演習が進む。翌一九二九（昭和４）年７月の名古屋防空演習では、軍や師団が訓練を急ぎ、市長のもとに「名古屋防空自警団」を組織し小学校区単位の動員を行い、近隣市にまで巻き込み灯火管制など訓練をしたが、この自警団は訓練後に解散した。「名古屋市防護規約」「名古屋市連合防護団団則」ができるのは四年後の一九三三（昭和８）年である（*4-10 池山・*1-2 土田123頁）。同年の水戸付近防空訓練では陸軍特別演習にあわせて灯火管制演習が広域的に実施された。動員された人数は14万人弱とされている。

主な演習は46回（*1-12）または、一九三六（昭和11）年までに116回（*1-11）とされている（表4-2）。

表 4-2 主要防空演習実施一覧表（出典 *1-3　367 頁）

第１表　主要防空演習実施一覧表

年　月	付近または地方	年　月	付近または地方	年　月	付近または地方
1928年７月	○大阪	1932年７月	千葉	1934年７月	新潟
29年７月	○名古屋	７月	神戸	７月	羅南
11月	水戸	９月	宇治山田	７月	広島
30年８月	函館	９月	舞鶴	７月	四国
31年３月	静岡	９月	大湊	９月	○北九州地方
３月	台北	９月	徳山	９月	佐世保
７月	大連	10月	呉	９月	東京
７月	○北九州	33年３月	名古屋	10月	熊本
８月	八幡浜（愛媛）	３月	広島	35年５月	徳島及び香川
10月	横須賀	６月	京城	６月	○北海道
10月	秋田	８月	○東京	６月	熊本
11月	弘前	９月	滋賀県	７月	東京
11月	京阪神	11月	釜山	７月	広島
32年３月	木更津	34年３月	名古屋	９月	弘前
３月	国府台	６月	台北	９月	名古屋
３月	宇部	６月	大連	10月	○大阪
４月	横須賀	６月	平壌	10月	京都
５月	高知	６月	八戸		
６月	佐世保	７月	○大阪		

出所：防衛庁防衛研修所戦史室『戦史叢書　本土防空作戦』朝雲新聞社，1968年，21～22頁。
注：○印は比較的大規模なものを示す。

（2）一九三三関東防空演習

一九三一（昭和6）年満州事変の翌々年の一九三三（昭和8）年8月の「関東防空演習」は、東京府・市と神奈川・埼玉・千葉・茨城の六府県市を巻き込んだもので、防空監視と灯火管制を重点にした大掛かりな演習になった。東京市では各区ごとに防護団が結成され、その下に小学校区または連合町会単位の防護分団が編成された。防護分団には、警護・警報・防火・交通整理・避難所管理・工作・防毒・救護・配給が置かれた（*1-11 服部44頁）。

一九三三（昭和8）年4月から「区防護団演習要領」にもとづく講習や実習が始まり、ポスター掲示、冊子配布、新聞雑誌等で宣伝、8月9日～11日までの訓練になった。連日、断続的に敵機襲来・監視と警報発令、灯火管制の模擬演習がなされたが、東京市内ではそれに連係して防護団が活動した（*4-11 上坂）。

一九三三（昭和8）年8月の「関東防空演習」の様子はどのようなものなのか、爆撃機等のデモ飛行に始まり、都心部各地で軍の防空部隊の実演と、警報発令と伝達、焼夷弾爆弾の模擬投下、救護班の展開が行われて、模擬的な空襲状態がつくられ、夜間灯火管制の展開があり、大観衆が見物した。なお、この時期、防護団と消防組は別であり、消火は消防及び消防組が指導する初期消火訓練に止まっている。

この大演習によって防護団の組織活動が強化されるとともに、多くの観衆を集めたことで一般市民に防空の意識付けがなされた。すでに関東大震災による動機付けは役割が終わっていた感がある。

◆ *4-11　昭和8年関東防空演習（上坂倉次「東京防空史夜話（六）」『東京消防』39巻362号　昭和35年9月）

◎昼間の市街地演習

午前九時、浅草隅田公園に陣を張った浜松航空部隊は作業開始「9：00監視哨、爆撃機二機、高度五百」、通信員の電話が機械のように取りつがれて緑の網を被った兵士が高射砲に飛びかかる、勇壮、群衆は曇った空を見上げて興奮。

浅草六区はたとえ敵機を認めても、午前中は空襲から解放されている約束、精華、小品、済美の各小学校で防火、防毒、配給と大童だ。

本所深川方面の交番は全部赤旗を掲げた、いよいよ爆弾投下となれば黄色旗に代える。洲崎方面の工場生産地帯が比較的防禦のうすいのは演習の心安さかも知れない。

交通三重奏を誇る秋葉原駅は神田第し分団五百余名が、婦人配給班と協力して「何しろここは物資の集配地だけに油断が出来ません」と頑張っている。十時半、さすがに敵機四機もこの重点を忘れずに鉄道線路に沿って北進、東口にまず焼夷弾、一町離れて毒ガス、てんてこ舞いの防護団員をプロペラの音を残して消える。

浅草橋のたもとには「爆弾により破壊、川下の架橋作業」の立札が立ち、その前の両国ビルでは防火作業、赤い煙の中で働くのは本当の消防夫達で、救護袋まで持ち出す騒ぎ、防護団員は「これじゃまるで火事の宣伝だ」と多少不服らしい。

午前九時、三越屋上の高射機関銃は、けたたましい音、三井銀行付近に焼夷弾が投下、防火に防護団員の大活動、本石町方面の大通りに煙幕が照られて十時半ごろ終了。この日は三越の女事務員も水色の事務服に白だすき姿で、これまた西瓜の接待で演習中に一抹の涼味。

神田方面の演習は、駿河台のニコライの円屋根が中心。名倉病院前は救護団の集合所、脚絆に靴姿の看護婦隊が勢ぞろいの待機だ。

新宿駅前の警視庁衛生班が白布を巻いた自動車を四方に飛ばして街々は戦時気分、丸の内一帯は宮城前の高射砲操練、黒山の人だかり、東京駅、丸ビルの屋上には防護団員が白い建物を隠顕する。

正午頃、ビル街に仕事中のビルマンの神経は時々打ちならす機関銃の音に異状を呈し、仕事も手につかぬ有様、銀座は松屋の屋上の高射機関銃隊は品川の空に銃先をむけて、いわく「伊東屋にもうすぐ爆弾が落下して銀座が火事になるそうです」（八月十日東朝）

◎　夜の灯火管制

第一日の夕刻、八時三十分空襲警報解除、豪雨で航空機襲来はなくなったが、再度十時に空襲警報発令。初の灯火管制の市中各地の風景をみましょう。

銀座、都会の眼、帝都の心臓、昼間三度の空襲の洗礼をうけた都心は、極度に緊張した。各所にはりめぐらされた警戒網も銀座は特に密度を濃くしている。防護団はもちろん、築地、京橋両警察署は総動員、警視庁からも私服多数が出動して、闇にうごめく不心得者に警戒の眼を光らせている。

警戒管制というのに各商店、デパート　飲食店はくらやみ、黒一色の銀座の不気味さ、突如、古城の鐘のひびきわたる服部の時計塔、慄然とするように多くの見物人の襟元を突然降り出した雨が訪れる、ジリジリとけたたましい交番と本部のベル、空襲！「午後八時十八分空襲」警戒班はけたたましく手廻しサイレンをかき鳴らして銀座通りを東西に馳駆する。すべての光へ人が飛ぶ、そして敵のように消し廻わる。

帝都の心臓はその鼓動をピタリと止めた。動く車でそのかすかな都会の息吹がうかがわれる。交通整班の振り行灯、カンテラすべてが太古のままだ。煙草の火も飛行機から見えるぞとあわてて消す喜劇、遮へい灯の下でジョッキを傾け空襲を論ずる人々。

日本橋　商店街は白木屋、三越、高島屋其の他の高層建築物が一瞬暗黒の中に吸いこまれる。白木屋屋上の機関銃隊は俄然緊張した。稲妻が不気味にひらめく。黒一色、街路はただ赤、青の標識だけだ。お江戸日本橋は完全にぬりつぶされた。早目にしめられた商店街を自転車がのろのろと歩いた。赤青のカンテラが左右に動いた、あの雑踏を呑吐するデパート街、あの殺人的な都会雑音、これら一切を完全におしつぶした。

上野　ここ上野は、こんもりした寛永寺の森が物すごく、夏の夜の賑やかさを続けていた不忍池が山奥の沼のようである。露店の鈴虫がうれしそうに鳴き出した。ぽっと浮き出た上野駅から出る汽車も入る汽車もみんな格子御灯に寝衣をかぶせた格好である。

浅草　敵機将来！とその瞬間、光の都浅草六区は墨のような暗黒と化して、ジャズも一切の鳴り物と共にやんで歓楽の巷はたちまち死のような無気味な静寂に陥り、団服に身をかためた防警団員、ゲートル巻の警察官が折から降り出した雷雨をついて走る、駆ける。裏通りはヘッドライトを蔽った円タクの間を縫って消防ポンプが魔物のように走り去る。かくするうちにかすかに飛行機の爆音、道の両側、公園を埋めた群集がどよめいた刹那、隅田公園に放列を敷いた高射砲が物凄い響をたてて大空に鳴りわたる。

六区の松竹座は人気の中心「笑の王国」もやっと六分の入りだ。「屋外は装飾灯を消し、廊下は秘密灯を除いて全部消灯しました」とは同座裏方の話、松竹座前の街路にたった巡査に聞くと、今夜は平日の三分の一の人出で、八時の割引にもほとんど入りはなかったとのこと。

◆*4-12　**東京市『関東防空演習市民心得』昭和8年8月**

この冊子（下図）は、市民に向けて、関東防空演習の概要、市民の心得、防空監視、灯火管制等を説明する。市民のうち防護団員は、「東京非常変災要務規約」昭和8年1月改正にもとづく防空業務を演練する。一般市民はできるだけ協力する。また、飛行船によるロンドン空襲を引用し灯火管制の必要性を説

*4-12　東京市
『関東防空演習市民心得』表紙

く。他に空襲警報下の心得、避難所又は一時避難所の心得も載せている。関東大震災に関する言及はない。

（3）町内会の演習状況

町内会等を単位に行われた防空演習の記録は各地に残る。ここでは東京市日本橋区の防護団と大阪市住吉区の防護分団の例を示す。関東大震災から10年、その間に防護団の組織化が進み、消火や救護等の応急対応訓練は円滑に実施されるようになっている。

◆*4-13　日本橋区防護団『関東防空演習記念写真帖』昭和8年8月実施（**写真4-1**）

連合町会レベルの演習内容を日本橋区防護団の記録でみると、日本橋区では七分団に分かれ、小学校会場やまち中にて、防護団分団本部の設置、ビル救命具での避難、避難所管理班の演習、瓦斯弾落下と防毒班の防御、地雷弾炸裂と防火班の活動、救護所や産婦収容所、消毒、橋梁落下に伴う工作班展開、配給活動、地下鉄避難所誘導などが行われている。

◆*4-14　大阪市住吉区金塚防護分団『近畿防空大演習紀念写真帖』昭和9年7月実施（**写真4-2**）

昭和9年7月の「近畿防空大演習」に於ける大阪市住吉区金塚防護分団では、午前5時通報を受けて非常招集し本部設営、午前7時警報班の伝達　8時敵機飛

写真4-1　日本橋区防護団
『関東防空演習記念写真帖』昭和8年

写真4-2　大阪市住吉区金塚防護分団
『近畿防空大演習紀念写真帖』昭和9年

来に対し各班が活動を開始した。連絡班の伝令、防火班は消防のもとで火気警戒、交通整理班は警察と連携し、避難所管理班は高台空地と小学校に避難所開設、誘導班宣伝班は伝達、このとき2箇所に焼夷弾投下があるとして警護班と防火班で消火する。交通班誘導班は住民を避難所に収容し、配給班が食糧等配給する。午後2時になると2箇所に毒ガス弾投下があり、防毒班が防御、救護班誘導班は避難所に誘導する。夜8時半には灯火管制を指導し警戒を行った。

地区単位の防空演習では、事前に演習の活動計画が要領として設定され、タイムテーブルに応じて一連の活動を実行し、講評がなされ終了する。以上のような活動が大阪や東京でも全域で行われた。関東大震災以前には諸団体の育成や統制、訓練や演習はなかったことを考えると、震災の教訓をふまえて地域リーダー層への教育と市民の意識付けが速やかになされたと言えよう。

このように一定の状況を設定し、事前に定められた手順を実行し、最後に講評を行うという訓練方法は、今日にも引き継がれている。一方、関東大震災の教訓の一つ、想定外の事態にどう対処するかという点は欠落しており、それは今日でも大きな課題になっている。

3　寺田寅彦と桐生悠々

(1) 寺田寅彦の二つの随筆

一九三三（昭和8）年の関東大演習の前年に、物理学者寺田寅彦は、空襲の危険性について中央公論に随筆を書いている（*4-15 寺田）。空襲では市街地の火災は必至であるが「充分な知識と訓練を具備した人が完全な統制」のもとで破壊消防をすればよい、ただ、江戸時代にあったその技術は失われている、という歯切れが悪い内容である。

なお、寺田は翌年の一九三四（昭和9）年11月に「天災と国防」（*4-16 寺田）を発表、そこでは、「国家の安全を脅かす敵国に対する国防策は現に政府当局の間で熱心に研究されているであろうが」、「大天災に対する国防策ははなはだ心もとない」、とし、また「新聞記事によると、アメリカでは太平洋上に浮き飛行場を設けて横断飛行の足がかりにする計画があるということである。うそかもしれないが、しかしアメリカ人にとっては充分可能なことである。」と表現している。いずれの随筆も非難されることはなかった。

◆*4-15　寺田寅彦「からすうりの花と蛾」『中央公論』昭和7年10月（『寺田寅彦随筆集第三巻』岩波書店、昭和23年）

「ある軍人の話によると、重爆撃機には一キロのテルミットを千個搭載しうるそうである。それで、ただ一台だけが防御の網をくぐって市の上空をかけ回ったとする。千個の焼夷弾の中で路面や広場に落ちたり川に落ちたりして無効になるものがかりに半分だとすると五百か所に火災が起こる。これはもちろん水をかけても消されない火である。そこでもし十台飛んで来れば五千か所の火災が突発するであろう。この火事を呆然として見ていれば全市は数時間で火の海になる事は請け合いである。その際もしも全市民が協力して一生懸命に消火にかかったらどうなるか。市民二百万としてその五分の一だけが消火作業になんらかの方法で手を貸しうると仮定すると、四十万人の手で五千か所の火事を引き受けることになる。すなわち一か所につき八十人あてということになる。さて、なんの覚悟もない烏合の衆の八十人ではおそらく一坪の物置の火事でも消す事はできないかもしれないが、しかし、もしも充分な知識と訓練を具備した八十人が、完全な統制のもとに、それぞれ適当なる部署について、そうしてあらかじめ考究され練習された方式に従って消火に従事することができれば、たとえ水道は止まってしまっても破壊消防の方法によって確実に延焼を防ぎ止めることができるであろうと思われる。

これはきわめて大ざっぱな目の子勘定ではあるが、それでもおおよその桁数としてはむしろ最悪の場合を示すものではないかと思われる。焼夷弾投下のためにけがをする人は何万人に一人ぐらいなものであろう。老若のほかの市民は逃げたり隠れたりしてはいけないのである。空中襲撃の防御は軍人だけではもう間に合わない。

もしも東京市民があわてて逃げ出すか、あるいはあの大正十二年の関東震災の場合と同様に、火事は消防隊が消してくれるものと思って、手をつかねて見物していたとしたら、全市は数時間で完全に灰になることは確実である。昔の徳川時代の江戸町民は長い経験から割り出された賢明周到なる法令によって非常時に処すべき道を明確に指示され、そうしてこれに関する訓練を充分に積んでいたのであるが、西洋文明の輸入以来、市民は次第に赤ん坊同様になってしまったのである。考えるとおかしなものである。」

（2）桐生悠々の言説

一方、軍や政府から非難されたのは、桐生悠々の言説である。関東防空演習の8月に信濃毎日新聞の社説に掲げられた「関東防空大演習を嗤う」(*4-17)は、「空撃に先だってこれを撃退すること、これが防空戦の第一義でなくてはならない」という論旨で、帝都上空に敵機が来たら敗北であるという指摘がある。これが軍の反発を招き、在郷軍人(信州郷軍同志会)による不買運動を引き起こし、10月に退社を余儀なくされた。

◆*4-17　桐生悠々「関東防空大演習を嗤う」『信濃毎日新聞社説』1933(昭和8)年8月11日(太田雅雄編『桐生悠々自伝』一九八〇年10月　現代ジャーナリズム出版会、井出孫六『抵抗の新聞人 桐生悠々』岩波新書一九八〇年等も参照)

「防空演習は、曾て大阪に於ても、行われたことがあるけれども、一昨日から行われつつある関東防空大演習は、その名の如く、東京付近一帯に亘る関東の空に於て行われ、これに参加した航空機の数も、非常に多く、実に大規模のものであった。そしてこの演習は、AK(ラジオ放送)を通して、全国に放送されたから、東京市民は固よりのこと、国民は挙げて、若しもこれが実戦であったならば、その損害の甚大にして、しかもその惨状の言語に絶したことを予想し、痛感したであろう。というよりも、こうした実戦が、将来決してあってはならないこと、またあらしめてはならないことを痛感したであろう。と同時に、私たちは、将来かかる実戦のあり得ないこと、従ってかかる架空的なる演習を行っても、実際には、さほど役立たないだろうことを想像するものである。

将来若し敵機を、帝都の空に迎えて、撃つようなことがあったならば、それこそ人心阻喪の結果、我々は敵に対して和を求むるべく余儀なくされないだろうか。何ぜなら此時に当り我機の総動員によって、敵機を迎え撃っても、一切の敵機を射落すこと能わず、その中の二、三のものは、自然に、我機の攻撃を免れて、帝都の上空に来り、爆弾を投下するだろうからである。そしてこの討ち漏らされた敵機の爆弾投下こそは、木造家屋の多い東京市をして、一挙に焼土たらしめるだろうからである。如何に冷静なれ、沈着なれと言い聞かせても、また平生如何に訓練されていても、まさかの時には、恐怖の本能は如何ともすること能わず、逃げ惑う市民の狼狽目に見るが如く、投下された爆弾が火災を起す以外に、各所に火を失し、そこに阿鼻叫喚の一大修羅場を演じ、関東地方大震災当時と同様の惨状を呈するだろうとも、想像されるからである。しかも、こうした空撃は幾たびも繰返される可能性がある。

だから、敵機を関東の空に、帝都の空に、迎え撃つということは、我軍の敗北そのものである。(中略)要するに、航空戦は、ヨーロッパ戦争に於てツェペリンのロンドン空撃が示した如く、空撃したものの勝であり、空撃されたものの敗である。だから、この空撃に先だって、これを撃退すること、これが防空戦の第一義でなくてはならない。」

帝大教授寺田と軍や政府を批判していた新聞人桐生との立場の違いはあるが、両者に共通することは、関東大震災の経験をふまえて、帝都の市街地は空襲を受けると大火災に堪えられないという認識である。

大阪市の非常変災要務規約と大阪防空演習、東京市の防護団の結成と関東大演習には、関東大震災による動機付けが強かった。ただし、当時の防空演習の内容は、灯火管制と毒ガス防御、防護団による組織的な訓練で、これは関東大震災の時の無秩序な自警団の暴発を教訓にそれを戦時下で起こさないようにする、いわば「国民統制」をどのようにするかが中心の試行であった、と言えよう。この組織化と演習の展開に伴って軍の指導や在郷軍人の活動があり、地域社会を軍が望む方向に誘導することができた。隣組等の発足は一九四〇（昭和15）年9月以降になるが、それ以前に防空を通じて地域の変容は起きていたはずである。

このように考えると軍や為政者にとって、寺田寅彦の論旨は国民総動員で空襲に対処すべしという趣旨であり許容できるが、桐生悠々の論説は「市民の狼狽」を促すもので、たとえ正しいとしても国民の統制につながり軍や当局にとって看過できなかったと言えよう。

第四章まとめ（防空法以前の防護団や防空演習の展開に、関東大震災の影響はあったか）

震災一周年に当たる一九二四（大正13）年9月1日、大阪府・市と現地の第四師団・憲兵隊の協議により、大規模災害や事変における関係諸機関の連絡協調と、在郷軍人会や青年団などの各種団体を通じた市民の動員について定めた「大阪市非常変災要務規約」が制定された。非常変災は「災害若しくは事変」とされた。一九二八（昭和3）年7月には第四師団主催の「大阪防空演習」が実施される。関西では関東大震災後、一九二五北但馬地震、一九二七北丹後地震と相次ぎ、市民の地震への危機感は高まっていた。これを背景に大都市での防空演習を意図していた参謀本部・第四師団と、非常変災要務規約の警備や市民訓練に含む総合的な防災訓練の実施を意図していた大阪市が連係し、市民を組織的に動員する演習になった。演習では、防空監視・対空射撃、燈火管制、消火、防毒、警備等の作業が展開され、歩兵・在郷軍人・憲兵・警察官・青年団が参加した。翌一九二九（昭和4）年の名古屋市防空演習では、「名古屋防空自警団」が一時的に組織された。

東京では、一九三〇（昭和５）年９月１日付けで、東京警備司令部、東京憲兵隊、東京府、東京市及び警視庁の五者による「東京非常変災要務規約」が定まった。軍（東京警備司令部）から、関東大震災の惨害の一因が当時市民の団体訓練の不足にあり、非常変災時の警備防護組織を平時から確立し訓練をしておくことが提議されたとされている。震災当時の後藤新平の考えを受けて「防護団」を作ったという東京府牛塚知事の発言も残されている（*1-4 山本）。いずれの資料をみても関東大震災の教訓を動機付けに作成されたとされているが、この迅速な立ち上がりと内容から、災害を口実に空襲に備えての防護準備を急いだ軍の意図がうかがえる。

この規約のもとで、一九三二（昭和７）年９月１日に東京市長を団長とする「東京市連合防護団発団式」が代々木練兵場で大々的に行われた。防護団には、在郷軍人会、男女青年団、町内会、婦人会、医事衛生関係、少年団等が参加した。東京市では各区ごとに防護団が編成され、その下に小学校区または連合町会単位の防護分団が結成された。防護分団では、警護・警報・防火・交通整理・避難所管理・工作・防毒・救護・配給の各班が置かれた。一九三三（昭和８）年８月の「関東防空演習」では、各所で模擬的な空襲状態がつくられ、夜間灯火管制の展開があり、市民への防空意識を喚起するために大きな効果があった。

大阪市・東京市の「非常変災要務規約」は明らかに関東大震災時に大災害への備えがなかったという教訓を前面に出してつくられたが、軍の主導によって内容は地震や水害への対応ではなく空襲への備えが主眼になった。大阪防空演習のあと、各地での防空演習が行われるが、「非常変災要務規約」をつくって訓練に臨む例は少ない。軍や現地の師団が防空演習を働きかけ、地方政府や市民が協力し、内容的にも国民への防空意識の醸成と防空業務の錬成を目的に展開された。ちなみに地震を想定した救出、広域への避難などは訓練されていない。防空演習が始まったことで関東大震災の教訓を元に人命の安全確保などを検討する機会が失われた。

なお、関東大震災の火災を引き合いに、一九三二（昭和７）年に寺田寅彦は東京は空襲に対する脆弱性を指摘する随筆を執筆、一九三三（昭和８）年には桐生悠々は関東大演習時には役立たないという新聞論説を発表している（*4-16 寺田、*4-17 桐生）。両者に共通するのは空襲を受けると帝都の市街地は大火災を引き起こすという認識である。しかし後者は軍の反発を招き在郷軍人等による新聞不買と排斥運動を引き起こした。軍にとって寺田の随筆は国民消火を促す趣旨と受け取られたが、桐生の論旨は、帝都上空で敵機を迎える作戦は市民の狼狽を招く、としたことが軍には不都合とされ、反発を招いたと考えられる。今日からみればともに震災の教訓としては正しいと言えよう。

第五章　防空法の審議と災害の教訓

　各地の防空演習等をうけて一九三七（昭和12）年4月に防空法が制定される。この章では、その成立過程において関東大震災や他の災害がどのように考慮されたかについてみていく。

　帝国議会では三回の審議がなされた。
（1）第70回帝国議会（昭和12年4月）防空法が制定された。当初業務は「燈火管制」、「消防」、「防毒」、「避難・救護」並びに必要となる「監視」、「通信・警報」であった。
（2）第77回帝国議会（昭和16年11月）第一次改正がなされ、「偽装」、「防火」、「防弾」、「応急復旧」が追加された。
（3）第83回帝国議会（昭和18年10月）第二次改正がなされ、「分散疎開」、「転換」、「防疫」、「非常用物資配給」が付加された。
　ここでは、各議会の審議の中でどのような議論がなされたかを、各回の衆議院や貴族院の防空に関する委員会や本会議の議事録をもとに整理する。

第五章　防空法の審議と災害の教訓

1　防空法成立にいたる経緯

一九二五（大正15）年3月、第50回帝国議会衆議院において「防務委員会設置に関する建議」、貴族院でも「国防の基礎確立に関する建議」が議決された。これらを受けて陸軍省は9月に「国家総動員設置のための準備委員会」を閣議に提起、陸軍省には軍需動員を円滑に行う「整備局」が設置された。一九二七（昭和2）年5月に総動員資源の統制・運用を準備する「資源局」が設置され、「総動員体制」が動き出した（*2-2 森 109-111頁）。これらを主導した陸軍省動員課長永田鉄山は総力戦遂行のためには、軍がいかに国民に信頼されているかが重要と考えていたという。永田は、後日軍務局長になり、防空法案を取りまとめ途上で兇刃に倒れた。

一九二九（昭和4）年3月軍務局より「國土防空に就て」が作成され、5月の『偕行社記事』に掲載されて議員等に配布された。この文書は、まず世界大戦の英仏独における大都市空襲の事例を挙げ、ついで日本の都市は少数の爆撃機で大損害を被ることを述べていた（*2-10）。そして、国土防空を達成するためには、第一に外征部隊によって敵機をその航続力範囲外に駆逐するか、その飛行根拠地を覆滅すること、第二に国土の直接の防空部隊を設けることを述べている。これら「軍防空」をもってしても敵機を完全に防げないので、消防、救護、燈火管制などのいわゆる「民防空（国民防空）」が

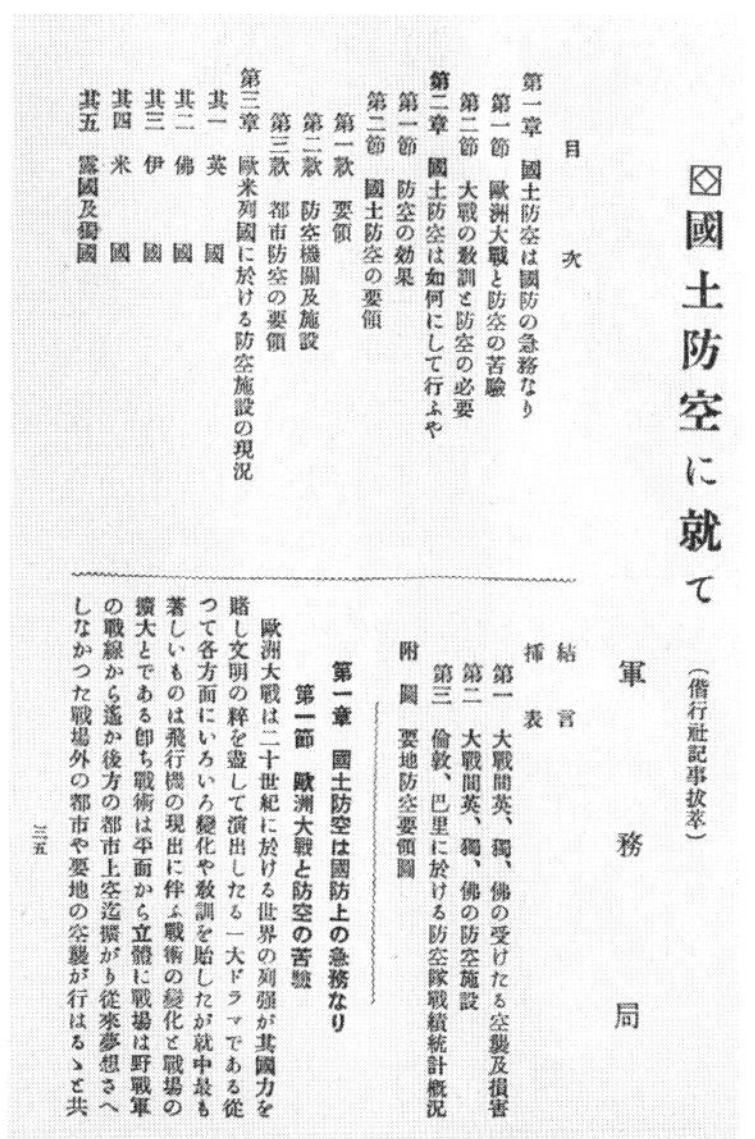

◎國土防空に就て

（偕行社記事抜萃）

軍務局

目次

第一章　國土防空は國防の急務なり
　第一節　歐洲大戰と防空の苦驗
　第二節　大戰の教訓と防空の必要
第二章　國土防空は如何にして行ふや
　第一節　防空の効果
　第二節　國土防空の要領
　　第一款　要領
　　第二款　防空機關及施設
　　第三款　都市防空の要領
第三章　歐米列國に於ける防空施設の現況
　其一　英　國
　其二　佛　國
　其三　伊　國
　其四　米　國
　其五　露國及獨國
結　言
挿　表
　第一　大戰間英、獨、佛の受けたる空襲及損害
　第二　大戰間英、獨、佛の防空施設
　第三　倫敦、巴里に於ける防空隊戰績統計概況
附　圖　要地防空要領圖

第一章　國土防空は國防上の急務なり

第一節　歐洲大戰と防空の苦驗

歐洲大戰は二十世紀に於ける世界の列强が其國力を賭し文明の粹を盡して演出したる一大ドラマである從つて各方面にいろいろ變化や教訓を貽したが就中最も著しいものは飛行機の現出に伴ふ戰術の變化と戰場の擴大とである卽ち戰術は平面から立體に戰場は野戰軍の戰線から遙か後方の都市上空迄擴がり從來夢想さへしなかつた戰場外の都市や要地の空襲が行はるゝと共

三五

*2-10 陸軍省軍務局『國土防空に就て』一頁『偕行社記事』656 号昭和4年5月（名古屋連隊将校団『団報』79）

必要であるとしている。次いで防空要領として、防空組織の各機関とその役割について述べ、第一次世界大戦の教訓として「国土防空は国防上の最大の急務なり、最後に『防空なくして国防なし』と絶叫」して文を結んでいる。この段階では、東京上空への攻撃は惨状に到ることが認識され、防空の重要性が謳われている。

◆*2-10 陸軍省軍務局「國土防空に就て」『偕行社記事』656号、一九二九（昭和4）年5月

14〜26頁・世界大戦の英独仏の空襲の教訓として「国土防空は国防上の最大の急務なり、将来防空なくして国防なし」、とされ「ある人の計算によると東京の上空に僅かに五十の飛行機が侵入して、焼夷、毒瓦斯攻撃をしたならば再び関東大震災の如き惨状に陥る」

・都市防空機関、配備、各組織の活動内容や欧米列強における防空施設の現況等を述べたあと、結語として「欧州人のように空襲の悲惨を体験せぬ為国民一般に之が必要を深刻に感じて居らないことは一方から言えば無理からぬ殊であるが、之誠に遺憾の極であって危険此上ないことと言わねばならぬ」「終わりに臨み再び『備えあれば憂いなく』『防空なくして国防なし』と絶叫して此の稿を終わることとする」

一九二八（昭和3）年の大阪や一九三一（昭和6）年の北九州など各地で防空演習が相ついだが、その総括で、各機関の業務や国民に求める協力に強制力を与える根拠となる「防空法」の必要性を陸軍は主張した（*1-9 川口）。防空法案の条文は、一九三三（昭和8）年10月から陸軍軍務局・参謀本部の手によって作成が進められた。翌年10月までの間に六案が作られ決定案ができたが、内務省との調整は難航した。一九三六（昭和11）年7月になって防空法の主務官庁は内務省に定まり、半年強の期間を経て、一九三七（昭和12）年4月に公布施行された。この間の経緯や変更内容は「日本の民間防空政策史」（*1-11、74〜212頁）に詳しい。

◆**防空法案成立の経緯**（*1-11 などをもとに作成）

一九三〇（昭和5）年4月資源局作成「総動員基本計画綱領案」閣議決定、第11条で国民防空を定義した。

一九三三（昭和8）年1月衆議院に「防空施設促進に関する建議」が提出され、3月25日衆議院本会議で成立した。内

容は一、防空法の制定、二、国土防空の統制・調査機関設置、三、都市防空に関する市民訓練並助成機関の設置、四、小学校用国定教科書中に国土防空事業の一項を掲載することを政府に速やかな実施を望むものであった（*1-2 土田 217 頁）。

一九三三（昭和8）年10月上旬、陸軍省軍務局防備課は年末の第66回議会への上程を目指し法案作成を開始した。参謀本部第三課と取りまとめた「防空法」の最初の法案は、内務省地方局行政課と海軍省軍務局第三課に意見照会されたが、内務省の回答保留にあって上程できなかった。一九三四（昭和9）年1月陸軍は防空法案第四案を作成し各省に照会した。2月に防空業務について内務省の中で警保局（警察）と地方局（市町村）のどちらが担当するか対立し、内務省の意見が出されなかったと遅れの原因が判明した。さらに第五案を作成したがまとまらなかった（*1-11 民間防空 106-118 頁）。

一九三四（昭和9）年8月陸軍省軍務局防備課は、軍務局長永田鉄山を委員長に「防空法及び同法施行令勅令起草準備委員会」を発足、陸軍内の意見を聴取し10月に第六案をまとめた（*1-11 民間防空 98 頁）。委員会は修正をくり返し、一九三四（昭和9）年12月に陸軍大臣に「防空法決定案」を提出した（*1-11 民間防空 106-118 頁）。12月閣議を経て各省に意見を求めたが（*1-11 民間防空 120 頁）、内務省警保局との対立は強く、一九三五（昭和10）年3月になってもまとまらず、年度を超え一九三五（昭和10）年8月から軍の命令権を弱め警察と自治体間の分担を明確にした「法案新第一案」を作成し、内務省との再調整をはじめた。途中様々な修正案が出されたが、一九三五（昭和10）年8月「相沢事件」（永田軍務局長斬殺）による混乱、一九三六（昭和11）年1月に議会が解散、2月「二・二六事件」があり、法案上程が遅れた。

一九三六（昭和11）年6月までは陸軍省が防空法の主務官庁として各省庁に法案審議を促していたが、7月に陸軍軍務局長から内務省を主務官庁にすると発言がなされ、大きな変更になった（*1-11 民間防空 191 頁）。

一九三五（昭和11）年9月、陸軍省防備課「国民防空概要」では、国民防空は「内務省を中心として軍の防衛に即応するため必要なる事項、また、軍の防衛に直接関する事項は陸海軍省、電気通信船舶航空機等については逓信省、地方鉄道自動車運輸等は鉄道省とする」と分担を定めた（*1-11 民間防空 197 頁）。以後、軍との応答がなされ、一九三七（昭和12）年1月、内務省によって防空法案と施行令要綱案が固まり、3月23日委員会審議が始まり4月5日公布された（*1-11 民間防空 230 頁）。

土田は、一九三五（昭和10）年に極東ソ連軍が充実され空襲が現実味を帯び、陸軍に急がねばならない事由ができ、防空法の規定は必要最小限の事項にして軍が必要とする巨大権限は別に準備するものとし、防空法では平時の訓練と防空当初の処置に限定し内務省関係の業務に絞ったと分析している（*1-2 土田 227 頁）。

一九三七（昭和12）年4月に成立した防空法には「灯火管制」、「消防」、「防毒」、「避難及び救護」並びに必要となる「監視」、「通信・警報」が定められ10月に施行された。12月、内務省に計画局（庶務課・都市計画課・防空課）が設置され、国民防空事務を所管することになった。「防空法の眼目は、内務大臣の指導のもと、主に地方長官が『国民防空』の計画を作成し、それに基づいて準備と訓練を行うことと、そうした計画・準備・訓練を行う諸条件を整備することにあった」（*1-2 土田 236頁）とされた。

なお、アジア歴史資料センターホームページを見ると、一九四一（昭和16）年3月13日付け内務省計画局防空課長発外務省文書課長宛の問い合せ文書「関東大震火災記録及び統計書有無問合せの件」すなわち、関東大震災の火災に関する調査記録及び統計書があれば送付してほしいという公文書があり、それには、いったん同年の4月17日に該当なしと回答したが、4月28日に綴り込み文書があるので写取致されたいと回答がされている（*5-1 国立公文書館アジア歴史資料センター資料）。具体的内容は不明であるが、この時期まで内務省は関東大震災の火災様相を深くは研究していなかったという疑いが残る。この問い合せは一九四一（昭和16）年改正に応急防火が加わったことと関係があるとうかがわれる。

その後、防空法は一九四一（昭和16）年11月に改正が行われ、従来の「燈火管制、消防、防毒、避難・救護、並びに必要な監視、通信警報」に「偽装、防火、防弾、応急復旧」が加えられた。防火の規定としては、建築物の防火改修、禁止・制限・除却・改築の規定や、一定区域の退去の禁止または制限ができるようになった。かつ応急防火の義務が定められ、罰則も加わった。12月の施行令改正では陸海軍が即応を指示できるようになった。また、この第一次の改正で16条「防空委員会」が条文から消え、防空計画は地方長官や市町村長だけで定めることになった。

一九四三（昭和18）年10月の防空法の第二次の改正では、「分散疎開」、「転換」、「防疫」、「非常用物資の配給」等が加わった。施行令も一九四四（昭和19）年1月に改正され、後片付けや応急労務などが盛り込まれた。以上がおおまかな経過である。

2　防空法審議への関東大震災の影響

防空法の策定や修正過程で、どのような議論がなされ、災害の影響、特に関東大震災がどう表現されたか、帝国議会の委員会の質疑から抜き出してみよう。

（1）第70回帝国議会（昭和12年3月）の審議

①　本会議での提案理由説明

一九三七（昭和12）年3月22日第70回衆議院本会議に防空法案は上程され、河原崎内務大臣が提案理由を述べた（*5-2 議事録）。曰く、各国空軍の発達があり、他国と干戈を交える場合の空襲への備えが必要で、諸外国にも防空の規定はあるが、我が国でこれまで実施してきた演習は法的な定めがないために「官民の申し合わせで適当に行っており」、「灯火管制も効果を収めるには遺憾」であった、と提案に至った経緯を説明し、法案の提案理由としては、「平素から一定の計画の下に予め空襲に備えるための準備と訓練を行っておく」、「防空演習は申し合わせで法令の根拠がない」、「統制が不十分」と提起があり、法案の内容では、「防空とは陸海軍の行う防衛に即応して陸海軍以外の者が行う灯火管制、消防、防毒、避難及び救護、並びにこれらに関して必要になる監視、通信及び警報を云う」、「防空計画とは防空の実施及びこれに関する設備又は資材の整備に関する計画を云う」、軍は国土防空を十分整備すると共に非軍事防空の完全を期す、と説明した。当然ながら法案の上程理由ではすでに災害事態対応への言及はなくなっている。

◆ *5-2　**「第70回帝国議会衆議院本会議議事録」（防空法案への法案説明）昭和12年3月22日**
745頁（国務大臣河原﨑稼吉君）「只今議題に供せられましたる防空法案に関し提案の理由を御設明申上げたいと存じます。御承知の如く近年航空機の著しき発達に伴ひ、各国とも競って空軍の充実に力を致しつつある現状でありまして、是より考へまするに一旦他國と干戈を交ふるが如き状態と成りましたる場合、敵機の来襲並に之に因る危害の発生は、之を予想せざるを得ざる所でありまして、随って其の場合に於いて生ずべき惨禍に備へ、極力空襲の危険を防止し、及び其被害を軽減するの用意を整へますことは、今日に於て極めて肝要のことなりと認めらるのであります、諸外國に於ても夙に防空に関する法規の整備に腐心し、現に防空法規定の制定を見たるものも、既に数か國に達して居るやうな実情なのであります。我國に於きましても、数年来各地方に於て防空演習を行ひ、空襲の場合に處すべき國民の訓練に努めつゝあることは、既に御承知の通りであります。

併ながら従来より行ひましたる防空演習なるものは、之を法規に基き実施いたして居るものでなく、即適宜官民の申合せに依り、適当に之を行ふに過ぎないものでありまして、その実績に徴しまするに、一面に於ては灯火管制等の場合、或は地方に依り其方法区々に岐れて、真に其効果を収むる上に遺憾の点少からざるのみならず、他面一定の防空に関する基本的計画なくして、単に一時的に其演習を行ふのみでは、有事の際に真に欠くべからざる諸般の設備を予め準備する上に於て、十分ならざるの憾みもあるのでありまして、政府と致しましては一定の防空計画を樹て、それに基き平素ある訓練を行ふと共に、必要なる設備資材等の整備を致し、且つ其費用を負担すべき者を定め、又は国民に対し或種の義務を課するの必要を感じ、即ち防空に関する法規を制定するの必要なることを認め、従来より種々考究を続けて参ったのでありますが、漸く其の成案を得て御審議を煩はすことと致した次第であります。」

議員からのこの法案に対する質問では、「防空計画」に関する質問が多くみられた。災害に関する脆弱性を指摘する発言は少ないが、中山福三代議士（*5-3）から、函館復興で広幅員道路を整備した件や、関東大震災では隅田川も役立たなかったことにより後藤伯は帝都復興の広幅員道路を整備した、東京や大阪は事前に万全の処置を講じておくべきである。また、大震災では水の確保で苦い経験をしたが、水源への爆撃があった場合どう処するか等の質問がされた。内相は建築物、道路、水道設備等の強化は、国家財政や国民経済との関連があるが、今回の法案は防空に関して最小限度を定めたもので、将来は十分な研究が必要と回答をしている。

◆*5-3 「第70回帝国議会衆議院本会議議事録」（防空法案への質問）昭和12年3月22日
747頁（中山福三議員）「此防空の趣旨を防空計画に依って徹底せしめる、所謂灯火管制、消防、消毒、或は避難救護、或は監視、警報、通信と云ふやうな問題、此目的を果す為に完全に防禦し、避難せしめ、防衛する為には、之に要する資材の整備、或は設備と云ふものが必要でありませうが、其中で最も重要なる定義を有するものは道路の問題であります。道路の拡張強化と云ふことであります。第二は水道問題をどをするかと云ふ問題であります。第三は建築物を如何に改造強化して行くかと云ふ問題である。第四には通信機関の統一或は発送電力の統制。是等のものは必要中の最も必要なる事項に属して居る。東京は日本の脳髄であり、大阪は日本の心臓である、又九州の福岡は日本の脚ともゆふべき最も重要なる土地に位して居るのであります。是等の土地に封する防空設備と云ふのは、事前に於て有ゆる方法を講じて之を完くして置かなければならぬのでありまするが、先づ道路の擴張と云ふ問題に付て申上げますと、先年北海道の函館市に於てあの大火の後に現地の人々は三十六米から五十五米の道路に擴張して居られる、或は大正十二年の大震災の常時に於ては隅田川の二百米と云ふ川幅も何等の役にも立っていない、我が大東京市は後藤伯の当時破天荒とも云ふべき計画に依って立てられたのであります、而し天才的な聴明其ものであった後藤伯の此計画も今は小さくなりました。其道幅が非常に狭いのであります。（中略）ですから政府当局は此道路の拡張と云ふことに付て、どう云ふ対策を懐いて居られるか、叉電力の発送、或は其統制統一、協調連絡、是等に付いても相当の自信を持って居られますするならば、一つ御述を願ひたい。又建築物の改良であります、或は地下室を作るとか、木造を石造に改造するとか、斯く云ふことも重大な問題でありませう、区劃整理法だとか、或は不良住宅の改良法だとか、其他都市計画法、是等のものに依つて改造も出来るでありませうが、此防空法を出されるならぱ、之に関連したる法規の改正と云ふものを準備だけはして置かなければならぬ。斯う云ふ問題に付て相当御研究になったかどうか、それもお伺いします。」

②衆議院の審議

続く3月23日には付託を受けた「衆議院防空法案委員会」が開催され、審議が始まった。第一回委員会での議案提案理由説明でも国民防空の切迫性が主で、震災への言及はみられない。

委員からの質問では、防空委員会の構成、計画主体はだれか、活動参加人員の範囲、活動や資材への国庫補助、防空演習が必要な地域、実質的な演習を希望、灯火管制の徹底を、演習は生活や営業に配慮を、火薬庫の安全、罰金や拘留・科料を、途中の敵機撃墜を、効果的な防毒マスクの採用・完全な電球カバーの開発、動員の範囲が不明確、費用が不明、防空の計画と防空兵力が不明確、急いで実施すべき、指導方針が必要、「規模大なる施設」の定義、死亡や事故の措置、勅令が未定、勅令委任が多すぎる、など質問では大枠から細かい点までとりあげられている。具体的な内容は勅令で扱うことへの妥当性を問う意見もあり、第一日目は終了している。

翌々日3月25日の第2回衆議院防空法案委員会では、防空兵力について、実施・施行を急ぐこと、計画の根本を、予算が少ないこと、施行令要綱への意見、避難所の確保の問題、他国との比較、防空に関する官民合同の研究機関が必要、特殊技能者の確保、地域を指定して演習すべきこと、内務省でなく軍が主力に、電力・通信の統制が必要、敵機の撃滅方針、民間航空機の活用、武器を持つ「護郷団」や在郷軍人会の活用、防護団との関係、防護団の位置付け、訓練時の死傷の補償など取り上げられた。施設整備は都市計画法等の関連があると先送りされている。

3月26日第3回衆議院防空法案委員会では、空襲の危険（軍の判断を問う）、爆撃機に対する新研究、国体明徴の精神明示、国民への航空知識普及、防護団への配慮、演習中の傷病への弔慰金、航空勢力増強、乗務員養成、鉄道会社から費用を、民間航空の強化、電力開発増進を、水源地の防毒対策などの質問がなされた。

3月27日第4回衆議院防空法案委員会では、防護団の取扱い、都市計画法・市街地建築物法・道路等関連法案の整備、退役軍人の活用などが発言され、原案が可決した。

③ 貴族院の審議

法案が送付された同70回帝国議会の貴族院防空法案特別委員会は3月29日（月）に第一回の会議を行い、同様の説明がされた。質疑では、戦時防空令、焼けやすい国情にあった明瞭な規定（*5-4 菊池委員3頁）、戒厳令のほうが簡単、先に敵基地を叩くべし、費用の負担、防空の開始実施を法令で定めるべし、不意打ちに備え軍が迅速に指示、罰則が軽い不心得者の対策強化を、中央及び道府県防空委員会の構成、重要な施設の分散を（*5-4 下村委員10頁）、計画の修正、早く施行令要綱案を作成し不断の教育を、などの意見が出されている。答弁では将来課題として取り組む（*5-4 梅津政府委員11頁）としている。関東大震災に触れる質問もあり、政府も各委員も日本の市街地は燃えやすく、都市は空襲には脆弱であるという認識が示されている。

◆*5-4　「第70回帝国議会貴族院防空法案特別委員会（第1回）議事録」　昭和12年3月29日

3頁（菊地武夫委員）「是は日本の建築の最も焼けるべく出来て居る点に於て然だ、又仮に住宅が焼けても夏であったならば、野宿でもするかも知れませぬが、さう云ふ手落の結果、重大なる工場、或は緊要なる機関と云ふやうな所に類焼して行くと云ふようなことが起った時はどうすることも出来ない。真に我が國の國情が空に対して曝露して居る事柄が、國民の為に、國の為に憂ふべき現象なりとして、之を定むるものならば、もうちっと現在の我が國の行政機構に於いてはっきり責任者を定め、すはと云ふ時には斯様な命令系統の上にどう云ふ風に行くのかと云ふことを御示しなさって、経費に関する問題は、所謂準備計画と云ふやうな所で御延ばしになれば、経費は一、二年でも延ぴますが、筋合だけはさう云ふことを明瞭に規定してある必要があるのではなからうか。」

10頁（下村宏委員）「東京の大震災の時、或は大阪の風水害の時に私共も経験したのでは、発電所であるとか、或は水源地であるとか、さう云ふ大衆の総てに影響の起るものを最も注意して防がなければならぬので、まあ其の他へ落ちても日本は木造家屋が多いから、類焼と云ふものがあるが、是はまあ消防の方で止めるが、大阪の風水害の時には、發電所が故障が起って、省線なり、電車なり、或は各工場の電力、或いは電燈、或は『エレベーター』何かが困つたので、發電所とか受電所とか、水電水路、或は放送局、或は電信、電話局と一式いうやうな所が特に防禦されなければならぬことと思ひます。それで将来重要なる工業とか、さう云ふ種類のものは成るべく並の力を分けて設備すると云ふやうなことも考へられる。又同じ町の水源でも水路を分けて取るとか、或は一箇所に集中せずに数箇所に分けると云ふやうなことも考へられる。」

11頁（梅津政府委員）「現に此の関東の大震災の結果に鑑みましても陸軍の方の製造等のことに付て、兵器製造等に付ても、さう云ふことも十分考慮して、位置の決定を致しました次第であります。将来一般の此の軍需工業の工場なり、或は發電所と云ふやうな、此の重要な施設を空襲に対して防護し、又萬一事があった場合に損害を局限すると云うやうな意味合から、其の位置の選定、又は分散配置を取ると云うやうなことに付ては、今日でも関係の方面と色々協議を現にして居ります。将来に於ても斯う云ふ点に注意を払はなければならないと存じます」

3月30日午前の第2回貴族院防空法案委員会では、空輸会社との関係、軍が命じるのがよい、国民性は敵襲の経験が少ない（*5-5二荒委員3頁）、東京の道路の半分を土嚢で防火壁にすべし、水源地の爆破対策、地下室の設置、空襲の周知・毒ガス対策・対空砲火・空襲体験の調査が必要、移動型高射砲、日本人の特性長所短所を研究した防空の計画、産業の地方分散、井戸を残す、精神的訓練が重要（*5-5下村委員9頁）、防空演習の参加者、費用と予算、補償はあるか、寄付の廃止、法案が遅すぎる、諸外国と状況が違うなどの意見や質問が出され、採決され、法律は翌日の本会議において制定された。

一九三七（昭和12）年は関東大震災から15年を経過し、灯火管制や防毒対策を含む防空演習がすでに広くなされており、震災の経験をいまさら強調する必要はなかった時期と考えられる。

◆ *5-5 「第70回帝国議会貴族院防空法案特別委員会（第2回）議事録」昭和12年3月30日

3頁（伯爵二荒芳徳委員）「大震災の当時の経験や、乃至は日露戦争当時においても（中略）其の付近の住民は恐怖を感じて遠く逃れたと云う」

9頁（下村　宏委員）「慣れぬ連中になると、多少興味を持ちすぎると云ふか、誇張する。是は大震火災の時の自警団でも、其の中に体験したのであります」

（2）第77帝国議会（昭和16）年11月の審議

四年後の一九四一（昭和16）年改正では「偽装」、「防火」、「防弾」、「応急復旧」が追加された。一般国民の自家応急防火及びその協力義務を明らかにし、事前退去を禁止制限した。

① 貴族院の審議

衆議院に先立って一九四一（昭和16）年11月17日、第77回貴族院防空法中改正委員会があり、防空法改正案の提案理由説明がなされた。質疑では費用の負担について、東京の現状から焼夷弾対策を、電源の確保、建築物の除却・撤去、隣組の応急防火の効果、地下鉄の待避活用、防空壕の指導、軍防空と民防空の関係、防空監視の主体は誰か、防空を国民の義務に、演習が遊び半分、国家総動員で防空を進める、防火改修の経費負担、特別訓練で従事者養成を、デマ対策をなど多岐にわたっている。特に水野委員（*5-6　2頁）からは、関東大震災で一角が焼け残った浅草を引用し池や水利の強化を願う発言があったが、答弁（同3頁）は具体的ではなかった。

◆*5-6　「第77回帝国議会貴族院防空法中改正委員会議事録」　昭和16年11月17日

2頁　（水野甚次郎委員）防空問題は非常に重大なことでございます。恐らく敵の空軍が日本を攻めて来た場合、焼夷弾を持って来るかと思ひます、焼夷弾を以て空襲を受ける場合の今日の日本は、實に寒心に堪へないのであります。私は先づ以て東京のことに鑑みまする時、東京市遍の下町のあの櫛比した、まるで「マッチ」箱同様な家屋で、そこに一つの休み場所も、空地もない此の状態に於て三千度の熱度を持って居る十キロの焼夷弾を一飛行機に百個積んで来ることが出来るのでありまするから、若しも唯僅かに二機か三機が猛烈な焼夷弾を持って来て之を落下致しました場合に、あの櫛比した家屋に対してのあの防空に関して、唯足だけの防空法だけに依って果して完全な防空出来るのであらうか、非常に憂慮に堪ぬのであります。唯徒らに遊び半分の防空演習を以て何が防空の實質が得られるのであるかと思ふのであります。大正十二年のあの大震火災に浅草の観音様が助かった、是は観音様の御利益であると東京市の人達は皆云ふのであります。私は其の当時決して観音様の御利益ではない、あそこに池がある、公園がある、是があの観音様を無事なさしめた。何等空地がない此の東京の家屋が焼夷弾下に於てどうして之を防ぎ得るのであるか、考紘に至りまずると云ふと實に寒心に堪へないのであります。政府は此の点に付て御研究を為していらしやるでありませうか。

3頁　（答弁　藤岡長敏政府委員）都市の防火という方面に重点を置かねばならないというご趣旨（中略）私も全く同感でありまして、第一手段として私どもは、家屋で以て蔽われない場所を必要の限度に応じて造り得る規定を作って参りたい。又貯水槽「ポンプ」或は隣組の防火というようなものの能力を向上致し（中略）都市を焼けにくくすると同時に、非常に消し易くするという両面から、都市を焼夷弾による攻撃から防止したい。

翌日の昭和16年11月18日の第77回第二回貴族院防空法中改正委員会は、主務大臣の範囲、戒厳時の管轄、指揮命令系統の一元化、費用負担、防空委員会は不要、避難訓練の必要性、家庭防空壕の資材不足、破壊消防の補償、家庭防火の役割、想定する空襲の度合い、特別の訓練経験者の役割等の質問があった。特に防空法は、内務大臣が掌るとされているが、陸軍大臣等多くの所管があり、その点の統合を望む意見が多かった。全員賛成で採決され、衆議院に送付された。

② 衆議院の審議

委員長の選出で終わった第77回衆議院の防空法中改正委員会第一回に続き、翌日の第二回は昭和16年11月19日に行われた。法改正の内容として「偽装」、「防火」、「防弾」、「応急復旧」が追加されたことが説明された。質疑においては、防空壕の方針が一定しない、防火改修促進、防火改修の資材、焼夷弾に即応する訓練、ポンプ等防空資材供給への配慮、空襲保険、防火改修資材の入手困難、応急防火による怪我の扶助、工場分散と地方移転、建築除却、改築制限の規定の意味、軍防空の準備、防空監視哨の設置費などが取り上げられた。折しも前年一九四〇(昭和15)年1月15日に静岡大火があり、火災の連想から焼夷弾への対応が取り上げられた(*5-7)。

◆ *5-7 「第77回帝国議会貴族院防空法中改正委員会（第2回）議事録」 昭和16年11月19日

15頁（塚本重蔵委員）、立花子爵は静岡の大火の事柄に一言及せられ、或は関東大震災時のことを想ひ起されて色々述べられて居ります。實際、空襲を受けた場合に焼夷弾に因る被害よりは訓練なき国民の心理に及ぼす影響から来る混乱に因る被害と云ふものが非常に大きいと考へなければならぬと思ふ。實際焼夷弾空襲を受けた場合是に対処する実践即応する謂演習をすると同時に、叉お互いの精神訓練と云ふものに私は重きを置かなければならぬと思ふ。

翌昭和16年11月20日の第77回衆議院防空法中改正委員会第三回では、防空施設の完備、国民の防空精神強化、空襲下の食糧補給、都会からの人員疎開、消防の資機材（*5-8 芦田委員27頁）、救護人員養成、国民の精神指導、改正防空法で対処できるか等が質問され、やはり関東大震災が前置きされて消防資機材の強化充実が提起された。政府委員佐藤少将から国民防空の狙いに関する答弁（同28頁）があった。採決され本会議に送られた。

◆ *5-8 「第77回帝国議会衆議院防空法中改正委員会（第3回）議事録」 昭和16年11月20日

27頁（芦田　均委員）次に防火消防に必要な資材の問題は、恐らく私の居ない時に質問が出たことと思ひますし、又之を長々と申す必要もないが、現在の東京市の消防設備なるものは、関東大震災の時と比較して人口に比例して少も力が強くなつて居ない、あの当時の消防力と今日の消防力とを人口に割当あてて見ると、殆ど進んでは居りませぬ、我國に於てはどうしても防空施設の中心となるものは防火、消防の設備が完成することであらうと思ふのであります、然るにあの関東大震災の苦い経験を嘗めた後でも、予期した如き消防の資材設備が整つて居ないと一式いふことは頭にはつきりと置いて、今後の方法を考へて戴きたいと思ふのであります。

28頁（佐藤賢了政府委員）空襲を受けての場合に於て周章狼狽、混乱に陥ると云うことが最も恐ろしい（中略）またそれが一時の混乱にあらずして、遂に戦争継続意思の破綻と云うことになることが最も恐ろしい、（中略）寧ろ益々敵の空襲を受くるに従い、對敵観念を奮い起こして、戦争継続意思を彌が上にも昂揚培養していくと云う方策に出て戴かねばならぬ。

◆（補足）震災後の東京市の消防態勢の強化状況について

なお、第77回帝国議会で芦田委員から、消防は関東大震災当時のまま進んでいないという意見（*5-8）がだされているが、一九二三（大正12）年関東大震災後から戦中の時期にかけて消防力は増強されている。途中の一九三二（昭和7）年に市域拡張があり1,000人が増員されているため単純比較はできないが、消防職員数でみると昭和12年で3倍弱、終戦時は12倍強、ポンプ車台数で昭和12年4倍、終戦時19倍と増加している。消防態勢は決して強化されていなかったわけではない。

◆ *5-9　東京消防庁『東京の消防百年の歩み』昭和55年6月

○震災時の消防力（153頁）

（常備消防）消防署6、消防出張所20、消防派出所10　請願消防派出所1　（予備消防）消防組40　消防組分遣所40

（消防職員）常備消防職員824（消防手746含む）、予備消防員1,402人　（消防器具）常備消防　ポンプ自動車A型26、B型2　C型10、水管自動車17他（予備消防）手引き水管車120、手引ガソリンポンプ21、電動ポンプ40、蒸気ポンプ8

○戦中の消防力（298頁～）

（消防職員実員）昭和12年2,415人、昭和16年3,189人、昭和18年6,109人、昭和19年10,394人（ポンプ車）昭和15年10月205台、昭和16年10月267台、昭和17年10月570台　昭和18年12月783台、昭和20年1月859台、昭和20年6月943台

（3）第83回帝国議会（昭和18年10月）

一九四三（昭和18）年第83回帝国議会の防空法委員会では、両院とも実質審議は一日で終了している。特に「疎開」とそれに伴う処置について、意見・質問が集中した。

① 貴族院の審議

第83回帝国議会貴族院の防空法中改正委員会（第二回、昭和18年10月27日）では、前日の提案理由説明（*5-10）をうけて、食料等の保管貯蔵の状況、配給対策、家庭の非常用備蓄指導、分散疎開に伴う住宅確保、戦後はどうするか、万全の防空法案、防空総本部について、防空態勢の一元化、防空施設の整備と訓練の強化、避難に備えて線路幅統一、工場疎開の通勤や輸送問題、セメントの不足、人口疎開に伴う食糧、住宅等の配慮、防空訓練に伴う死傷者への補償、補助が不足・補助率引き上げを、「転換」とは、「必要なる整備」とは、官民一致で防空鉄壁陣を、という質疑のあと、全員一致で可決した。

◆ *5-10 「第83回帝国議会貴族院防空法中改正委員会議事録」 昭和18年10月26日

（提案理由説明安藤内相）「最近における空襲判断に基づきまして、速やかに靭強且つ縦深ある防空態勢を確立」「灯火管制、偽装、消防、防弾、防毒、避難、救護及び応急復旧、並びに是等に関し必要なる監視、通信及び警報」に加えて「分散疎開」「転換」「防疫」「非常用物資配給」を追加する。「分散疎開」では都市の疎開、重要都市在住人口の疎開（老幼病者等）を行う。」

② 衆議院の審議

一方、衆議院の防空法中改正委員会では、10月27日に委員会の構成を確認し、翌日の第二回（昭和18年10月28日）に審議に入った。内務大臣による法案説明（*5-12 15頁）のあと、空襲に備え防空機構の一元化を、防空総本部に係る経費、防空省を設置すべし、指揮命令系統の一本化、分散疎開とは、資材供給は出来ているか、配給がない、緊急に実施が必要、退去と疎開の関係、扶助金と監視隊の給与、国庫負担と道府県負担区分の基準、各年予算の状況、輸送計画について、重要都市はどこか、都市疎開の方針、空襲判断の見解、防空行政機構の整備強化一元化、防空精神の確立、防空精神確立の徹底方策、防空総本部と情報局の連携、都市疎開の本義、疎開の対象、空地の保存、重要都市や「一定の地域」は何処か、施行時期、施行を急ぐべし、損失補償金額決定の仕方、法規によらない協力者にも補償、工場疎開の方法、工場・鉱山・港湾の防空、退去を命じる対象、移転費の標準、行きすぎない訓練指導、地域に見合った訓練内容、緊迫感を持って対応すべし、地方で収容できるか、軍官民の協力と騒乱等への対処、防空に関する都市の調査、行くところがない疎開者対策、転入者の制限、医療等人の保護が重要（28頁武井政府委員）、警防団の人的整備、人的防護の施設が不足・公共防空壕の整備を、防空都市として寒心に堪えない（30頁最上委員）、空襲後の対策、防空に完璧を期す・防空態勢の強化・空襲下における分散疎開移転等万全に、等々の質疑がなされ、採決に入り可決された。議員からの質問では燃えやすい都市と指摘が相次ぐ一方、政府の説明では日本の家族特性や隣保精神を強調する発言も出されている。

◆*5-12 「第83回帝国議会衆議院防空法中改正委員会（第2回）議事録」昭和18年10月28日

15頁（安藤内相）「私は、日本の建築と云ふものは、火災に対しては常に非常に弱いでありませう、併しながら敵の爆弾等の破壊力から生ずる、主の破壊に依る所の人畜の被害と云ふやうな面を考へると、是は必ずしも西洋都市に比して大なりとはいひませぬ。寧ろ防火消防と云ふことに大いに力を力を盡せば、家が破壊して破壊物から生ずる人の死傷と云ふやうなことは、却て少いのではないか。殊に私は、日本の防空上他の諸國に比して獨特の力あり、強靱なる備へがあると思ふのは、日本の家屋の大部分と云ふものは、個人家庭生活の本拠である、家族生活の本拠である。随て数が多くて家は燃え易いけども家族が一体となって先づ自分の家を護る、隣保相協力して隣保の火災を未然に防ぐ、斯う云ふ所に日本独特の家族制度なり、隣保精神と云ふものを発揚して行ば、必ずしも日本の都市が脆弱なる建築物であると一点を以て決して私は萎縮沈滞する必要はない、是う確信致して居ります」

28頁（武井政府委員）「先程鳥取の震災（昭和18年9月10日）のことについて御話がありましたが、鳥取の震災に付きましては、あれは洵に気の毒な事例でありますけれども、政府と致しましては御話のやうにあれを空襲に遭ったと仮定致して、此の場合の処置に於て遺憾の点がありやなきや、更に今後の処置に於いて改善すべき処置がありや否やと云ふ見地より、罹災者に対しての同情はさることながら、専ら此の点に主限を置いて色々と検討致した次第であります。」

*30頁（最上政三委員）「我が帝都の現状はどうであるか、何か防空対策、防空都市としての施設が施されてあるかどうか、例えば議会、此の目の前の総理官邸の前に、或は翼賛会の隣にも堂々たる木造築物が今日建つて居る。斯う云ふことで将来此の緊迫せる国際情勢に対処して帝都が防空都市として完成出来るかどうか、甚だ私は懸念に堪へないのであります。

ドイツ等に於きましては、不燃性家屋の築造に、戦前、戦前ぢやありませぬもう既に数十年前、数百年から実施して居る。イタリアの如きも戦前からさう云ふやうな不燃性家屋の築造を命じて、さうして各戸必ず防護室、所謂防空室を設けるやうに規定されて居るのであります。然るに我が國の東京都のみならず各都市の現状を見ると、甚だ私は寒心に湛へないのであります。将来どう云ふやうな御考へがありますか、それに付いて聴きたいのであります。」

（4）各回の課題を概括する

議事録をもとに各回の質問項目別に発言回数を数えたのが表5-1である（表5-2はその内訳）。各回の特徴を見る。

一九三七（昭和12）年の第70議会では、防空法の意義、方針、人員の確保、施行令などに意見が出ているが、特に「軍防空との関係」に質問が多い。

一九四一（昭和16）年秋第77回は、防空精神の強化、防空資材の確保が課題になる一方、疎開分散への意見が出された。防火が重点課題になり震災が引き合いに出されている。

一九四三（昭和18）年の第83議会では、この時の改正に盛り込まれた疎開・分散への意見、防空総本部の関連で防空態勢の強化に関する意見や質問が出ている。一方、費用負担・財源の確保、補償、防空訓練等は、いずれの回でもみられる。

表5-1　防空法審議での委員会の質疑項目別の質問数（議事録から作成）

質問数	第70議会	第77議会	第83議会
011防空の方針,法制度関連　8	○5	2	1
013軍防空との関係　15	◎11	3	1
014航空勢力強化　4	○4		
021防空態勢の強化　12		3	○9
022防空計画の設定　6	○5	1	
052地域指定　4	2		2
053都市防空対策　11	○5	○4	2
054電力・通信・水道の確保　5	○4	1	
055防空施設の強化　4	1	1	2
056疎開・分散対策　22	2	○5	◎15
056防空資機材の確保　7		○4	○3
057防空アイデア　3	3		
061人員の確保　9	○6	3	
062防護団関連　7	○6	1	
087応急防火　2		2	
088救護対策　5		1	4
101防空精神の強化　15	○6	○6	3
111防空訓練　7	2	3	2
121補償等の措置　11	4	3	4
151費用の分担　9	4	2	3
161財源の確保　7	4	1	2
191罰則　2	2		
201施行令について　5	○5		
202急ぎ施行を　7	4	3	
300その他　3	1		2
質問数　190	86	49	55

◎ 特に多い　○多い

表 5-2　（参考）防空法関連の審議で出された意見

区分	第70回帝国議会　防空法委員会	第77回帝国議会　防空法中改正委員会	第83回帝国議会　防空法中改正委員会
011防空の方針, 法制度関連　7	指導方針が必要（70衆1） 諸外国と状況が違う（70貴２） 戦時防空令はつくらないか（70貴1） 国情にあった明瞭な規定*を（70貴1） 戒厳令のほうが簡単（70貴1）	国家総動員の防空を（77貴1） 改正防空法で対処できるか（77衆3）	万全の防空法案を（83貴2）
013軍防空との関係　15	内務省でなく軍が主力に（70衆2） 不意打ちに備え軍が迅速に指示（70貴1） 軍が命じるのがよい（70貴２） 途中で敵機撃墜を（70衆1） 防空の計画と防空兵力が不明確（70衆1） 防空兵力について（70衆2） 他国との比較（70衆2） 敵機の撃滅方針（70衆2） 空襲の危険（70衆３） 航空勢力増強（70衆３） 先に敵基地を叩くべし（70貴1）	軍防空の準備（77衆2） 軍防空と民防空の関係（77貴1） 想定する空襲の度合い（77貴2）	空襲判断の見解（83衆2）
014航空勢力強化　4	民間航空機の活用（70衆2） 爆撃機に対する新研究（70衆３） 民間航空の強化（70衆３） 空輸会社との関係（70貴２）		
021防空態勢の強化　12		防空監視の主体は誰か（77貴1） 主務大臣の範囲（77貴2） 指揮命令系統の一元化（77貴2）	防空総本部と情報局の連携（83衆2） 防空総本部について（83貴2） 防空態勢の一元化を（83貴2） 官民一致で防空鉄壁陣を（83貴2） 空襲に備え防空機構の一元化を（83衆2） 防空省を設置すべし（83衆2） 指揮命令系統の一本化（83衆2） 防空行政機構の整備強化一元化（83衆2） 最後に防空に完璧を・防空態勢の強化・分散疎開移転等万全に（83衆2）
022防空計画の設定　6	防空委員会の構成（70衆1） 防空計画主体はだれか（70衆1） 計画の根本を（70衆2） 中央及び道府県防空委員会の構成（70貴1） 計画の修正（70貴1） 日本人の特性長所短所を研究した防空の計画（70貴２）	防空委員会は不要（77貴2）	
052地域指定　4	防空演習が必要な地域（70衆1） 地域を指定して演習すべき（70衆2）		重要都市はどこか（83衆2） 防空に関する都市の調査（83衆2）
053都市防空対策　11	避難所の確保（70衆2） 都市計画法・市街地建築物法・道路等関連法案の整備（70衆4） 東京の道路の半分を土嚢で防火壁に（70貴２） 地下室をつくる（70貴２） 井戸を残す（70貴２）	焼夷弾対策として池や水利の強化を（77貴1） 地下鉄の待避活用（77貴1）、 防火改修促進（77衆2） 防火改修の資材提供（77衆2）	人的防護の施設が不足・公共防空壕の整備を（83衆2） 防空都市として寒心に堪えない*（83衆2）
054電力・通信・水道の確保　5	電力. 通信の統制が必要（70衆2） 電力開発増進を（70衆３） 水源地の防毒対策（70衆３） 水源地の爆破対策（70貴２）	電源の確保（77貴1）	
055防空施設の強化　4	「規模大なる施設」の定義（70衆1）	防空施設の完備を（77衆3）	防空施設の整備・訓練の強化を（83貴2） 「必要なる整備」とは（83貴2）
056疎開・分散対策　22	重要な施設の分散を**（70貴1） 産業の地方分散（70貴２）	建築物の除却・撤去（77貴1） 工場分散・地方移転（77衆2） 建築除却（77衆2） 改築制限の規定の意味（77衆2） 都会からの人員疎開（77衆3）	避難に備えて線路幅統一を（83貴2） 人口疎開に伴う食糧、住宅等の配慮（83貴2） 「転換」とは（83貴2） 退去と疎開の関係（83衆2） 輸送計画について（83衆2） 都市疎開の方針（83衆2） 都市疎開の本義（83衆2） 疎開の対象（83衆2） 空地の保存（83衆2） 工場疎開の方法（83衆2） 工場・鉱山・港湾の防空（83衆2） 退去を命じる対象（83衆2） 地方で収容できるか（83衆2） 行くところがない疎開者対策（83衆2） 転入者の制限（83衆2）

表 5-2 （参考）防空法関連の審議で出された意見（続き）

区分	第70回帝国議会　防空法委員会	第77回帝国議会　防空法中改正委員会	第83回帝国議会　防空法中改正委員会
056防空資機材の確保 7		家庭防空壕の資材不足（77貴2） ポンプ等防空資材供給への配慮（77衆2） 防火改修資材の入手困難（77衆2） 消防の資機材強化*（77衆3）	セメントの不足（83貴2） 資材供給は出来ているか（83衆2） 配給がない（83衆2）
057防空アイデア 3	効果的な防毒マスクの採用・完全な電球カバーの開発（70衆1） 官民合同の防空研究機関（70衆2） 移動型高射砲を（70貴２）		
061人員の確保 9	乗務員養成（70衆３） 活動参加人員の範囲（70衆1）） 動員の範囲が不明確（70衆1） 特殊技能者の確保（70衆2） 退役軍人の活用（70衆4） 防空演習の参加者（70貴２）	特別訓練で従事者養成を（77貴1） 特別の訓練経験者の役割（77貴2） 救護人員養成、（77衆3）	
062防護団関連 7	武器を持つ「護郷団」（70衆2） 在郷軍人会の活用防護団との関係（70衆2） 防護団との関係（70衆2） 防護団を位置づけすべし（70衆2） 防護団への配慮（70衆３） 防護団の取扱（70衆４）	警防団の人的整備（83衆2）	
087応急防火 2		隣組の応急防火の効果（77貴1） 家庭防火の役割（77貴2）	
088救護対策 5		空襲下の食糧補給（77衆3）	医療等人の保護が重要**（83衆2） 配給対策（83貴2） 家庭の非常用備蓄指導を（83貴2） 食料等の保管貯蔵の状況（83貴2）
101防空精神の強化 15	国民一致のため国体明徴の精神明示（70衆３） 精神的訓練が重要**（70貴２） 灯火管制の徹底を（70衆1） 国民への航空知識普及を（70衆３） 国民性から敵襲の経験が少ない*（70貴２） 空襲の周知・毒ガス対策・対空砲火・空襲体験の調査を（70貴２）	国民の防空精神強化を（77衆3） 国民の精神指導（77衆3） 防空を国民の義務に（77貴1） デマ対策を（77貴1） 防空壕の指導（77貴1） 防空壕の方針が一定しない（77衆2）	防空精神の確立を*（83衆2） 防空精神確立の徹底方策（83衆2） 軍官民の協力と騒乱等への対処（83衆2）
111防空訓練 7	実質的な演習を希望（70衆1） 演習を生活や営業に配慮を（70衆1）	演習がお祭り騒ぎ（77貴1） 避難訓練の必要性（77貴2） 焼夷弾に即応する訓練を*（77衆2）	行きすぎない訓練指導（83衆2） 地域に見合った訓練内容（83衆2）
121補償等の措置 11	死亡や事故の措置（70衆1） 訓練時の死傷の補償（70衆2） 演習中の傷病への弔慰金（70衆３） 補償はあるか（70貴２）	破壊消防の補償（77貴2） 空襲保険（77衆2） 応急防火による怪我の扶助（77衆2）	防空訓練に伴う死傷者（83貴2） 損失補償金額決定の仕方（83衆2） 法規によらない協力者にも補償を（83衆2） 移転費の標準（83衆2）
151費用の分担 9	活動や資材への国庫補助（70衆1） 費用が不明（70衆1） 費用の負担（70貴1） 費用の負担について（77貴1）	防火改修の経費負担（77貴1） 費用負担（77貴2）	防空総本部に係る経費（83衆2） 扶助金と監視隊の給与（83衆2） 国庫負担と道府県負担区分の基準（83衆2）
161財源の確保 7	寄付の廃止（70貴２） 鉄道会社から費用を（70衆３） 予算が少ない（70衆2） 費用と予算（70貴２）	防空監視敵の設置費（77衆2）	補助が不足・補助率引き上げを（83貴2） 各年予算の状況（83衆2）
191罰則 2	罰金や拘留・科料を（70衆1） 罰則が軽い不心得者の対策強化を（70貴1）		
201施行令について 5	勅令の未定稿を（70衆1） 勅令委任が多すぎる（70衆1） 施行令・要綱への意見（70衆2） 早く施行令要綱案を作成し不断の教育を（70貴1） 防空の開始実施を法令で定めるべし（70貴1）		
202急ぎ施行を 7	急いで実施すべき（70衆1） 実施・施行を急ぐべし（70衆2） 無いよりよい（70貴1） 法案が遅すぎる（70貴２）	緊急に実施が必要（83衆2） 施行時期、施行を急ぐべし（83衆2） 緊迫感を持って対応すべし（83衆2）	
その他 2	火薬庫の安全（70衆1）		戦後はどうするか（83貴2） 空襲後の対策（83衆2）

第五章まとめ　防空法の成立過程の中で、関東大震災はどのような影響を与えたか

以上、防空法案の作成から防空法制定の議会での検討過程をみてきた。一九三三（昭和8）年10月頃から陸軍の手によって防空法案作成がはじまり、一九三六（昭和11）年7月には内務省所管となり、一九三八（昭和12）年3月の議会に上程され、4月に公布された。当初の防空業務は「灯火管制」、「消防」、「防毒」、「避難及び救護」とそれらに必要な「監視」、「通信及び警報」である。

一九四一（昭和16）年11月に第一次改正が行われ、従来の業務に「偽装」、「防火」、「防弾」、さらに「応急復旧」が加えられた。防火に関連して「防火改修」の規定や「応急防火」の義務付けが定められた。

一九四三（昭和18）年10月の第二次改正で「分散疎開」、「転換」、「防疫」、「非常用物資の配給」等が加わった。

法案策定過程や審議過程では、どの機関が何を担うかなど防空の枠組みが主題になったため、関東大震災の教訓や被災の事態の想定、大火災対策などは質問には取り上げられたが、当局の具体的な答弁はなかった。

議会審議の中で防空法の提案理由として、実施してきた防空演習は法的な定めがないため、「平素から一定の計画の下に予め空襲に備えるための準備と訓練を行っておく」、「防空演習は申し合わせで法令の根拠がない」、「（防空演習時の）統制が不十分」という提案理由があり、そのため「防空とは陸海軍の行う防衛に即応して陸海軍以外の者が行う灯火管制、消防、防毒、避難及び救護、並びにこれらに関して必要になる監視、通信及び警報を云う」とされ、防空計画を策定するというものであった（*5-2 第70回議会）。

一九三七（昭和12）年の防空法制定時の審議過程では、本会議では、防空体制の確立や軍との関係などの大枠や運用の質問が相次いだ。函館大火や大震災を引き合いに都市改造に関する質問や日露戦争後の騒動、震災の自警団などの質問が出されているが、わが国の市街地は空襲に脆弱であるという認識が示されることはあっても、当局の回答には関東大震災などをふまえた実効性ある対策など回答はなされなかった。法は枠組みを示し個別施策は別の法令に委ねた故もあるが、空襲が逼迫している意識がまだ高まっていなかったためであろう。

一九四一（昭和16）年改正では、「防火」等が追加され、国民による自家の応急消火及びその協力義務や事前退去の禁止制限が盛り込まれた。「防火・消防」が論点の一つになっていたため貴族院の審議過程では、震災の経験から消防水利の充実や空地の確保を望む意見、また飛び火が頻発した一九四〇（昭和15）年静岡大火をうけて焼夷弾消火や防火改修の資材の提供などの質問も相次いだが、当局からは火災対策などは別途配慮する程度の回答を得ただけであった。なお、この時期になると、焼夷弾消火に備えて「精神が重要」という発言が出される傾向がみられる。

一九四三（昭和18）年の法改正の審議過程では、疎開や移転が主題となった。内務大臣の答弁では、市街地が脆弱であっても「隣保精神を発揮すれば」空襲火災を防げるという発言（*5-12）になり、また一九四三（昭和18）年鳥取地震の事例を参照して検討していく、という当局からの答弁（同）もあった。災害から学ぶ姿勢は示されたものの、実効性ある対策には結びつかなかった。

また、この改正で「防空委員会」規定が廃止され、非常変災要務規約から続いていた関係機関の協議による防空計画策定という建前はなくなった。これは軍事的即応が求められたというよりも、委員会は名目で実質的には各機関の活動分担をもとに当局が防空計画を定めていた、という実質から来ているためであろう。

後年、この業務に関係する機関が事前に協議体をつくって活動計画を策定し、役割分担して事態に対応するという構造は、一九六一（昭和36）年災害対策基本法の防災業務計画・地域防災計画に引き継がれることになる。

以上のとおり、防空法の審議過程では、関東大震災や函館大火・静岡大火・鳥取地震などを参考に施策展開を望む意見がだされたが、法案や施策に反映されることはほぼなかった。空襲に対する国民の動員体制や統制には精神性が強調され、一九四四（昭和19）年後半からの本土空襲の時期を迎えることになる。

第六章　防空を巡る言説と関東大震災

この章では、昭和初期に発行された「防空の解説書」「防空読本」等を対象に、災害、中でも関東大震災がどう引用されたかをテーマに整理していく。基本的に100頁を超える書籍を中心に発行年代順に紹介する。（収集した主要な書の書影を口絵3～6頁に掲げる）

第六章　防空を巡る言説と関東大震災

以下、刊行時期をもとに、防空法制定以前、防空法施行から太平洋戦争開戦前まで、太平洋戦争開戦以後に三区分して、防空を論じる著述を紹介する（書影は口絵03〜06頁参照）。なお、書籍の番号は通して付す。

1　防空法制定（昭和12年4月）以前の著述

大正末から昭和10年前後にかけて軍縮を巡る議論が白熱しており、「国防」をテーマにした書籍が相次いで刊行されている。国防を論じる中で空襲に言及する時があり、そこには関東大震災の出来事、火災とともに人的混乱の事態を重視する記述がみられる。今回の資料では一九二八（昭和3）年の川島の書（*6-3）が初出である。空襲の想定では、一九三四（昭和9）年の竹内の書（*6-11）が極東ロシアからの空襲を論じ、一九三六（昭和11）年宇山『国防論』（*6-15）ではアラスカや太平洋上からの空襲を警告する。

①　長岡外史『日本飛行政策』大正7年6月　A5判60頁 *6-1（国会図書館デジタルコレクション所収）

長岡（一八五八—一九三三）は、明治・大正期の陸軍軍人、飛行政策の第一人者。関東大震災の五年前という早い時期に防空を論じた冊子（謄写印刷、個人名）を発行、当時は予備役で政官・軍部に広く提出したという。

この書では、第一次世界大戦の空中戦や爆撃をふまえ、日本にも軍艦や沿海州からの飛行機が襲来し、爆弾でなく持ち運びやすい焼夷弾で「日本のマッチ箱的の家を焼く」「都市焼夷を主目的に手当たり次第投げつける」と説く。想像として東京都心や新宿方面に空襲を受け大火災となる場面を示し、飛行機には飛行機を用い撃墜することが第一とする。我が国の都市が燃えやすいというのは、震災前でもすでに常識になっている。以下、半官半民で防空に取り組むこと、百十六の中隊の飛行部隊を備えること、航空学校設立や天皇直隷の航空院設置、民業による飛行機製造が必要と説く。

なお、長岡は帝都復興評議会委員で、帝都復興の時に『隅田川河口に十六万坪の飛行場』を提案している（*2-8）。

②**小林淳一郎述『帝国陸軍の現状と国民の覚悟』琢磨社　大正14年2月　四六判 118頁 *6-2**

小林（一八八〇―一九六三）は陸軍大佐、大戦にあっては仏軍に従軍、山梨軍縮を批判して予備役、のち大政翼賛会。この書は「陸軍の現状を詳説して根本改造を全国民と共に計らん」とする。列強陸軍と帝国陸軍の比較、師団と減師問題、新兵器、航空と防空、軍制改革批判等を講演した記録である。欧州の軍が大戦を機に砲術、航空等進歩したが、我が国は戦前のままで兵制全般の改革が必要とする。新兵器として野砲、タンク・航空機を紹介、航空については偵察、爆撃隊、戦闘飛行隊等を紹介し、敵航空機の侵入は避けられない、後方の国民は覚悟が必要で、爆撃を受けた場合の影響を最小にする準備のためには国民全部に知らせて統一機関「防空省」を設置して指導すべきで、進行中の軍縮や軍政改革に批判的な立場から国防方針の確立と大改造が必要であるという論旨である。震災前の執筆とみえて、関東大震災への言及は見当たらない。

③**川島清治郎『空中国防』東洋経済出版部　昭和3年11月　四六判 560頁 *6-3**

川島（一八七六―一九二九）は、二六新報記者・雑誌『大日本』主幹であったという。序文は齋藤實海軍大将が寄せている。空軍の発現、各国の空軍の現状や計画、戦争方法の変化、国土の空中防御、航空工業等を記述し航空軍備の充実を主張する。国土の空中防御の項で、太平洋上からの空襲に対し、監視・第一線の海上防御・第二線の軍による国土防御・第三線の都市防御とし、パリやロンドンの事例を紹介する。我が国では市民消防をすれば空襲は怖がることはない、という論を示している。

346頁「結局都市防御の要領は第一線乃至第二線の空中国防にこれを託するの他はあるまい。（中略）我が東京市民その他は、むしろ直接の都市防御組織に関しては、余り多くの期待を有しない方が宜しかろう。しかしてたまたま第一線乃至第二線の防御戦を突破して我等の頭上に敵機が現れたとしても、またさほど怖がることもあるまい。爆弾を投下するといっても、その数は凡そ知れたもので、地震の時のように水道も電気も通信設備も破壊せらるる訳ではないから、有力なる消防機関はおそらく之を制して大火災に至るを防止し得べく、火災に関して最も恐るるべきは焼夷散弾の撒布であるが、これも自らその数に限りがあり、また道路公園明地等に落ちるものが多くて、これも市民消防の制が組織せられて、各戸に、隣保に、町内に、各々これを消し止むるの制度を確立すれば、これまた多くこれを怖るるに足らぬのである。』

④　和田亀治述『帝国の国防』天人社　昭和6年1月　四六判 106 頁 *6-4

和田（一八七一—一九四五）は元第一師団長・元陸軍中将、当時は予備役。国防について国民への軍の指導が機密を口実に少ないのは遺憾で、帝国国防の根本義を高唱する、という序文に続いて、東亞の新形勢と帝國陸軍の使命、陸軍兵力の変遷と列強の陸上軍備、我が陸軍装備の現状、国防施設の永久性等を説く。国際連盟があっても戦争の可能性はあり、東亜の形勢はソビエトや共産党等のため不安状態にあり、満州の安危が帝国の存立に重大であるとし、軍備の状況等を述べる。執筆時は軍縮の時代であるためか、軍の立場から軍備の増強や費用等を提起している。

29頁　四、国土防衛において、敵機来襲を取り上げ、「敵機の爆弾投下に対し我が国の如き主として木造家屋より成る小都市は、僅々数台の短時間の跳梁に依りて関東大震災火災当時の如き悲惨なる状態を呈す（中略）某専門家の計算に依ると、今東京市の二百箇所から同時に火災を起こさしめんとすれば、其の面積から計算して二十瓩の焼夷弾十五個と毒ガス弾七百瓩とを搭載する飛行機四十機あれば足るとのことである。」

31頁　第一には敵基地破壊、第二に迎撃、そして「何ら動揺することなく各々分担の任務なり、或いは官憲の指示に応じて、防火・防毒・避難・救急等の手段を講ずべき国民的訓練を必要とする。」

35頁「関東大震災の経験に徴するに、当時は空襲などの顧慮なかりしも、帝都及びその付近の治安を維持するため、東京及び付近駐屯の兵力だけでは手不足（中略）」とし、このためにかなりの兵力の充実が必要であることを説く。

⑤ **皇國飛行協会編『防空の智識』昭和6年4月　四六判126頁 *6-5**

大正末～昭和4年の間に発足した皇国飛行協会は趣意書で「空界防禦の振興を誓ひ関門なき国民の覚醒を促す」とあり、構成員は軍人や国家主義者が多い。本書では空襲があれば大震災の惨状と同じになるとしている。本書では陸軍航空本部の佐官尉官七名が、七項目（國民的防空の必要、都市爆撃に就いて、戰鬪飛行隊と防空、高射砲隊に關する説明、阻塞氣球に就いて、警報の智識、瓦斯の威力と其の防護）を分担し記述している。論の中心は、航空戦という新しい戦争形態への対応、即ち軍防空についての論述が主であり、国民防空についてはは「瓦斯防護に関する市民心得」が設けられている。この書では燈火管制や、消火・避難等に関する記述はない。

13頁（菅井定之）「國民的防空の必要」「飛行機爆弾の命中率を10パーセントと見ても東京市の如き構造ならば、七、八瓲の爆弾投下で大震災当時の惨状を呈する。」

14頁（菅井定之）「今にして徹底的な防空準備なくば一旦緩急の際訓練なき国民は有象無象徒に常軌を逸して狂乱的恐怖状態に陥るべきは必然である。彼の大震災時の混乱は五萬の軍隊の出動によって漸く目鼻がついたのである。まして戦時においては軍隊は第一線に出征」し不在である。

41頁（値賀忠治）「都市爆撃に就いて」「今仮に焼夷弾の搭載効率を半減した五割として考えてみても一機尚よく五十箇所に火を発せしめることが出来、三機の一編隊なら百五十箇所となり関東大震災火災の火元約八十箇所とかの二倍に達する。換言すれば、昭和の文化を誇る大東京市も爆撃機只の三機によって根底的に焼却さるべき一大弱点を包含している。（中略）殊に関東大震災時に救護、秩序維持の中心であった陸海軍の軍隊は多く外征中であること、自衛消防の第一線に立った在郷軍人も其の数を減じていることに考え及ぶと国民全部の団体的訓練は将来益々必要である。」

⑥ **保科貞次『空襲!!』千倉書房　昭和6年12月　四六判234頁 *6-6**（国国会図書館デジタルコレクション所収）

著者（一八六九年生まれ）は陸軍大佐、234頁にわたって防空の必要性と方針を論述する。まず、第一次世界大戦や満州事変に於ける飛行機の活躍やロンドンの防空対策（高射砲、航空隊、照空灯、防空監視敞、聴音機等の配置、灯火管制強化等）をふまえて、我が国の防空の弱点（都市が海岸に近い、燃えやすい）を論じる。

各書に引用されることもある。著者は大戦の経験から出現した防空に関する専門家の一人と言える。

40・41頁　敵機の短時の跳梁によって、過ぐる関東大震災の様な戦慄すべき修羅場を実現すべく、それに若し猛毒性瓦斯などを使用せらるる時は言語に全する悲惨な場面を見る。／しかし関東大震災では、隣人愛の赤誠から、内外人の涙ぐましき同情勃然として起こり、食糧を始め生活必需品の数々は数日を出でずして帝都に山積されえた。又帝都付近の治安を維持するため在京軍隊他全国より約五萬の軍隊を帝都に集中して、初めて安寧秩序が維持された。／これは固より兵馬相見えざる大変の時代であった（以下略）」。

41頁「関東大震災ではその出火点はおよそ百五十箇所内外と云われている。某専門家の計算によると今二百箇所から一時に火災を起こせしむるものとして東京市の面積等から計算してみれば20瓩の焼夷弾15個と毒瓦斯弾七百瓩を搭載する爆撃機が40機あれば充分ということである」

その上で「四囲の情勢（航空機の発達等）に鑑み防空施設を具体化せよ」と訴える。都市防空は軍部官民一体の防御戦闘、大阪・北九州の防空演習の状況を説明し、軍防空の態勢、都市防空の要領や施設配置、灯火管制・防毒対策、耐弾建築物、市民訓練の必要性等を説く。さらに欧米列強の防空施設の現況、民間防空対策等を述べ、国民の防空常識を示す。

⑦ 国防教育研究会編纂『防空読本』東京教材出版社　昭和8年4月　四六判 200 頁 *6-7

編著者は国防教育研究会の石川眞琴、校閲は東京警備司令部参謀石本五雄。内容は、防空の現状や必要性、空襲の実際、爆撃機や飛行船、積極的防空と消極的防空、警報、灯火管制、防護、消防、避難、防空美談、国民防空のあり方、精神の発揮等全般的に記述する。漢字にはすべてルビがふられ、写真や図も多く、当時の中学生・高校生向けに発行したとある。なお、国防教育研究会は防空教育のための掛図も発売しており、画像（*8-49）が残されている。

7頁「日本は幸いに未だ且つて一度も空襲を受けたことがない（中略）空襲に依って建築物の破壊や各所に起こる火災等が次から次へと繰り返されると其の惨状は彼の大正十二年の大震災以上であって、市民はまったく恐怖に襲われ極度に神経を尖らして其の日の仕事などに従事することなど思いもよらぬ」

21頁「日本の都市は赤裸である。荒鷲のような爆撃機が数十台編隊群をなして押し寄せ（中略）薪を積んで焼けるのを待っているような日本の都市が大正十二年の大震火災当時の幾十倍もの火元を同時につくったら猛火の海と化す。」
56頁「去る大正十二年の関東大震災の当時其の混乱の大きくなった重大原因の一は電信電話等の通信網が破壊されたことであった。其の結果種々の流言飛語が盛んに伝えられて市中に馬鹿馬鹿しい騒擾が続けられた。」
59頁「一機五百発の焼夷弾を投下すれば五十箇所から火災が起こり三機編隊で空襲すればほとんど同時に百五十箇所に火災を起こし、彼の東京の大震火災の火元八十箇所に対して約二倍に近き火災」
119頁「殊に火災になってから避難するにしても自己の事のみを考えて身に余る荷物等を持ち出したり又我がちに逃れ廻る等の事は絶対に注意せねばならぬ。関東の大震災において自己の財産や自己の生命のみ守らんとして焦ったものの多くが無残な結果を得ている。」なお、同書では、「避難」の項目を設け避難所や火災時の避難の広場等の備えにも言及している。
149頁「若し警護班までが群衆の興奮に巻き込まれて一緒になるような事にでもなると、彼の大正十二年の大震災当時の自警団の如き醜態を演じることになって警護の任務はまったくその価値を失う」
152頁「大正十二年の関東大震災当時でも東京市民は一時食糧問題に非常な不安を感じた。」

以上見たように、震災後10年くらいまでは関東大震災は生々しい経験になっており、この期の出版物には、大震災の火災や社会的混乱が多出し、様々に表現されている。

⑧ 山田新吾編著『爆撃対防空』厚生閣　昭和8年7月　A5判 272頁　*6-8

編著者は軍事航空研究の専門家と紹介されている。「執筆にあたって東京警備司令部内の防空研究会において研究協議せられた各種の爆撃及び防空理論或いは指導に関する諸問題を基幹とし、防空関係当局より特に提供された資料を配し（中略）我が国に於ける都市爆撃及び防空問題をば組織的に編述した」大著である。
第一章近代戰と都市爆撃、第二章欧州大戰当時の空襲、第三章爆撃機の威力、第四章投下爆彈の種類と其効力、第五章都市爆撃の作戰、第六章都市の防空手段、第七章防空監視と警報、第八章夜間防空・燈火管制、第九章僞装と遮蔽、第十章防空飛行隊と高射砲隊（積極的防空）、第十一章市民の防空（消極的防空）、第十二章敵機來襲と市民、に分けて論述する。この書では空地又は郊外に一時の避難場を置き、割り当てや道路を定め、整然と避難することを説いている。

213頁（消防と市民の協力）「関東大震災の時に百三十五箇所の火災のうち四十三箇所が小火のうちに、市民の手によって消し止められ、神田佐久間町のごときは町内居住者の協力に依って四面猛火に包まれながら尚よくその延焼を阻止することが出来たのである。関東大震災は市民に取っては全くの突発事件であったので、市民は極度に狼狽し、工場内の火気も、炊事場の火気もその儘に放置され、そのために火災が起きよう等という心配をしてゐる余裕がなかったのである。またいよいよ火災となり、大火となっても、生命さへあればといふ気持でひたすら避難することしか考へていなかったのである。このやうな狼狽と失心のうちに出した火災でも、その約三分の一は市民の力に依って消し止められたのである。若し市民の努力がもう一段注がれて、より以上の火災が小火で消し止められたならば、どうにか消防隊の力に依って、あのような東京の大半を焼き盡すほどの火災にならなかったのかも知れないのである。」

214頁「焼夷弾が如何に猛威を有する者であるにせよ、投下された焼夷弾が悉く命中するはずはなく、予ての用意の消火用砂や水によって容易に消し止め得る場合も決して少なくないと思はれる。また相当の火災となったとしても、大震災時に佐久間町を類焼より免れしめたあの協同の力を以てするならば、これが消火は決して不可能ではあるまい。」

232頁「錯綜混乱より生ずる危害は彼の大震災時の実績に（中略）厳にこれを戒めねばならない」

⑨　雑誌日の出9月号付録『空襲下の日本』新潮社　昭和8年9月1日　四六判160頁　*6-9

雑誌『日の出』は一九三二（昭和7年）新潮社が創刊した大衆雑誌。この九月号付録は「帝都防空大演習」に際して、「全日本の読者諸君に空襲非常時の覚悟と用意とを徹底せしむるため、ここに付録『空襲下の日本』を編集」したとある。内容は「陸軍は如何にして空襲下の日本を護るか」、「海軍は如何にして敵機の襲来を防ぐか」、「民間の航空界はどれだけ防空に働き得るか」の三つの紙上座談会を中心に、海野十三「防空小説　空ゆかば」などを収録する。陸軍の座談会ではロンドンの防空対策などの紹介のあと、焼夷弾対策に言及している。この時期までは焼夷弾消火は砂が推奨されている。

25頁「日本人独特の勇敢性を発揮して、若い元気な者は屋根裏に上がって、焼夷弾が落ちてきたらすぐ砂をかける」
29頁「結局は国民的な訓練が最後の勝利を占めるのだ。たとえ災害があっても、それを最小限にとどめて、大震災当時のあの醜態を再び繰り返さないように精神的訓練、団体的訓練をやる。」
104頁 民間の検討会には航空業界の他、牛塚東京市長、四王天陸軍中将、藤原気象台長も参加、国民防空について述べている。東京市として大事なのは「やはり一朝変事があった時に周章狼狽しないように、流言蜚語に惑わされないように、市民が平素から精神的訓練をしておくこと、（中略）一朝事あるとき、敵の飛行機が一台や二台紛れ込んできたとしても、大震災当時のようなあんな大騒動を起こすようなことがないようにして貰いたい」

⑩ **陸軍省新聞班『空の国防』陸軍省　昭和9年3月　四六判43頁　*6-10**

いわゆる陸軍省パンフレットと称される冊子の一つ、陸軍省の公式見解とも言える。航空戦の歴史や列強が有する武力の情勢、我が国への脅威（極東ロシア、アメリカ）、大都市空爆の実例（パリ、ロンドン等）を示す。国防の第一義として「攻撃せざる者は撲滅される」とし、皇国の国防を全うするためには充実した航空兵力の整備を必要とする、と説く。多額の経費が必要になるが、列国に追随し得る程度の整備のための負担は国民として甘受しなければならない、と説く。

15頁「最近ロシヤの当局は我が国に対し甚だしく積極的気勢を示し、ロシヤ極東司令官ブリュッヘルの如きは「三瓲の爆弾量を以てすれば、全東京を大震災と同等程度に壊滅せしむることが出来る」と豪語して居る有様である。」
38頁「夜間の灯火管制にせよ、或いは上空に煙幕を張って都市を隠蔽するとしても、海面に隣接する大都市や、山脈、河川等により方角を判断せらるる都市にあってはこれによって爆撃より免れる期待は甚だしく薄い。従って東京、大阪等日本の大都市は空襲に対する抵抗力は甚だ弱い」

⑪ **竹内栄喜著『国防の知識　万有知識文庫第17』非凡閣　昭和9年5月　四六判284頁 *6-11**

著者（一八七三―一九三五）は歴史家で、『元寇の研究』雄山閣（昭和6年）等の著述がある。この書では、帝国軍隊の現勢等を論じ、軍縮や満州事変など非常事態に対し列国から遜色がある国防を挙国一致・国民総動員の完備等で強化する必要性を論じる。

121頁（ロシアからの空襲を論じ）「彼の大正十二年の関東大震災時に於ける我が国民の状態を追想すれば、吾人は不幸にして甚だ疑念を懐かざるを得ないのである。然らば関東大震災で東京が蒙った損害と同程度の損害を与えるために、何機の露国爆撃機が飛んできて、幾何の爆弾を東京市に投下すれば足りたかを考察してみると、敵は東京市の建物は多く燃焼性のもので、火災に対しては一溜りもない所に付け込み、主として焼夷弾を投下し、盛んに火災を起さしめ、次に毒瓦斯弾を投下して消防隊の活躍を妨げ、爆弾によって水源を断ち火災の猛威を最大ならしめようと企画したであろう。過ぐる大震災ではその出火点は約百五十箇所内外と云われている。今二百箇所から一時に火災を起こさしむるものとして東京市の面積から計算してみれば、二十瓩の焼夷弾十五個と、毒ガス弾七百瓩を搭載する爆撃機が四十機あれば十分であろう。即ち東京の上空に四十乃至五十機の露国の爆撃機が来襲したならば大震災以上に帝都は忽ち焼土と化し終わったであろう。日露戦争当時に未だ飛行機がなかったことは我が国にとって誠に幸いであったと云わねばならぬ。」

⑫　警視庁警部西田福次郎著『空襲と帝都防衛』松華堂　昭和9年9月　四六判103頁 *6-12

「警察官及防護団員の防空指導教科書として（中略）唯これによって防空の概念を知得せらるれば、この小著の望みは遂せられるのである」とし、著者が「怱忙の間に収集した」資料を示す。

第一章概説で、防空の概念や空襲・爆弾等を紹介し、東京非常変災要務規約を解説する。次いで第二章で警察隊の役割、第三章で防護団について警察との関係や協調連絡を記述する。第四章防空一般の要領で、警報・灯火管制・警護・交通整理・防火・防毒、避難民の誘導救護を説く。付録に東京非常変災要務規約、訓練要領、編成要領等をまとめる。

特に極東に於けるソ連の脅威を重視し空襲の脅威を説くと共に、東京非常変災要務規約について、10年前の大震災の再出現が空襲であるとしている。警察が関東大震災の教訓では警備を重視したことが理解出来る。

20頁「十年前の九月一日！追憶未だ新たである。濛々たる煙、炎々たる焔によって天地悉く晦冥、軍隊も警察も、消防も市民も唯呆然自失、街頭は阿鼻叫喚の裡に、人も家も悉く灰燼と化して、十萬の生霊と百億の国幣とを一朝にして烏有に帰せしめた。大震火災！天變地災は之を如何ともする能はず、而も国際問の變動も亦自然の数に属し、戦雲は思わざるに勃発にする。空襲に始まり空襲に終る！蓋し未来戦の実情である。爆弾は実に宣戦を布告し、その惨禍は大震火災の再出現を明白に教へる。顧みれば彼の大震火災当時市民に非常変災に処する訓練がはたして行き届いていたかどうか。あの惨害は市民の不用意の裡に襲来し不用意の裡に去ったのである。唯残されたものは広漠たる焼土と路上に彷徨える百万の市民であった」として制定されたと説明し、規約制定の趣旨、防護委員会の構成、使命を説明する。

27頁　また警察官の職務では「彼の大震火災が如実に示すとおり、一朝変災の場合には予想されない流言蜚語が各所に行われる。狼狽の極各所に火災が起こり小盗人や空き巣狙が跳梁する。空襲の如き戦闘行為時には敵国間諜の飛躍、不逞徒輩の横行、詭激なる思想抱持者の直接行動等随所に突発する」として警備の必要性を論ずる。

⑬ 陸軍省つわもの編集部『国の力叢書（1）空の護り　国民防空必携』昭和9年5月　A7判 114頁 *6-13

陸軍省新聞班が編集発行したもので、軍防空を解説するとともに、国民が行うべき「防護のしをり」を付す。巻頭で「露国の極東司令官ブリュッヘルが「三瓲の爆弾があれば全東京を大震災の時と同様に壊滅してみせる」と豪語した、とある。防火に関する記述はなく、灯火管制、防毒（毒ガス対策）を詳述する。避難について、空襲警報が出た場合、毒ガス被害を防ぐため防毒室または避難所に沈着冷静に避難すると定めている。関東大震災への言及は冒頭にあったが、起こりうる被害状況への言及はない。

75頁　防護（警護、警報、防火、交通、避難所管理、工作、防毒救護、配給等諸作業）は官憲と市民が協力して行う。防護区域には連合防護区域（連合防護団）、防護区には防護分団があり、在郷軍人、青年団員、訓練所生徒、町内会員、婦人団体、維持衛生団体少年団等で組織される。

⑭ 保科貞次『防空の科学』章華社　昭和10年　A5判 300頁 *6-14

執筆時の肩書きは陸軍大佐。保科貞次は4年前の一九三一（昭和6）年に国民の防空に対する関心の無さを憂い、いわば民防空の入門書ともいえる書『空襲!!』（*6-6）を著し、国民に対し防空思想の普及を試みている。

この書では、「国民が近代科学の風光を遺憾なく観賞する気分の薄いのは何となくもの足らぬ感じがする。従って防空科学の知識がいまだ充分に行き渡らざる憾(うら)みあるは、誠に遺憾に堪えない」という前書きのもと、空の脅威、爆撃圏内の日本の空襲の特性、空襲への時期と方法、敵機もし我が國を襲わば・防空の国民化、燈火管制、火災、化学兵器、避難、防空の土木、偽装、港湾都市、諸外国の情勢等の十章に分けて記述する。

この書は、多くの災害例をひいて、防空における消火・防火の必要を示している。神田佐久間町の事例や震災火災の原因等にも言及し、空襲火災対策の強化を訴える。

98頁　敵機もし我が國を襲わば「関東大震災や最近関西地方で起こった風水禍に際し、内外人の間涙ぐましい同情によって、多数の救恤品が数日を出でずして集まった。ことに関東大震災では帝都及び其の付近の治安を維持せんがために全国から多数の軍隊を被害都市に集中して安寧秩序を維持し得た。けれどもこれはもとより兵馬相見えざる平和な時代であったからである。」戦時では軍は集中出来ないので訓練を積み、軍民一致で事態を乗り切らねばならぬとしている。

119頁以下　空襲火災について論じる。中で消防について、「彼の関東大震災においても水道の断水により、処に因っては殆ど水道の水が消防の用に供する事が出来なかった」。空襲で道路橋梁が破壊されると消防は動けないとも指摘している。

131頁〜猛火をどう防ぐかについて、市民それ自身の消防で未然に防ぐかボヤに抑えるべきで、覚悟と用意がないと出来ない、消防を当てにせず、都市の防火を理解し、真にこれを自覚すれば猛火を防ぐのは難事であるまい、と記述している。

133頁「事実関東大震災で、当時市民が　狼狽と失神の内に勃発した大火でも、その三分の一は市民の自力によってこれを食い止め得たのである。彼の神田佐久間町の如きは、まさにその適例で、町内が四面に広まり往くあの猛火の炎につつまれながら、全町民必死の努力によって防火に努め、遂に類焼を免れたではないか。もしあの当時全市民にこうした自力消防が徹底しておったら、決して東京の大半を焼き尽くすまでの大火に至らずして済んだであろう」

134頁「なお、ここで最も注意を要することは火事が起こっても市民の総てが騒がず慌てず悲観せずに、しかも機敏に防火に務むべきで、今後都市が空襲を受けても彼の関東大震災のような市民の狼狽ぶりを再び繰り返すようでは、将来の化(ママ)学戦は必ず失敗に終わるであろう。

関東大震災では東京市から百三十五箇所に火が起こった。このうちで四十三箇所だけは市民自らが小火のうちに火を食い止めたが、残りの九十二箇所から起こった火が見る見る外に延焼し、更に飛び火してあのような大火を惹き起した。そこでこの出火の原因を調べてみると、火の始末に悪かったものに、七輪二十五、竃一九、火鉢一七、油鍋一三、瓦斯九、爐二を数えられ、其の他薬品の転倒せしもの二七、薬品の爆発せしもの一、其の他事故一五、原因不明のもの七であって、これらのうち大半は、市民が避難に先立ち応急の措置をすれば小火の内に火を消し止め得たのである。

ところが、その実際は、七輪や火鉢の火も、炊事中の竈の火もそのままにして消火器にもバケツの水にも気づかずにただ夢中になって戸外に飛び出し、右往し左往しているうちに焔は天井に燃え広がって、遂に手も足もでなくなったのである。

かような実例はひとり関東大震災の時ばかりでない（中略）空襲の警報が伝われば全市民が機敏に火災防御に関する一切の準備を敵機の襲来に先んじて整えることが空襲に備える秘訣である。」

136頁「関東大震災の時多くの人々が、ただ自分の生命や財産を助けんとして焦った。けれども自分のみが生きんとして他を顧みなかったものが却って自分の身に危害が及んでいる。ところが周囲の状況を知り人の為を思って働くところに自分を生かす道が自ずから開けてくる（中略）他人の家が燃えるのを見て、これを消し止めることに懸命の努力を続けたものは人の家も自分の家も共に助かったのである」

137頁「我が國の木造都市に起こる火災は平時においても驚くべき威力を現している。以下、明暦の大火、安政の地震、濃美地震、丹後地震等の地震火災、ロンドン大火、シカゴ大火、サンフランシスコ地震火災（中略）我が國は木造都市、木造家屋の耐火化が必要（中略）ベルリンの火災では部屋だけ」

208頁「関東大震災にしろ、函館の大火にしろ、最近関西地方に起こった風水害にしろ、特に目立つものは避難民の混雑である。（中略）今後研究、訓練」すべきである。

⑮ 宇山熊太郎『国防論』大日本図書　昭和11年4月　四六判 320頁 *6-15

宇山（一八七三―一九四八）は当時陸軍少将で、一九二八（昭和3）年には予備役編入、国民防空協会理事も務めた。この書は軍の立場から、「近時の国防がいかなる形態と方向を取りつつあるかを示さんが為、なるべく平易感銘に説述せんと企画」（4頁）したもので、防空だけでなく、国防や近代戦のあり方、列強の動向、軍縮、思想国防、国家総動員など幅広く論じている。結論として防空の不備・国家総動員の重要性を説き、日本精神強化と精神力が重要とする。この書では、焼夷弾は国民が消火できるとはしていないが、「来るものと覚悟して居れば驚くことはない。（中略）そのために、都市防空の施設を遺漏なくやっておく」（141頁）と提起している。

139頁「一体、大正十二年の震災は何のためにあれだけの損害を生じたのであるが、地震そのものから生じた被害は、それほどのものではなかったが、火災の為に遂にあのような結果を見るに至ったというのは今日一般に認識せられた結論の要である。であるから空襲の場合でも、火災を完全に根絶し得るならばその損害は僅少にてすむかもしれぬ。然し今日投下焼夷弾の威力を考えてみると、相当多数の火災がおきることを予期しなければなるまい。又、ガス弾の如きも、実際においては瓦斯そのものから生ずる損害はそれほど驚くほどではないとしても、市民の志気上に於ける打撃は、あの震災当時に於ける井水投毒等の騒ぎから考えても随分やっかいな問題である。（中略）我が國上空に相当多数の敵機が姿を現したならば、あちらこちらに火災が起こり、而して震災当時のような悲惨を再び繰り返さないと誰が保証し得るであろうか。」

2　防空法施行から太平洋戦争開戦（昭和16年12月）までの著述

防空法の成立後には、国民防空の指導項目に即して具体的な行動要領や準備項目を説明する書籍が増える。この時期には、関東大震災の火点数に比べ焼夷弾の多さを強調する記述と、焼夷弾は家庭・隣組で消せるという論調が目立つ。また、大震災では、市民の自覚と行動が足りなかった、焼夷弾は恐れるに足らずとしている。

⑯　陸軍少将大場彌平『防空読本』偕成社　昭和12年9月　A5判 250頁 *6-16

筆者（一八八三—一九六六）は、陸軍の航空畑の軍人、戦後は軍事評論家として著述も多い。

本書は、それまでの防空に関する国民向け読本は良い指針を与えるものなく、「是を遺憾として各国の書を渉猟し」たと述べる。構成として図絵を交えながら、次の戦争と空襲、列強の空軍、空襲機と爆撃力、空襲の行動、防空（積極的防空と消極的防空）、結言までを記す250頁に及ぶ大著である。とりわけ航空機の発達と毒ガス等新兵器、防空戦の要領等を丁寧に解説する。震災等我が国の都市や災害に関する記述はなく、技術的観点を重視する。但し結語において「戦えば勝つと思っているのも又大和民族だ。ひとたび大空襲に遭遇せんか、未だ曾て戦禍の経験を有しない国民はどんな状態になるだろう、筆者は是を憂うる」と述べている。

⑰ **宇山熊太郎『空中襲撃に対する国民の準備』亜細亜研究会　昭和12年10月　B5判 218頁 *6-17**

『国防論』（*6-15）の著者、陸軍少将、初版は一九三一（昭和6）年、航空機の進歩に伴う防空の急務を説く。特に防空の実際をどのようにするかを、防空監視・灯火管制・消防・防毒・避難と救護・警備と交通整理・偽装と遮蔽・その他に分けて丁寧に記述する。関東大震災を軍部がどう教訓にしたかを示していると言えよう。無比の陸海軍の力に国民による防空の力を加えれば、空襲は恐るるに足りない、と結論している。

34頁「国民防空の準備をやっておくと、戦時ばかりでなく、平時においてもソラ地震だソラ火事だという非常災害の場合において、すぐに規律ある行動がとれるようになるのであって、関東大震災の時の様に慌てることはないのである」

85頁　第五章消防において、「消防に対する市民の心得、または訓練の事であるが、関東大震災の損害は最も良い適例である、即ち市民の狼狽が極度に達したために、あの通りの災害を招来したのであって、もしもあの時に市民諸君が沈着にそして火災に対する処置が適切であったならば、決してあのような悲惨な状況には立ち至らなかった」と説き、焼夷弾を恐れず追いかけて捜し、これを揉み消すことが最良と説く。

178頁　また、第八章警備と交通整理の項では、「関東大震災の時に自然的に発生した自警団なるものは、元より訓練も準備も何もなかったものであったから、やむを得なかったとは云いながら、一般の良民が此の自警団の横暴にはかなり弱らされたのであったが、警備に任ずる防護団がややもすれば此の自警団の弊に陥ろうとするのは予想し得る処であって、この点から考えても平生からの準備と訓練とが必要であることが首肯せらるるのである。」としている。

⑱ **高橋常吉『敵機来らば』新潮社　昭和12年11月　四六判 321頁 *6-18**

著者は陸軍航空本部第二課長・陸軍航空兵大佐。列強空軍の脅威下にある日本、軍用機種と空中作戦、空襲の絶對的脅威、敵機近き日本、空魔に魅せられた列強の軍備強化、列強の防空方針と工作、最後に一九三七（昭和12）年7月の「支那事變空爆日誌」を付す。軍防空、特に列強の軍備強化に対して空軍力の充実を説く。関東大震災の引用は2箇所あるが、それほど火災を強調していない。一方、避難の事前検討が必要とする。

129頁「殊に木造家屋を目標とする場合などは通常1瓩程度のもの（焼夷弾）で足りるから、これを二百個積んだ飛行機が三機で空襲するとすれば（中略）七割弱の不発弾があったとしても尚且つ二百個の焼夷弾によって忽ち二百火災を起こすことになって、関東大震災のときより遙かに多い火の手があがる。況んや重爆撃機一機に千個を積み十数機が翼を連ねて現れたら五百万の木造都市は一夜にして灰燼に帰し、二目と見られぬ惨状を呈するだろう。」

144頁「関東大震災で東京を焼け野原と化したあの大火災は、八十何カ所の火元であったというから、一朝この程度の空襲を受けたら、いくら切歯扼腕してもあの惨害以上のものは伴うものと覚悟せねばならない。」

64頁「敵機が来た、投弾だ、ある場所に火災が起こった。いよいよ拡大するようだという場合、局地的避難者をとりまとめて相当広く一方に逃げ道を有する空地とか、或いは郊外、付近村落へ立ち退かせなくてはならぬ。この時、もし一つ指導を誤れば関東大震災の時の被服廠跡のような大惨事を生じるから、指導者はふだんから研究しておかねば成らぬ」

⑲ **波多野繁蔵『家庭防空読本』モスナ　昭和14年2月　四六判248頁 *6-19**

著者は、女学校校長等から牛込区防護団副団長、家庭防火群の指導者向けに記述する。構成は、緒論に続いて、飛行機の説明、投下弾の種類、家庭防火群の目的、編成、設備、訓練等を詳しく記述する。

序で特に防護団と家庭防火群の役割の違いを強調する。緒論で警視庁防空課長保岡武久が「焼夷弾の攻撃を受けた場合、火災の初期において是非とも是を防御しなければ関東大震災の時、帝都市民がなめたような恐るべき結果を招く」としているが、本文中に関東大震災や燃えやすい市街地等はほとんど出現しない。

⑳ **内務省計画局編『国民防空読本』大日本防空協会　昭和14年3月　四六判216頁 *6-20**

本書は、執筆が内務省計画局、発行が大日本防空協会で、公的な出版物である。防空法の成立を受けて、「国民防空に関して国民の総てが心得べき事柄の一通りについて」国の公式見解たる防空対策を説明する。

構成として、国民防空の必要性、防空の組織、監視通信警報、灯火管制、焼夷弾と自衛消防、木造家屋の防火処理、毒ガスの防護、破壊用爆弾の威力、防護室と防空壕、避難と救護、都市の防空的構築（都市の防火的構築を含む）、結言からなる。まえがきでは、「軍防空に即応する国民防空の整備があってこそ防空の全き」が得られ「国民総動員の重要な一部門」である。「有事に際しての防空の手段方法を周到に計画し、これに要する設備資機材を整え、訓練を行い、これらを基礎として空襲時に臨んでは軍防空と相まって、国民全員が沈着冷静に、多少の被害に周章狼狽することなく、身を挺して被害の防止軽減にあたる。」

特徴的なことは、人的組織の強化と設備資材の整備を提起していることである。防空組織については、自警機関として防空業務に協力する「防護団」と消防の下部組織としての「消防組」があったが、これらを合わせて新たに防水防火消防その他警防業務を担う「警防団」とし、地方長官のもとに警察・消防の指揮下において公の立場による責任機関として防空活動に従事せしめる。また、隣保共助のための「家庭防空群（家庭防空組合）」を、国民各自の自衛的な近隣団結の形とし、これらの組織を生かすものは「我が国土を空襲から守り通そうという精神」である、とする。焼夷弾と自衛消防の項では、焼夷弾による空襲は、平時の火災と違って同時に多数発生するとして、国民の手で消火する方法を示す。

80頁「大正十二年の関東大震災における帝都の大火災は近々百足らずの発火箇所から延焼してかのごとき大災害を呈したのであるが、仮に我が方の撃破を免れた敵機三機が要地の上空に現れたとしても、一機一千個ずつで三千個の焼夷弾を投下し得るのであるから、その損害は真に戦慄するものがある」。なお、焼夷弾の効果は、家庭の防火の徹底とさらに近隣あいまっての防火ブロック形成と、一致協力して防火にあたる組織で対応できるとしている。焼夷弾の消火方法については、種類に応じた対処と周囲への注水を指導し、水の確保、ポンプ式消火器の準備等を奨めている。

㉑ 毎夕新聞社『隣組家庭防空必携』 昭和15年7月 四六判 167頁 *6-21

内務省・警視庁・東京市の指導により国民防空について隣組や家庭向きに解説する。

5頁 発刊の辞「帝都の大半を一瞬に焼け野原にした関東大震災の火元は百三十一箇所と発表されている。これだけの火元の火災によって死傷十万、損害額六十七億円と未曾有の惨禍を招いたのであります。（中略）これを近代戦における航空機の空襲と比較すると（中略）数百の来襲飛行機の一割が一斉に焼夷弾を投下し数割が発火したら、かの大震災の数倍乃至数十倍の火元による大惨害を及ぼす。」

30頁　重爆撃機の「僅か二、三機が防空網をくぐって目的地の上空に現れたとしても、実に一万乃至一万五千箇所の放火（中略）過ぐる大正十二年の関東大震災の火元が百余箇所であって、しかもあの混乱、あの損害を招いたことを想起するならば焼夷弾の空襲がどんなに恐るべきか。」

85頁「あの大正十二年の帝都の大火災も火元は僅か百余所といわれていますが、あのように損害を大きくした原因は、市民が慌てふためいて、我先にと逃げることばかり考え、進んで火と戦うということをしなかった結果といわれます。」

㉒　**東京日日新聞社・大阪毎日新聞社編『戦時防空読本』昭和16年4月　四六判93頁 *6-22**

東西の新聞社が合同で発行した防空の啓発書、サブタイトルには「敵機もし来襲せば国民はどうすべきか」という表記がある。戦時の国民の心構えを説く。最初に空襲の規模を想定している。

5頁「今かりに1瓲搭載量の爆撃機50機が来たとすれば5キロ焼夷弾なら1機で200個、50機で1万個の勘定になり、このうち1/3は畑とか空き地に落ちるとしても3千個は家屋に中（あた）る。関東大震災の時、東京には僅かに激震後30分以内に67カ所、12時間後には92カ所の独立した火災が起こりあの惨状を呈した。昨年の大蔵省その他の落雷による火災の時は東京市中に全部で20カ所の落雷があったのに過ぎないのに、大蔵省一帯があゝいう風に灰燼に帰したことに思いをいたすときまったく慄然たるものがあろう」と記し、30㎡に一発ずつあれば静岡大火の16倍の焼け野原になる、と記述している。しかし、備えあれば憂いなし、焼夷弾の恐るるにたりず、火事を恐れよ自分の家は自分で護れと説く。

52頁　江戸では火事への意識が高かったが、明治以降防火観念が薄れた、防火改修を進めるべきとも記述する。

㉓　**国枝金市・福田三郎著『国民防空の知識―空襲に備へて』大日本出版　昭和16年6月　四六判 327 頁 *6-23**

執筆は内務省計画局防空課員二名、序に曰く「第二次欧州大戦に於ける空襲と防空の最新資料を他山の石となし、一方、内務省制定の指導要領に基づき『国民防空の知識』を著して一般国民の防空に関する心得を平易に述べ」た書であるとしている。焼夷弾攻撃に対する対処としては、市民が早期に発見し周囲に水をかけ火災を未然防止する、この隣保班による迅速な消火以外には防御の手段はないとする。

「第一章　空襲の危機に立つ」では、まず近代戦における空襲について、ドイツによるポーランドや英国の空襲等を例に自衛防空の重要性を提起し、我が国の都市の特異性として、海に面すること、建築物の大部分が木造であることを述べ、「四　我が防空の特異性」では、関東大震災・静岡大火を引用して我が國の防空対策上の課題、同時多発大火の問題を指摘している。また、空襲時の避難と救護について、「我が国現在の防空の方針は、原則として避難を認めない」とした。防護室・防空壕・堅固な建物に入りいったん「待避」して、持ち場を守って自営防空に努める。空地等に多人数集合することは愈々もって被害を大きくするとされた。ただし、老幼病者の場合や火災が大きくなった場合には避難は認められる。この場合、交通整理について平素から周到な計画を立てておく。避難において恐るべきものは流言蜚語による混乱、大量の荷物は危険、応急救護を必要とする。また、内務省が重視していた木造家屋の防火処理や都市の防空的構築にそれぞれ章を割いて説明している。

全体を通じて、過去の震災や火災の状況から、都市の改造、建物の不燃化に重点を置いた記述が見うけられる。

18頁「実際に即した防護設備と訓練を持たない場合、焼夷弾攻撃が如何に恐るべきものであるかを如実に物語っているのが、関東大震災と静岡大火の惨禍である。／大東京を一朝にして烏有に帰せしめた関東大震災も、その火災原因は従来の火事と少しも変わるところなく、薬品から起こったり、コンロがひっくり返ったり、神棚の火から燃え移ったりしたものが火災の直接原因となり、火元は百二、三十箇所あった、このうち、家庭の人や近所の人が消し止めたのは約三分の一で、結局八九十箇所の火元から火の手が上がったに過ぎなかったのであるが、全市十五区のうち延焼を免れたのは僅かに三区で、全焼六区、一部焼失六区に及んでいる。／木造都市の強風時に於ける火災のよい例が静岡大火である。（中略）気象上の不運はあったにせよあのような大火災になった大きな原因は木造家屋の集団であったためと云わねばならない。（中略）「我が國の都市が恰も可燃物の巨大な集団」であったことが重大な原因である」

20頁「都市防火策として家屋一棟宛ての防火力を強化する以外の方法はない。近代防空戦には自衛防空が絶対必要な所以もここにある。我が軍防空陣の積極的攻撃を免れた何台かの敵機が五瓩か十瓩の焼夷弾攻撃をしたとする。そのうち三割が建物に命中してもほぼ震災の何倍かの火元が起こる。仮に千の火元の内八百までも市民の自衛活動で消し止め得たとしても、二百の火元は火災になり、それが無限大に燃え広がる。このような空襲火災に対しては軍、官、民が協力一致してあたらなければならないのだ。」

87頁「飛び火のためにあのような大火となった静岡の大火災、また一時に百箇所余りから発火したのが大災害の原因となった関東大震災に於ける帝都の劫火等から見ても、我が國にとって同時多発性の焼夷弾攻撃が大きな打撃になることは頷けるのである。」

㉔　東京市防衛局上坂倉次『国民防衛の書』ダイヤモンド社　昭和16年7月　四六判416頁*6-24

筆者は東京市の防空を長年担当した職員、この大著では「総力戦」と「高度国防国家建設」の観点から、防諜・防空について「国民のだれもが知っておき、実践下において直に適切な処置を執り得られる、それに必要な知識、防御の技術、空襲の実際例等を総合的に的確に伝える」とする。

72頁「ソ連の極東司令官たりしブルツハルが『三トンの爆弾量を以て空襲すれば東京を大震災と同等の程度に壊滅することはできる』と豪語したと言われるが、これは必ずしも荒唐無稽ではない。備えなければ関東大震災以上の惨禍を招く」

92頁　焼夷弾は一人一弾決死をもって之に当たる覚悟があれば防げる。家庭防空群では群内の火災が延焼防止し得なくなったうちにさらに警防団、消防隊に救援を要する。

95頁「空襲下の人心は動揺しやすい、特に我が国民のように公徳的訓練を積まない国民にあってはなお著しい―実例は関東大震災において知られているところであるが（中略）如何に些末な流言とても厳重に取り締まらねばならない。」

228頁「発火速度の速く強烈な焼夷弾に対する防火が最初の三十秒と強調されるのはいわれがないことではない。大火災になっては一つ一つの焼夷弾を対峙できる訓練をもってしても自衛消防では到底手におえなくなる。かの関東大震災も延焼につぐ延焼をもって遂に七万の生霊を失い五十五億の財物を灰燼と化し、古今を絶した世界最大の大火の悲惨事をもたらしたのであってみれば延焼防止こそは防火の重点である。」

㉕　佐藤誠也編『防空必勝宝典　一億人の防空智識　臨戦防空読本』八光社　昭和16年10月　四六判97頁*6-25

編者の経歴等は不明。全体の構成は、著名人による前書きの「第一篇臨戦の心構へ」に続いて、第二篇現代戰における空襲と防空、第三篇防空必勝訓（空襲の想定、必勝訓、防空準備等）、第四篇家庭隣組防空宝典（各家庭に必要な防火用具、隣組の共同設備、焼夷弾の消火方法、毒瓦斯弾の處置、室内の火事、防空実施・警戒警報発令、防空壕と防護室、燃えない衣類の作り方、救急処置等）など全般的事項を記述する。

関東大震災については特に第一編で言及が多い。全体としてやればできるという精神論を示している。

3頁　内務大臣田邊治通「神を本當に信ぜよ」「大震災の時を思い給え。うろたえ騒いだ者にどんな不幸が見舞ったかを（中略）明鏡の平常心があるのみだ。」

6頁　農林大臣井野碩哉「皆と苦しむ心―買い溜めは国賊だ」「関東大震災を思え、関東大震災の時に玄米と梅干しで辛抱して帝都を復興させたことを思えば何でも出来る。」

19頁　東京市防衛局長　安井誠一郎「帝都を護れ」「焼夷弾の投下のため火災を起こしたときに諸準備がないではないかと云うがしかし工夫の仕方で結構消火できる。家庭には風呂桶がある家もあるし盥やバケツ等正規の準備がなくても消せる」

49頁「一回二十機くらいの空襲（焼夷弾四千発または爆弾四百発）を受けても直撃弾其のものでは二十人乃至四十人の死傷がでる程度で微々たるものである。これくらいの数字は戦争する以上当然忍ぶべき犠牲である。運の悪いときには鉄道事故でも其の他の事故でも死傷する人は往々ある例である。」

50頁　元寇の役では武士から庶民まで尽忠報国の精神に燃え一致団結して国難にあたったが、「関東大震災に際しては地震だけの惨禍を食い止めることが出来ず、地震による被害の何十倍の惨害を惹起せしめた。この原因は当時の大多数の人が太平に狎れ、志気が弛緩していたため逆上狼狽して思わずも混乱に陥ったためである。つまり自分一人の安全を願って逃げ惑い、しかも根も葉もない流言蜚語まで飛び出して二重三重の混乱を惹起せしめたのは遺憾千万のことであった。この二つの例で見てもいま強く要請されるのは剛健な精神である。」

㉖　陸軍報道部検閲『国民防空書』国民新聞社出版部　昭和16年9月　四六判 212 頁 *6-26

本書は最初に図表写真を用いて我が国の位置など防空知識を「紙上防空展（寫眞）」として提示し、次いで、難波陸軍中佐による『防空必勝の栞』（*6-37　本書 132 頁参照）を収録している。

22頁　被害の想定では、空襲は決して恐るべきものではないという趣旨で、「現在では一応大都市は夜間には一回十数機、昼間では一回、二、三十機くらいで数回、多くとも十回くらい空襲を受けるものと考えておけば良いと思う。」

26頁「（東京市では）実際の死傷者は一回二十機の空襲を受けて、焼夷弾四千発または爆弾四百発を投下せられたとしたならば、直撃弾そのものでは四十乃至は八十人、或いは二十人乃至四十人の死傷であって誠に微々たるものであり、戦争する以上当然忍ぶべき犠牲である。」（支那事変戦死者十一万人、日露戦争死者十万人）

27頁　第二「強い日本精神をもつこと」として、「彼の元寇の役で（中略）之に反し関東大震災では地震本来の威力がもたらす惨害に食い止めることができずに、其の何十倍の惨害を惹起した原因はその当時の我が国民の大多数の者が太平の夢に狃れ、志気が弛緩していたのが最大の原因であって、それが為激震に逆上して周章狼狽し自分一家の安全を願って逃げ出し、遂に大火となり其の上さらに荒唐無稽のいわゆる朝鮮人騒動の流言飛語に迷って混乱に混乱を重ねた結果である。」

35頁　第三「此上とも防空準備を強化すること」では、「空襲を受けた地域では大体数個の隣組に一発落ちるものと考えればよい、従って隣組では各々一発落ちるものとして準備すればよいのである。」

69頁～「五　國民防空の心得」「空襲の災害は想像するよりは被害の少ないものであるからおそれるにあたらぬ」「関東大震災を今一度例にとれば、大震災における帝都延焼の原因は消火機関の全滅であった。これに比較すると焼夷弾投下の場合は、発火場所は震災の場合より遙かに多いかもしれない、然し空襲下にあっては事前の水利施設消火施設によって消火能力全滅という場合は殆どない」「万一帝都の場合貯水池を爆破されたにしても、これに変わる水利施設があらかじめ準備され空襲を避け得たとすれば市中に起こる火災を消し止めることは平常時の火事を消し止めることと何ら変わりがない」

73頁「七、国民防空は防火第一主義たること」では、「空襲に対して屢々比較されるが関東大震災には百足らずの発火箇所から延焼して大災害を起こしたが、空襲では仮に敵機一機が二百個の焼夷弾を搭載しえるとすれば三機でも六百個を持ってくることができ、その内の何割かが建物に命中するとしても木造家屋の多い我が国では極めて火災の拡大に陥りやすいことは必定である。（中略）如上の意味で我が国民防空は『焼夷弾に対する防火中心主義』が中心であらねばならぬ」と説く。

161頁「下　心構へ篇」「十二臣民の道」では、「偶々大正十二年九月関東大震災が起こったが、この災害も国民の反省と戒慎とを促すには至らなかった。この時、国民精神作興に関する証書を下賜あらせられた聖慮の程、ただただ恐懼に堪えぬ次第である。日本精神に還れとの痛烈な叫びが国民の間から起り来たったのは恰もこのころから」と精神復興を説く。

㉗　難波三十四『現時局下の防空『時局防空必携』の解説』講談社　昭和16年11月　四六判113頁*6-27

著者は、このとき防衛総司令部防空参謀、陸軍中佐。一九四一（昭和16）年の小冊子『時局防空必携』（内務省他B7判54頁*6-27-2）の発行に伴い、その解説書として発行したものである。関東大震災では市民が消さずに逃げたため焼けたり混乱したが、消し止める精神が重要と説く。一方で「被弾地域内の隣組内では、一、又は数隣組に大体一発の爆弾または焼夷弾（中略）訓練としては各隣組一発命中すると想定」とする（48頁）。

27頁（空襲の必然性）「現在の爆撃機の性能をもってすれば、四囲環海の我が国も、今では安全とは言えないのであって、その空襲威力圏内にある」

61頁「戦争の一段階、即ち外征軍の主力海戦が一段落を告げるまでの期間において、一応大都市は数回多くとも十回くらい空襲を受け、中小都市は数回の空襲を受けるものと考えておけば良いと思う。また一回の空襲機数は、大都市は昼間は一回、二、三十機くらい、夜間には編隊構成上一回十数機、中小都市では数機と思えば良いと思う。このような空襲であるから長期間、連日連夜空襲を受けるのでなく、一日に一回とか二回であり、或いは一日二日は続くかも分からないが、その次まで間隔があると思われる。

51頁（被害の程度）「焼夷弾による火災も之を消さずに放置すれば大火災となるのであるが、前述のように焼夷弾の性能は恐ろしいものでなく、之を消し止め得るのである。」

54頁（精神防空）「彼の元寇の役で（中略）之に反し関東大震災では地震本来の威力がもたらす惨害を食い止めることができずに、其の何十倍の惨害を惹起した原因はその当時の我が国民の大多数の者が太平の夢に狃れ、志気が弛緩していたのが最大の原因であって、それが為激震に逆上して周章狼狽し自分一家の安全を願って逃げ出し、遂に大火となり其の上さらに荒唐無稽のいわゆる朝鮮人騒動の流言飛語に迷って混乱に混乱を重ねた結果である。」

104頁（鉄道船舶）「関東大震災の時は、罹災民の避難及び之が縁故者の見舞いのものが列車に殺到し、窓から入るもの、汽車の上に乗るもの等実に無秩序を極め、今日に至るも語り草として残っている。」

3　太平洋戦争開戦後（昭和17年1月以降）の著述

この時期の出版物の傾向は、具体的なノウハウの徹底と精神論を強く提起するものが増える。関東大震災に関する記述は減少している。

㉘ **藤田義光『防空法解説―大東亜戦と国民防空』朝日新聞社　昭和17年2月　四六判81頁 *6-28**

著者（一九一一―一九八六）はこの時期、朝日新聞記者。防空の必要性、新防空法（昭和16年改正）の経過と解説、民防空の解説等の概説をまとめる。軍防空と民防空の区分、警防団（防護団と消防組は責任機関消防の防空を援助）、家庭防空群（自衛防空についての近隣団結、隣保共助の組織）、防空計画の策定強化を記している。この段階での防空法の解説書には関東大震災を重ねる記述はほぼ見られない。

1頁　日本は「わが精鋭無比の陸海軍が厳存する限り、またその地理的条件からみても、ロンドンや重慶のような状態に陥ることは全然予想されない」「完璧な防空は空襲の効果を著減する」

4頁「防空は建築物の防衛よりも人命の擁護ということに重要な任務をもっている」「施行前は主として軍指導の下に防空演習が行われ防空認識普及に効果があったが（中略）徹底を欠く」ため昭和12年に防空法を制定し、昭和16年大拡充された。

10頁　昭和16年1月閣議に内務省・陸海軍共同提出「防空強化に関する件」を可決、特に防空組織制度の強化、防空の教育や学校での防空科目の導入などを提起した。同年9月に「内務省官制」を改正、計画局防空課を格上げし防空局ができた。

77頁　77議会に上程、昭和16年11月公布、偽装、防火、防弾、応急復旧を新しく追加、防火改修命令、建築物の疎開、交通の制限、重要都市居住者の事前退去禁止、防空勤務員や一般国民の訓練義務、応急防火協力の義務、防空従事者への扶助金、罰則等を定めた。第77議会陸軍省軍務課長佐藤賢了少将の発言「空襲を受けても実害そのものは大したものでないことはしばしば言明されている。これによって周章狼狽、混乱に陥ることが恐ろしい。また、それが一時的混乱から遂に戦争継続意思の破綻ということになれば長期戦など思いもよらない。」が引用されている（本書93頁参照）。

㉙ **石井作二郎『実際的防空指導』堀書店　昭和17年7月　四六判404頁 *6-29**（国会図書館デジタルコレクション所収）

著者は陸軍大佐で、昭和7年の「第八回後藤伯爵記念市民賞」に帝都の防衛と大東京市防空施設の論文で応募し入選した経歴があるという。早くから国民防空の促進を提唱し、昭和4、5年から国民防空協会幹部を勤め、一九三四（昭和9）年3月の第六十五帝国議会「国土防空促進の建議」を発案し起草したとする。

この書では「神孫民族こそ常に勝たねばならぬ、そのために一億一心、有形無形の準備をせねばならぬ」という観点から、近代総力戦、軍防空、防空態勢から国民防空まで図解を交えて広く解説し、高度国土防空国家建設を訴える。また、著者は都市防護施設の強化を主張する。関東大震災等過去の災害には言及していない。

㉚ 難波三十四『国防科学叢書22 防空』ダイヤモンド社 昭和17年8月 四六判 313頁 *6-30

著者は、昭和16年11月『現時局下の防空『時局防空必携』の解説』(*6-27) も執筆している。英米との開戦により国土空襲は必至であり、「防空の完璧に資せん」として本書を作成する。ロンドン爆撃の描写から記述が始まり、空襲の戦史、空襲の戦略と我が国の弱点(地勢、都市が脆弱、国民性は過敏で混乱しやすく流言蜚語を盲信、持久力がなく意思が動揺しやすい、個人主義・自由主義、公徳心の欠如)、投下弾の威力を述べる。

空襲戦法の章では、目的目標、空襲の時期時刻、回数及び機数(現時点は『時局防空必携』)等を示す。進攻撃滅戦等の軍防空、他に気象管制・電波管制・燈火管制、偽装の実際、防諜、監視、警報の実際を記述する。民防空については個人・団体・教育訓練による防衛戦士育成、防空都市、建築物の耐火耐弾、交通通信、消防、特にポンプと水の確保、防弾として防空壕・防護室、時限爆弾対策、防毒、医薬救護、衣食住、経済金融、治安維持、鉄道港湾、工場の防空を説く。国民防空の組織に関する言及は少ないが、防空の内容をほぼ網羅している。関東大震災への言及はあまり見られない。

㉛ 菰田康一『防空読本』時代社 昭和18年4月 A5判 209頁 *6-31

筆者(一八八一―一九七四)は、一九三八年(昭和13)年8月軍防空学校長、のち陸軍中将、一九四二(昭和17)年9月から翌年6月まで東京市防衛局長。曰く、防空訓練の不十分さの反省から、わかりやすく手軽にかつ突っ込んだところが理解でき、「どんな爆撃機が来てもびくともしない心構え、気構えと準備」に役立つ本を作成した、とする。我が国の都市の火災に対する脆弱性を論じるには、関東大震災を引用するのがわかりやすいとし、論考の当初に震災の被害を引用している。「防火なくして国防なし」と説く。

2頁「何しろ東京の三分の二は焼け野原になり、七萬四千人の死人は僅か数日の間に出た（中略）だがあれだけの大損害がなぜ生まれたのかといえば、それは火事のためで、地震そのものの損害は火事と比較するほどのものでは無かったのだ。（中略）直接の被害は実は火事のほうから生まれたのである。」「敵の狙いどころは、要するにあの関東大震災火災と同じ様な状態を、もう一度引き起こさせようというのである。天から焼夷弾を降らして、それで大震火災と同じようなことを人造で起こそうとしているのである。」

9頁「拾壱臺で震災製造」「今仮に大正一二年の関東大震火災の時と同じように、東京市の百三十六カ所から火事を起こすためにどれほどの敵の飛行機がやってくればいいかというと、あの当時の条件で計算してみると僅かに拾壱臺で充分である。（中略）たった拾壱臺の敵機に大正一二年の大震火災のような騒ぎを製造されては敵わない。東京があの時のような騒ぎになればその混雑だけでもう戦争などは出来なくなってしまう。防空なくして国防なしである。」

㉜　山口清人『もし東京が爆撃されたら！』大新社　昭和18年4月　四六判 121頁 *6-32

作者の経歴は不明、戦後の映画監督に同姓同名がいるが未同定である。校閲は内務省防空局である。

内容的には、一九四三（昭和18）年時点の戦況をふまえて空襲は必至と説く。もし、東京が空襲されたらどうなるかを記述し、防空の心構えを案内する。まず、アメリカが空襲を考えたのは関東大震災を参考にしたとし、今日の戦況を述べ、大規模反攻がある敵は空軍主義に転化しており航空機を増産している、敵は本土爆撃を意図し東京の爆撃は壊滅的被害とそれによる混乱等二次的異変、謀略を引き起こすことを狙っている、旺盛なる戦闘精神と不屈の魂で敵機の攻撃に対抗すべし、と説く。

この書は、今日でもたびたび引用されている（*1-7 白石、*1-8 東京都公文書館等）が、他書のように防空を啓発するのではなく、空襲の恐ろしさを強調しており、出版意図が不明である。

10頁　敵が空襲によってたちどころに日本を征服せしめ得ると考えたのは、今から19年前即ち大正十二年九月一日の関東大震災の時からである。当時、アメリカの作戦家は、この関東大震災の惨状を見て、将来もし日米相互の間に戦争が起こった場合においては、飛行機百機を東京の上空に送って得空襲すれば忽ち東京は壊滅するであろう。日本の武力は何ら恐るるに足らぬ。日本与し易しという考えを抱いて、日本の国土防衛の力量を判断するに到った。当時東京は百三十余箇所から火事が起こり、遂に無慮百五十万人が、四十八万三千余戸の家を焼かれ、焼きだしを食い、約六万人の死者と一万余人の行方不明者を出した。同様に焼夷弾によって各所に火災を起こさしめれば、東京を火の海と化し簡単に戦意を喪失せしめ得ると考えたのである。

70頁　帝都の焦土化計画　敵は来たるべきわが本土空襲に備え主要都市、就中東京の焦土化を計画しているのは前述、米紙「ライフ」によって明瞭に観取される。（中略）嘗てソ連軍極東司令官ブリュッヘルは焼夷弾三トンあらばもう一度東京を大震災の如き焦土たらしめ得ると言った。関東大震災には百三十数カ所から発火し、かの惨憺たる状態になった。／カリフォルニヤの平野には東京市実物大の模型をつくって、盛んに爆撃の猛訓練を行っている。前記『ライフ』誌に掲載されている『東京爆撃計画図』によれば、軍需工場地帯、軍事施設、可燃家屋地帯、耐火家屋地帯など詳細に調査している。

79頁　関東大震災では地震本来の威力が齎す惨害をくいとめることが出来ず、その何十倍かの惨害を惹起した。その原因は、当時の国民が太平の夢になれ、志気が遅緩していたのが最大原因であった、これがために激震に逆上し、周章狼狽、自分一家の安全を希って逃げだし、逃げ場を失って死亡したといった者が非常に多かったのである。また消すべき火を消さずに逃げ出し大火になり、その上さらに荒唐無稽の流言飛語に迷って混乱を大きくしたのである。

97頁　もし敵機の空襲によって二十年前の震災当時と同様の醜態を演ずることがあったならば国土防衛上、非常な危険を感ずるばかりでない。今日大東亜共栄圏の傘下に入ってきた圏内民族に如何なる顔を以て相まみえることができようか？

㉝ 内務省防空局『昭和十八年改定『時局防空必携』解説』大日本防空協会　昭和18年11月　四六判 120頁 *6-33

昭和18年改訂の『時局防空必携』（大日本防空協会　昭和18年1月B7版56頁 *6-33-2）の逐条解説書。解説文に関東大震災の時の火災に対する言及が見られる。

7頁「投下弾の種類」都市に対しては日本の特徴である木造家屋を焼き払うために焼夷弾を数多く使うであろう。

48頁　家財道具は持ち出してはならない「之が燃え草になって至って大火災を惹き起こすことは関東大震災始め他の火災に縷々見受けられる処である。」

105頁　犯罪と罰「このような際（空襲下、燈火管制下）には人々の気持ちがややもすれば動揺しがちなので、その間に乗じて所謂流言飛語が行われる恐れがあり、そうなるとそれが更に国民の気分に動揺を与える。」

110頁　流言飛語「由来日本人は噂好きの国民で自分だけが耳にしたような事柄は、根拠のはっきりしない噂でも、さも本当のことのように得意になって言いふらす傾向があるように思われるから、この流言飛語について特に戒心しなければならぬ。我が政府及び軍部の発表は正確なこと世界無比であるから、これだけを信頼し、その他にはむやみに時局や軍事に関する噂などしないようにすることが何より大切である。」

㉞　館林三喜男他『防空総論　国民防空叢書第一巻』河出書房　昭和18年12月　四六判 296頁 *6-34（国会図書館デジタルコレクション所収）

本書は「防空上必要なる諸般の業務・施設・各職域分野の防空対策、都市及び国土の防空的構築、並びに防空法規等に亘って解説し、一般の防空知識の向上普及に資せんことを目途」としている。空襲（防衛総司令部参謀加藤大佐）・防空（内務省警保局館林警務課長）・防空組織（内務省防空局指導課秋山内務事務官）に分担し論述される。

第一編にあたる「空襲」では、我が国の防空上の弱点として人口集中や木造家屋を挙げる。

第二編「防空」では、防空の本質（国民防空の重要性等）において都市の人口集中、木造による「外国人の所謂木と紙より成れる可燃都市」であると指摘し、空地の拡充、疎開等を提唱する。その他、科学の重要性、重点的計画的防空を唱えると共に、「防空は生活である」と防空の日常化・永続化を説く。

防空の歴史では、防空法制定以前の防空思想の啓発・宣伝の揺籃期、第二期は防空法制定から一九四一（昭和十六）年一月「国土防空強化に関する閣議決定」までの時代、第三期は閣議決定より今日の大東亜戦争下にいたる、に区分している。この閣議決定で「我が国防体制の現状は不備欠陥頗る多く加えるに都市の防空禍脆弱性大なるものある」として速やかな防空施策の具現化をはかるとされた。これによって防空が重要な国策となり陸軍防衛総司令部、内務省防空局発足（同年9月）、東京市防衛局新設（同年5月）などで面目を一新したとする。次いで防空精神の項では「持ち場を死守すべし」という記述の中で神田佐久間町の事蹟をとりあげ、この敢闘の精神こそ日本人道の骨髄、日本武士道の真髄と位置づけている。

122頁　昭和五年9月1日付をもって「東京非常変災要務規約」が制定された後、「同年12月には時の東京警備司令官長谷川直敏中将主宰の下に、軍官民の権威者が会合して一週間に渉り防空研究会を開催し、防空知識の向上に資する所が極めて大であった。／この間警視庁にあっても大規模火災の拡大について詳なる調査研究を行い、消防隊と市民が一致協力して相当の準備と努力を払ったなら必ずや之が拡大を未然に防遏し得たる成るべし、との結論を得、昭和五年七月二十八日警視庁訓令第五十九号非常時火災警防規程を制定した。（中略）9月1日には第一回の非常時火災警防演習を行った。」

153頁「過ぐる大正十二年の大震火災は、日本国民にとって真に苦痛極まりなき思ひ出である。延焼實に三日に渉り、遂に東京市の大半は焦土と化し、数萬の生霊を喪ひ、正に大自然の暴威の前に憎伏した形であり、外國の我が防空を論じる者、日本防空の弱点を論証するにあたって、之を例示せざるはなき有様である。併し乍らこの大震火災の真只中に於て、市民のすべてがただ狼狽し、ただたじろいで、その持場を放棄して顧みなかったわけではない。我等はその一例として神田佐久間町に於ける苦闘の物語を想起する。九月一日午前十一時五十八分、突如大震襲来し、忽ちにして各所に火災発生、折柄の烈風に煽られて火災は漸次廣大し、午後三時頃には早くも神田区に迫って来た。そのとき佐久間町の在郷事人会、青年團の役員等期せずして佐久間町小学校に参集したが、誰云うとなく「我等の町内は我等の力で守れ」と叫ぶものおり、この叫びに応へて町内居住者一致結束、午後三時より三日払暁に至る實に三十六時間、真に血の滲む奮闘をなしたのである。その間大小の旋風は各所に起り、飛火は引っきりなしにやって来、消防器具は不足し、時には極度の疲労に必身とも茫然たる状況を呈したのであるが、この危機に臨み飽迄踏み広まって「我等の町内を死守せん」との旺盛なる闘志を奮い起して励まし合ったのである。この奮起が天の感服を得たるか、最悪の危機に面して風向俄かに変化し之を脱するを得るに至った、とは常時奮闘人々の語らるる所である。真に人為を越えたる努力の前には、必ずや天佑神助の天降りますことを我等はここにも知ることが出来る。かくて長き苦闘の末、佐久間町一帯千五百戸の家屋は周囲一面の焼野が原の中に震災に焼けざる家とて今に至るもその誇らかなる姿を留めているし、神田川一帯の倉庫にある米穀数千俵其の他の食糧品も火災を免れ、震災直後に於ける全市民を飢餓より救ったのである。かかる震災の美談を思うとき、この敢闘の精神こそ實に日本人道の骨髄であり、日本武士道の真であることを思い合わせずには居られない。」

なお、『国民防空叢書』は全七巻の予定で、第2巻高屋長武『国民防空　国民防空叢書2』河出書房　昭和19年、第3巻高屋長武『偽装・監視・通信・警報　国民防空叢書3』河出書房　昭和19年　四六版259頁まで発行が確認されている。田邊平学『不燃都市』相模書房 昭和20年（*7-41）はこの叢書シリーズの原稿だったとされている。

㉟ 田邊平学『防空教室』研新社　昭和20年1月　四六判217頁＋図版20頁 *6-35

著者（一八九八―一九五九）は東京工業大学教授、都市防空の第一人者、戦後は不燃化運動に尽力した。本書は「戦時下ドイツの防空」に関する講義講演をまとめ、「我が国の民防空上、特に強調の要ありと信ずる事項をまとめた」とする。巻末に防空掛図として、ドイツの防空写真を多数提示する。

ドイツの防空が統制的で行き届いていること、不燃の都市であること、我が国では木造集積・人口集中であるため、不燃都市建設、疎開が急務であると説く。最後に「今後空襲が激烈になろうが盟邦ドイツに東西呼応して制空及び防空の必勝の精神を堅持する」とする。関東大震災については数行の記述がある。

80頁「更に大正12年9月1日の関東大震災に於ける東京の火災の如きは、その焼失した面積に於いて、また損害高に於いて、世界の歴史的大火災の総ての記録を破ったもので、今となっては洵（まこと）に残念なことをしたものだと思う。」

4 小冊子、雑誌記事、講演等

小冊子等も多く発行された。関東大震災をどう記述しているかを中心に見ていこう。

① 小橋豊『国民防空知識』鳥羽書房　昭和13年10月　四六判32頁 *6-36

銃後の一般国民が焼夷弾の措置や毒ガスに対する応急法を各自が常識として知るべき（中略）平易なことを以て知ること必要との観点から作成した32頁の冊子。関東大震災については火元数の比較、混乱の危険を説く。

15頁「仮に一機が飛んできて焼夷弾を投下し全搭載量の半数が家屋に落ちたとしても五百箇所から出火することになる。四分の一としても二百五十箇所の火元ができるわけだ。関東大震災の時でも、その火元数は百三十五箇所（直後警視庁調べ）

であったという。それが一台の敵機が飛来してもそうであるから、二台、三台と飛来したとして瓦斯弾を共に投下されたとしたら、日常の準備と訓練がなかったらどんなに狼狽するだろう。だから一戸に一箇は落下してくるものとしての覚悟と準備が必要である。」

27頁「空襲されたときは無統制による混乱は空襲より恐ろしい。空襲に脅え多人数が周章狼狽して右往左往、そのため混乱を来すことは却って危険であるのみならず必要な防護活動の妨害になる。」

32頁「最後に大切なることは、如何に整備された防護団があり、銃後の国民があっても、大衆が流言蜚語のため混乱に陥ることは国土防空陣に大きな動揺を来すものである。天災または戦争の時、大衆の精神状態は不安に襲われ、甚だしく興奮し物事に対して判断力を失い、まったく理屈にならぬ事でも針小棒大にそれを言いたがるものだ。そして先導され、暗示にのり、流言は流言を産んで、群衆の大動揺になる。」

② 陸軍中佐難波三十四述『防空必勝の栞』大日本防空協会　昭和16年9月　四六判32頁 *6-37

雑誌『防空事情　空のまもり』9月号附録である。大日本防空協会が難波中佐に依頼して「国土防空の指標」と「空襲判断」について原稿を得たという。本書の目的は「為すべき防空準備の中、何がもっとも大切かを論じる」とする。空襲の程度を説明するためこの『防空必勝の栞』は他の防空書に引用されることがある。

10頁「一概に何機とは言えないが、大都市は夜間には一回十数機、昼間では一回二、三十機で数回、多くても十回位空襲を受けるが人命の損傷はわずかである。」

17頁「然るに関東大震災では僅かに二三日の中に十数万の損害等を蒙ったのである。（中略）直撃弾によっては滅多に死傷するものではない。その損害は微々たるものである。戒むべきことは空襲の威力を過大視して徒（いたずら）に恐れ徒に不安動揺を来すことと、その結果当然消すべき火災を消さないため炎焼し大火となり多数の貴い人命を失い莫大な資財を烏有に帰せしむることである。」

18頁　古い例では元寇の役では一致団結したのに「関東大震災では地震本来の威力がもたらす惨害に食い止めることが出来ずにその何十倍もの惨害を惹起した原因は、当時の我が国民の大多数の者が太平の夢に狃れ、志気が弛緩していたのが最大の原因であって、それが為激震に逆上して周章狼狽し自分一人の安全を希って逃げだし遂に大火となり、その上更に荒唐無稽の所謂朝鮮人騒動の流言飛語に迷って、混乱に混乱を重ねた結果である。」、国民は国土防衛の戦士、家庭防火群は一死奉公一致団結、持ち場を守り大国民たる襟度を持つべきである、とする。
26頁　第三　此の上とも防空準備を強化することでは、防火消火の徹底（隣組で一つの焼夷弾火災を消し止める）、防空壕、毒ガスは実害より精神的損害に注意、家庭用食料の備蓄、流言飛語に迷わされないことを推奨する。
32頁　むすび　帝国伝統の一致団結の元、「己を知り精神を発揮し防空準備をすることで空襲は恐れるに足らない。」

③　難波三十四・多田鐵雄『教育パンフレット防空必勝の態勢』（財）社会教育協会　昭和16年9月　四六判43頁 *6-38

前半24頁は陸軍中佐難波三十四記述の「防空必勝の態勢」を収録、後半17頁は多田による「防空と学校」を収録。難波論文は、『防空必勝の栞』*6-37と内容はまったく同じで、ひらがな表記になっている。

④　東京市『防空叢書第三輯　阿部信行閣下講演　防空に関する覚悟』東京市市民動員部防衛課　昭和13年3月　四六判17頁 *6-39

阿部信行（一八七五―一九五三）は、陸軍軍人、政治家。一九三九（昭和14）年8月～翌年1月に内閣総理大臣を務めた。講演は一九三八（昭和13）年3月日比谷公会堂、防護団幹部向け講演の記録である。なお、阿部は、別途の資料（*6-40）で関東大震災の市民行動を指摘し、準備不足であったという評価を記している。

4頁（空襲は）「悉くその国の脳髄である処の政府並びに軍事の機関、またそれに協力するところの重要な人々、それらの人々をして「戦争というものはもう出来ぬ」という考えを持たせる手段に過ぎない（中略）その事は曾て大正十二年の関東大震災において中央官衙の大部分灰燼に帰せしめ、東京の半分が焼けて、水道・電気・瓦斯・交通通信の機能奪われること数日でありました。僅々数日であってもあの騒ぎであります。これによっても優秀なる空襲が如何なる結果をなし得るかということは思い半ばに過ぐるものがあります。」

8頁「関東震災に於ける市民の流言飛語による処の狼狽の状態を顧みましても、吾々は背に汗をせざるを得ない（中略）確乎不抜の精神覚悟がまず第一に必要であります。」、第二に必要なのは教育訓練である。

◆*6-40　阿部信行陸軍大将「関東大震災回顧」『防空事情』大日本防空協会　昭和16年9月号　（出典：東京都公文書館『都市史料2巻』XII頁　2012（平成24）年4月）

「突然起こったこの天災に、市民の大半は狼狽し、避難のみを考えて防火の合理を欠き、惨事を無限に拡大し、本所被服廠においての五万の死者を始め、財貨を燃やし、親を失い、子を捨て妻と離れ、孤独の身となりて発狂又は悶死、哀れなる死の骸となったもの幾多、公務のため奮闘中殉職したるもの又数多く、真に阿鼻叫喚の巷を現出したのである。」

⑤　**小倉　尚『防空上防火の重要性』日本建築学会　昭和13年10月18日　四六判22頁*6-41**

著者（一八九二―一九四三）は当時、陸軍築城部本部・陸軍工兵大佐、建築学会「都市防空に関する調査委員会」にも参加している。この冊子は建築学会依頼による電気倶楽部での講演記録で、副題に「都市防空智識普及徹底のための講演」とある。講演では、まず、防空上防火の重要性が国民に徹底していないこと、投下爆弾の種類や威力について講演し、「第四　防空上防火の重要性」では、木造でできた我が国都市では防火が最重要問題であるとして、神田佐久間町の事蹟に言及する。

3頁「危害の実例は、日本にはまだありませんが、東京大震災の被害がよく似ておりますから、被服廠跡にある復興記念館の記録によってお話しします。／大震災はご承知の通り大正12年9月1日午前11時59分の大地震に始まり、二昼夜燃え続きました。最初の一揺れで東京旧市内では百三十四カ所で発火し、中五十七カ所は直ちに消されましたが、残り七十七カ所は延焼し、郡部では四十四カ所発火し二十六カ所は直ちに消されましたが、十八カ所は延焼しました、即ち東京圏では一時に百七十八カ所発火し八十三カ所が延焼して東京旧市内の4割3分5厘の面積が焼失しました。他の書物には一時に百八十三カ所発火し、消し止めざるもの百二十七カ所と書いてありますが、空襲時の発火は百や二百でありますまい。まだまだ多いでしょう。度々火勢に見舞われても、町民必死の力で延焼を防ぎとめたのは神田橋脇の一角だけであります。

罹災者は実に百七十万人、死者は五万八千人、行方不明一万人、重軽傷者は二万五千人、失業者は六万八千人であります。（損害の状況、流言飛語と自警団、流通停止、避難民の無統制な混乱、死者の状況、官公庁の被災、地方への影響等）（中略）僅かな間にこんな大被害を与えうるのは空襲の焼夷弾攻撃より外にないでしょう。」

8頁　防火の原則は第一発火を防ぐこと、第二延焼を防止すること、第三延焼しても火災を局限にして大事に至らしめぬこと（中略）防火の組織、訓練、器材や水の準備が必要・・必勝の信念（中略）「大震災の時、佐久間町の人達の活動した話を聞きましたが誠に涙がこぼれます。千五百戸の町民はよく指揮官の命令に服従して、決死の勇気で各々持ち場を護ったのであります。此の人達の様に働けば必ず火災及び延焼を防止し、火災を局限にすることが出来ると信じています。／全国民が空襲の火災に対し一人残らず此の佐久間町の人の様に決死の勇気で戦ってほしいと思います。（中略）国民防空にも上下一致団結して、我が将兵の如く攻撃精神に燃え、大和魂を発揮することが第一の要訣だと考えます。佐久間町の一はよくこれを証明しています。」

10頁「空襲時に突発する危害に対しては、平時からいろいろと指導されている通り、第一線将兵の如く、また佐久間町の住民の如く一致協力して勇敢に活動すれば、必ず大難を小難で食い止めることができると信じております。」

また、小倉は別な機会の講演で、最悪の場合を想定して準備研究すべし、工場新設等では郊外へと説く。またドイツの防空対策をスライドで紹介する。

◆ *6-42　小倉尚述『工場防空の概要』工場防護団本部（大阪市）　昭和12年6月　62頁

21頁「第六　工場防空の着眼点」

「常識からいえば軍需工場は他の工場に比して敵の目標となることは明であります。然し色々の工場が市内にありますから、単に軍需工場だけを目標として焼夷弾を落とすことはまあありますまい。大体においてその辺一帯を火の海にしてやることを目的として襲撃するのであります。即ち工場地域一帯に焼夷弾を散布し一時に其の地の消防力の及ばぬ程度の火事を起こすことを目的にしますから、工場の全地域は全く火の海となりどうすることもできないで焼尽されるでしょう。東京の大震災も消防力が及ばなかったからあの大火になりました。サンフランシスコの大火、ロンドンの大火、ハンブルグの大火いずれも消防の力が及ばなかったので焼け放題に焼けたのであります。」

⑥　中村徳次『実戦的家庭防火群』日本防空普及会　昭和15年8月　四六変形版79頁 *6-43

筆者は大日本警防協会理事。焼夷弾に対する防火のため「家庭防火群」の組織、装備、任務、訓練等を文章で説く。家庭防火群は木造住宅街では十数名で組織し、警防団の傘下ではなく、警察の指揮監督と消防に従う。任務としてその防火群に落下した焼夷弾に対し独立して対応する。他の群や警防団等の応援は期待しないが、火災が広がって消防や警防団が駆けつけたらこれを委ねる。その他、訓練内容、注意事項。気構え、服装等詳細に留意すべき事項を教示する。

⑦ 警防時代社『警防時代』昭和16年1月号 A4判 *6-44

月刊誌『警防時代』は、昭和6年発刊の消防専門誌『消防時代』が改名したものである。警防団員を対象にしており、各号で防空への訓示や人事の動向などを扱っている。例えば以下の記述がある。

9頁 警視庁消防課長池田保吉「国民防空の再認識に就いて」『警防時代』昭和16年1月号

「(十機の編隊で)市内一千二百箇所より火災が発生するのは必然であります。さる大正十二年の関東大震災を追憶するとき、大地震突発後、東京市内に起きた独立延焼火災は92個であった、これが火災となって概ね一昼夜にして東京市の大半を焼野原にし数万の尊い生命を奪ったのであります。是等の発火原因はいずれも平素の火災と大差なく、其の初期においてはバケツの水一杯で容易に消火できたものであります。(中略)防空なくして国防なし、防火なくして防空なし」

11頁 相 三衛東京工業大学助教授「建築物の空襲対策」『警防時代』昭和16年1月号

「民防空は防火が第一である。(中略)天井を抜き屋根が落ちるようになると隣組単位ではどうすることもできず警防団のポンプが来て隣接家屋を半焼位にして消し止める。運悪く消防ポンプ、水等が不足するとそれに風でもあれば今後は呪火と代わり人力では如何とも為し得ず只猛火のなすがままに任せる事態となることは、静岡の大火や関東の大震災等で明らか」である。

第六章まとめ　国民防空の展開を促す言説の中で、関東大震災はどう表現されたか

①　著述の全体的傾向

前項で取り上げた著作35冊について、記述項目を整理したのが表6-1である。第一期は昭和12年防空法制定以前、第二期は昭和12年防空法制定から昭和16年の大改正、第三期はそれ以降とした。著者の内訳をみると、第一期は多くが軍人であったが、第二期は新聞社、内務省や東京市職員も加わり、第三期は記述者が多様化する。

記述内容は、第一期は、国防や防空の意義のほか、第一次世界大戦の空爆の状況、軍の防空兵器（高射砲や照明等）の紹介などを基礎知識として提供し、防空の監視通報、その他灯火管制、毒ガスに対する防毒対策などを強調している。

第二期になって防空の意義に加え具体的な民防空の方法を示す記述が増える。防火・消防、毒ガス・防毒、灯火管制等具体的な対策指導が増加する。こ

表6-1　防空啓発書の記述内容

区分	著者	記述内容70%以上（数字は%）	記述内容60%以（数字は%）
第一期（昭和11年以前）15冊	軍人10 軍＋他2 警察官1 記者1 研究者1	「軍防空兵器の紹介」（87） 「欧州大戦の事例」（80） 「列強の対策の紹介」（73）	「防空の意義」説明（67） 「空襲の想定」（60） 「監視通信警報」（60）
第二期（昭和12年～昭和16年）12冊	軍人4 職員3 新聞社3 研究者1 不明1	「防空の意義」（92） 「防火・消防」（92） 「毒ガス・防毒対策」（92） 「避難・救護の対策」（83） 「灯火管制」（83） 「投下弾の種類・特性」（75） 「都市や家屋の事前対策」（75）	「空襲の想定」（67） 「防空組織」（67） 「家庭・班の準備」（67） 「監視通信警報」（67） 「焼夷弾の消火法」（67） 「地区の防空組織」（67）
第三期（昭和17年以降）8冊	軍人3 軍+他1 職員1 新聞社1 研究者1 不明1	「防空の意義」（100） 「空襲の想定」（75） {投下弾の種類・特性}（75） 「燃えやすい市街地」（75） 「監視通信警報」（75） 「防空壕・待避所」（75）	「防空の体系」（63） 「防空の心構え」（63） 「都市や家屋の不燃化」（63） 「防空の訓練」（63） 「家庭や班の準備」（63） 「灯火管制」（63） 「防火・消防」（63） 「毒ガス・防毒対策」（63）

の時期、焼夷弾は「市民が水で消火できる」とした指導が始まっており、消火の重要性が強調されている。第三期になると「防空の意義」「防空の心構え」が提起されるが、内容的には精神力の強調が目立っている。

関東大震災については、第一期・第二期では、甚大な火災で大惨事になった、火点数八十～百数十だったが空襲ではもっと多い、当時は市民が周章狼狽して消さなかったとする記述が約半数にみられる。昭和17年以降第三期になると関東大震災を引き合いにする記述は少なくなる。

② 国民防空の展開を促す言説の中で、関東大震災はどう表現されたか

一九三一（昭和6）年頃から国土防空を論じる書物の発行が相次いだ。一九三七（昭和12）年に防空法が成立するまでの言説をみると、特に軍関係者の記述では、関東大震災を引きあいにして国民防空の必要性を論じる記述が頻出する。代表的な意見は以下のとおりである。

第一に、震災大火の火元数に対して、予想される空襲の火元は多く大被害になるという見方である。「三機の一編隊なら百五十箇所となり関東大震災火災の火元約八十箇所の二倍に達する」（*6-2 皇国飛行協会昭和6年）、「空襲によって大正十二年の大震火災当時の幾十倍もの火元を同時につくったら猛火の海と化す」（*6-4 国防教育研究会昭和8年）等、早期の記述では震災と比較して火元が数倍になるという表現である。昭和16年頃の書では、「千の火元の内八百までを消し止め得たとしても二百の火元」（*6-15 国枝昭和16年）、「爆撃機から2tの焼夷弾で全部で一千発、三割が命中すると出火点数は三百箇所」（*6-16 上坂昭和16年）と出火数の多さを強調する傾向がある。

第二に、これは初期の論説であるが、当時は軍が救護や治安維持に当たったが、戦時はそれは期待出来ないという指摘である。「関東大震災時に救護、秩序維持の中心であった陸海軍の軍隊は多く外征中になり救護等はできない」（*6-2 皇国飛行協会昭和6年）、というのが代表的である。

第三は、関東大震災の時はまったく不用意で準備不足であったという意見である。「彼の大震火災当時、市民

に非常変災に処する訓練がはたして行き届いていたかどうか。あの惨害は市民の不用意の裡に襲来し不用意の裡に去ったのである・・今後都市が空襲を受けても彼の関東大震災のような市民の狼狽ぶりを再び繰り返すようでは、将来の化学戦は必ず失敗に終わるであろう」（*6-7 保科昭和10年）。

第四に、以上から猛火を防ぐには市民が防ぐべきであるという主張が展開される。「関東大震災で、当時市民が狼狽と失神の内に勃発した大火でも、三分の一は市民の自力によって食い止め得た（中略）彼の神田佐久間町の如きは、まさにその適例、（中略）もしあの当時全市民にこうした自力消防が徹底しておったら、決して東京の大半を焼き尽くすまでの大火に至らずして済んだであろう（*6-7 保科昭和10年）。ただし、この段階では冷静に準備しようという論調が強く、個々の焼夷弾を一般国民が消すべきという論でないことに注意したい。

続く一九三七（昭和12）年から一九四一（昭和16）年の開戦必至前の段階になると、関東大震災の時の市民は狼狽していた、冷静沈着さが欠けていて惨事を引きおこした、したがって消防に対する市民の心得や訓練を強めるべきという論がでてくる。

「関東大震災では・・市民の狼狽が極度に達したためにあの通りの災害を招来した（中略）あの時に市民諸君が沈着にそして火災に対する処置が適切であったならば、決して悲惨な状況には立ち至らなかった」と説き、焼夷弾を恐れず追いかけ捜し、これを揉み消すことが最良と説く（*6-10 宇山昭和12年）、「焼夷弾の攻撃を受けた場合、火災の初期において是非とも是を防御しなければ（中略）恐るべき結果を招く」（*6-11 波多野昭和14年）。

また、警備治安の指摘もなされる。「空襲下の人心は動揺しやすい、特に我が国民のように公徳的訓練を積まない国民にあってはなお著しい・・実例は関東大震災において知られているところであるが（中略）如何に些末な流言とても厳重に取り締まらねばならない。」（*6-16 上坂昭和16年）

もう一方で、焼夷弾は大した脅威ではないという論も登場する。「大正十二年の関東大震災における帝都の大火災は近々百足らずの発火箇所から延焼して大災害を呈したのである」、「家庭の防火の徹底とさらに近隣あいまっての防火ブロック形成と、一致協力して防火にあたる組織で対応できる」（*6-12 内務省昭和14年）とし、焼夷弾の消火方法については、焼夷弾の種類に応じた対処と周囲への注水を指導し、水の確保、ポンプ式消火器の準備等を奨めている。

昭和16年10月以降対米英の開戦必至の状況になって出された著作物では、国民防空は「焼夷弾に対する防火中心主義」が強調され、精神論的記述が前面にでてくる。関東大震災に関しては、前述の当時の市民に問題ありという評価が定着した。あの惨状は弛緩した市民が狼狽して火を消さなかったのが原因で、今は精神を強固にして準備しているので空襲を怖れることはない、という論が「定説」になった。

「当時の大多数の人が太平に狎れ、志気が弛緩していたため逆上狼狽して思わずも混乱に陥ったためである。つまり自分一人の安全を願って逃げ惑い、しかも根も葉もない流言蜚語まで飛び出して二重三重の混乱を惹起せしめたのは遺憾千万のことであった。この例でみてもいま強く要請されるのは剛健な精神である。」（*6-17 佐藤昭和16年）

一方で、爆弾や焼夷弾はそれほど当たるものではなく、焼夷弾消火は困難でないという論も同時に記述される。太平洋戦争開戦直前の昭和16年11月発行の「時局防空必携解説」（*6-27 難波）では、一回二十機の空襲で焼夷弾四千発または爆弾四百発で直撃弾の死傷は百人内外で空襲の人的被害は微々たるものである。被害を大きくするのは火災であり「被弾地域内の隣組内では一又は数隣組に大体一発の爆弾または焼夷弾（中略）訓練としては各隣組一発命中する」、重要なことは精神的被害であるとして関東大震災が引き合いにだされる（*6-27-2 防空必携）。）「激震に逆上して周章狼狽し自分一家の安全を願って逃げ出し、遂に大火となり其の上さらに荒唐無稽のいわゆる朝鮮人騒動の流言飛語に迷って混乱に混乱を重ねた結果である。」（*6-27 難波）

③ 一九三〇（昭和5）年12月東京警備司令部「防空研究会」について

この関東大震災で市民が狼狽し出火を消さなかったため大惨事になったという防空啓発書に共通する定説は、一九三〇(昭和5)年12月の防空研究会で成立した可能性がある。山田新吾編著『爆撃対防空』昭和6年8月(*6-8)では、「東京警備司令部内の防空研究会において研究協議せられた各種の爆撃及び防空理論或いは指導に関する諸問題を基幹とし」著述したという記述がある。

また、館林三喜男他『防空総論　国民防空叢書第一巻』昭和18年12月(*6-34)には、「昭和5年12月には時の東京警備司令官長谷川直敏中将主宰の下に、軍官民の権威者が会合し一週間に渉り防空研究会を開催し、防空知識の向上に資する所が極めて大であった。」という。

上坂は、「東京防空史話(三)」昭和35年12月(*6-45)にて防空研究会をやや詳しく紹介している。この研究会の内容は東京警備司令部『昭和5年防空研究会講演集』(非売品)にまとめられたという(現段階で未見)。ただし上坂(*6-45)では「全体としては空襲体験のある欧州諸国の第一次大戦における実例を取り上げ、外国文献の紹介、翻訳の域をでていない」としている。講演内容がいくつか伝わっている。

◆ ***6-45　防空研究会について（上坂倉次「東京防空史夜話(三)」『東京消防』39巻359号　昭和35年6月）**

(要旨)東京警備司令部の呼びかけによって東京市・府、警視庁、及び東京憲兵隊により昭和5年9月1日に締結された「東京非常変災要務規約」のあと、軍部は「第二段階で研究会方式により防空意識を急速に注入、普及しよう」と考えた。

研究会の実施規定では「関係官公衛の職員や諸団体の代表者による東京及びその附近の防空防護に関する共同研究を目的」とし、会長は長谷川直敏中将(上坂は好敏と誤記)、幹事長橋本虎之助少将、会員は83名、東京市も参加している。

なお、関係団体からの参加とあるが、これは非常変災要務規約にいう「防護団体」に該当するが、この時期東京市連合防護団は未結成のため、「町内会、男女青年団、婦人団体、医事衛生団体、少年団、その他を以て組織する」(*1-8 東京都都史資料集成第12巻482頁規約付録)それら団体の指導者だったと考えられる。「防空研究会」の冒頭で、この研究会で長谷川中将が、大阪・名古屋の防空演習に続いて帝都で防空演習をするため研究と意思疎通を図る、と挨拶したとしている。16頁　参謀本部員野田謙吾は「防護一般の要領について」という講演を行い、帝都の空襲は「大震火災の実情に鑑み憂慮しており、防護は消極的防空手段を指し、火災と毒ガス即ち消防と防毒に重点があり、避難・救護・交通整理は関連して起きる事項で、「避難所の選定及び避難の実施は配置部隊の動作を妨害せざる如く考慮する」とある(*6-45、16頁)。

また続いての講演で、警視庁消防部消防課長岩城弥太郎が空襲火災の特性を講演し、好条件であれば消せる火災は現勢消防力で42箇所、職員数の限度があり34箇所が最大限度である、非常時にはポンプ等を徴発する必要がある、と話したという記述がされている。（章末注1参照）

この一週間にわたった研究会の内容把握は今後の課題になるが、以上の記述から推論すると、「関東大震災の出火件数と空襲時の焼夷弾数の比較」（章末注2参照）や「市民が狼狽して消さずに逃げたので大火になった」という「定説」はこの会で定まったと本書は推測する。軍は国民防空を展開するにあたって国民統制と市民消火の意義と指導の方向性を関東大震災から引き出したと言えよう。一方で、初期消火や神田佐久間町以外の地域消火の事例、また人的被害や避難の可否等は深く検討された形跡はみられない。なお、次章で扱う技術的検討では大震災の被害状況を参照しており、防空啓発書の多くの論と違いが見られることは指摘しておきたい。

＊注1　関東大震災が与えた消防への影響

なお、一九三〇（昭和5）年7月（「東京非常変災要務規約」締結の三日前）に警視庁消防部は「非常時火災警防規程」を制定し、9月には「非常時火災演習」を行った。消防が大震災を受けてどのように展開し防空にどう取り組んだかについては　高岸冴香「昭和戦前期における警視庁と『国民消防』」『史学雑誌』第127篇第6号　2018年6月に詳しい。

＊注2　ロシアの軍人ブリュヘルについて

防空書⑩⑬㉔㉜に共通して登場する「ロシアの軍人ブリュッヘル・ブルツヘル」の発言もこの防空研究会で紹介されたと推論する。インターネットでは「ヴァシーリー・コンスタンチノヴィチ・ブリュヘル Vasily Konstantinovich Blyukher, 1889-1938）は、ソ連赤軍の司令官、ソ連邦元帥。1930年代末におけるスターリン大粛清の著名な犠牲者の一人。1935年ソ連邦元帥に任命された。ハバロフスクを拠点に、ブリュヘルはソ連軍の指揮官として極東における自治権力を行使していた。当時中国での軍事行動を拡大しソ連に敵対する日本に対し、極東は要衝であった。中ソ紛争で中国の部隊を撤退させた。1938年の7・8月、ソ連と日本統治下の朝鮮国境の張鼓峰事件で日本軍に対してソ連軍を指揮した。」とある。ただし、空襲に関する発言時の状況等は未確認である。

第七章　震災調査、火災実験・焼夷弾消火、都市の防火的構築

この章では、震災直後の地震火災調査、東京帝国大学及び日本建築学会による火災実験、及び陸軍による焼夷弾に対する消火実験、それらを元にした各種指導要領、都市の防火的構築など火災対策に関する技術的課題について整理する。

震災後、実大火災実験によって木造家屋の「防火改修」技術が開発され、都市の防火的構築**注**の方針がつくられた。また陸軍による実験を経て空襲時の市民による焼夷弾消火の指導方針が確立する。これらの一連の火災研究や建築・都市計画に係る防空の技術的発展に焦点をあて資料を見ていく。

注　「都市の防空的構築」と「都市の防火的構築」

内務省計画局編「国民防空読本」昭和14年（*6-20）では防空に資する都市計画・市街地のあり方を、以下のように論じている。

第十一　都市の防空的構築（「都市全体を防空的見地から強力なものたらしめる」）
一　公園緑地の保持増設及び市街地の分散疎開（都市内の公園の配置、緑地の保全、都市の分散等）
二　重要施設の配置（諸官公衙、交通、通信、電気瓦斯等の中枢機関、大工場等防護上分散配置等）
三　都市の防火的構築（防火地区及び防火区画（防火帯）、危険地区の整理、水利の拡充等）
四　都市建築物の防空対策（木造家屋の防火処理、一定規模以上や公衆の防護室、偽装等）
即ち、都市計画的見地から都市の諸施設を総合的に考えていく「都市の防空的構築」と、その要素として火災に強い都市を目指す「都市の防火的構築」とは区分して使われている。

第七章　震災調査、火災実験・焼夷弾消火、都市の防火的構築

この章で扱う防空の技術的検討の背景になった関東大震災の火災状況について、まず震災予防調査会により直後に実施され、震災火災の実態を明らかにした「延焼動態調査」を紹介する。これによって震災火災の延焼経路や焼け止まり等が把握された。この調査内容が防空施策にどう反映したかはその後に考察する。

1　震災予防調査報告百号（戊）の火災研究

震火災に関する主な公的な報告には以下がある。いずれも震災から二年前後の大正年間にまとめられた。

・震災予防調査会『震災予防調査会報告　第百号（戊）火災篇』一九二四（大正13）年3月（*7-1）
・警視庁消防部『帝都大正震火記録』一九二四（大正13）年3月（*7-2）
・東京府『大正震災誌』一九二五（大正14）年5月（*7-4）
・内務省社会局『大正震災志　上・下・附図』一九二六（大正15）年5月（*7-5）
・東京市『東京震災録　前・中・後・別篇』一九二六（大正15）年3月（*7-6）

これらのうち、震災予防調査会報告が学問的にはもっとも精緻である。大正12年9月における震災予防調査会は、大森房吉（会長兼幹事、地震学）、今村明恒（地震学）、寺田寅彦（物理学）、内田祥三（建築学）他計25名で構成され、さらに臨時委員・嘱託が任命されていた。百号の報告書は関東大震災の被害研究の総括であり、会解散前の最後の報告書になった。『震災予防調査会報告　第百号（戊）火災篇』には、死傷者に関する調査や樹木の効果に関する調査も含まれている。他は（甲）地震篇、（乙）地変及び津波篇、（丙上下）建築物篇、（丁）

建築物以外の工作物篇である。『第百号（戊）火災編』の目次と執筆者は次のとおりである。

◆*7-1　**震災予防調査会『震災予防調査会報告　第百号（戊）火災篇』岩波書店　一九二四（大正13）年3月**

1．関東大震災に因れる東京大火災　臨時委員　緒方惟一郎
2．大地震による東京火災調査報告　委　員　中村　清二
3．帝都大火災誌　囑託員　井上　一之
4．大正12年9月1日の旋風について　委　員　寺田　寅彦
5．大正12年9月大震火災による死傷者調査報告　臨時委員　竹内　六蔵
6．学校研究所等における危険薬品に関する注意　臨時委員　片山　正夫・大島　義満
7．防火用樹木について　臨時委員　諸戸　北郎
8．関東大震災に因れる各地方火災　委　員　今村　明恒
9．火災地方よりの飛来落下物景況に関し各地方よりの回答集録　調査会

（1）中村清二『大地震による東京火災調査報告』

ここで注目したいのは、中村清二「2.大地震による東京火災調査報告」である。震災大火に関する大規模な学術的動態調査で、世界にも類例がない。この時期までの火災の研究は、歴史的な事例把握以外、ほとんど未発達であった。僅かに山川健次郎が一八八二（明治15）年『東京大学理科会枠第三帙第二冊東京気象編』で江戸の大火93件の方向を整理した研究があったが、その後、一八九一濃尾地震や一八九四庄内地震の地震火災の焼け跡を示す概略調査はあったが、この分野は研究されておらず、火災や災害の専門家は育っていなかった。

中村（一八六九―一九六〇）は物理学者で、当時東京帝国大学理学部教授、震災火災の本格的な調査は本邦初めての試みであった。火災の動態調査には人手と交通手段が課題になったが、学生からの申し出や徳篤家の寄付があり進められたとを中村が記している。協力学生36名の中には、中田金市（火災）、坪井忠二（地震）、和達清夫（気象）など後年の防災の第一人者の名が見える。

◆*7-1　震災予防調査会『震災予防調査会報告　第百号（戊）火災篇』岩波書店　一九二四（大正13）年3月

82頁　震災予防調査会では「震災後第1回の委員会（9月12日）で今回の東京の火災の現状を調査して後の参考に供すべきことを決定し、本委員（中村清二）がこれを担当することになった。しかし「何にせよ焼失全面積四千万平方米以上にわたる大焦土の調査であるから多くの人手を要する。幸なるかな東京帝大理学部の物理、天文学科の学生中の有志36名の諸君が現場調査に従事することを申し出られたので人手の事はただちに解決した。」

次に中村委員の悩みは、市電や自動車も被災したなかで調査の足をどうするかということであった。しかし、この時、末廣委員の尽力により「本調査会が某富豪から数千円の寄贈を得、これにより諸調査用の自動車を借入れられた。それを朝夕各一回ずつ学生の派遣と回収とに利用できたのは実に幸福であった。某富豪の学術に理解あるこの好意に厚く敬意を表する。」とある。

調査にあたって、火災がいつどこから発火しどう延焼したかを把握することが目的になった。調査の対象となった「火陣・火流」はその後も大火の延焼状況調査における表示として現在に到るまで用いられている。

◆*7-1　震災予防調査会『震災予防調査会報告　第百号（戊）火災篇』岩波書店　一九二四（大正13）年3月

84頁「調査すべき項目は何かをざっと考えてみると

1　発火についてはその数、場所、時刻と原因。

2　延焼については火流の進んだ経路および火足の速さ、飛火および延焼を助長した原因。

3　鎮火ではいかに火が食い止められたか、これらを調査できれば焼失面積、火災系統が明らかになる。しかしこれら全体を総合して考え、吾人は二つの問題に帰着せしめて調べることとした。その二つとは「火陣」と「火流」である。火陣の曲線を30分毎とか1時間毎に描けば火足の速さが知れる。

このように方針を決めて調査は三つの段階に分けられる。

第一段は現場調査、焼跡の各所に学生を派して、ここにはどの方向から火が来たか、いつごろか等である。

調査の第二段は現場調から集めた材料を整理して火災動地図を描くこと。

第三段はその地図を基に研究、推論して結論を得ることである。とくに第二段の作業にも学生の幾人かが非常な努力をつづけた。」

中村清二による「震災予防調査会報告百号（戊）」の報告に記される火元は84カ所。このとき作成された延焼動態図によって火元からの火災延焼の拡大や合流、焼け止まり箇所などが分かる。また、多方向に延焼が拡がったのは風向が当日午後から夜にかけて南から北に大きく変わったためである。この図から出火・拡大・焼止りの要因が考察されている。

また、報告では消防について「震後30分にして消火栓は全く涸渇し水利は絶たれポンプは殆ど無効、ここにおいて消防隊はやむなく他の水利を求めざるべからずにいたった。その上活動は群集の雑踏と路上にある荷物のため妨げられた。専用電話も不通となり伝令の便を欠き消防隊は悪戦苦闘をきわめるに至った」、事例としては「上野不忍池よりポンプ三台を継いで本郷坂上の火災を消した例」、また「宮城の濠水の利用を志したが、水とポンプの落差大きくついに不能、八百m以上はなれた公園の池水を継ポンプの方法で送るしかなかった」など後述の神田佐久間町以外にも多くの事例が指摘されている（*7-1　115～119頁）。破壊消防や樹木効果の事例も記載されている（同118頁）。

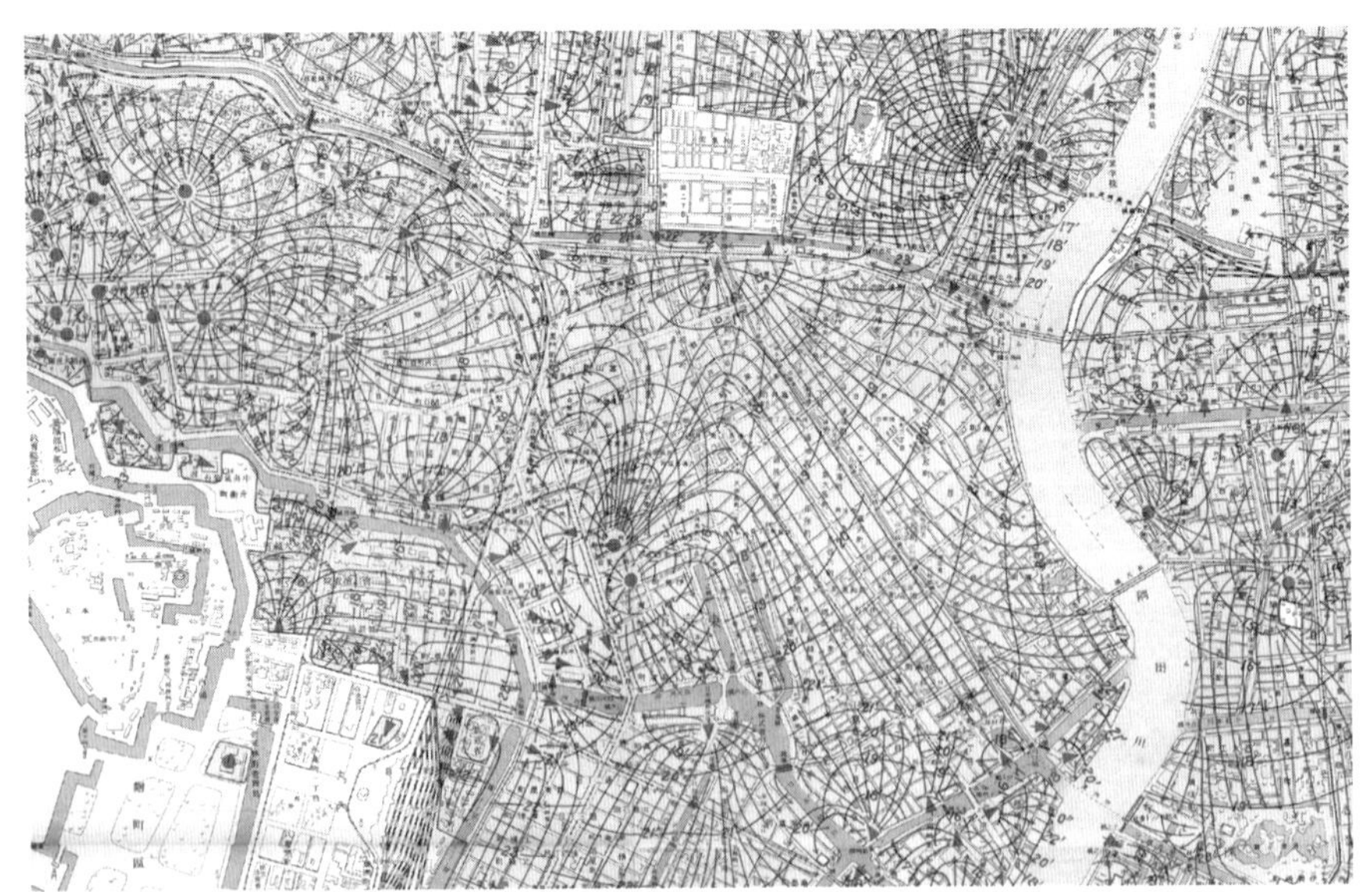

図7-1 東京市火災動態図（部分）（震災予防調査会報告　百号（戊））1924（大正13年3月）
中央上の白抜き箇所が神田和泉町・佐久間町である（231頁～参照）

ちなみに他機関の調査報告による関東大震災の炎上火点数の記述は次のとおり。出火件数は延焼火元となったもので東京15区で80前後、全火元は130～150箇所と言えよう。なお、防空を論じる書物では、関東大震災の時の出火件数は80、または100くらいに対し、空襲ではもっと出火数が多いという論が多出している。

◆公的報告書に見る関東大震災の出火数

***7-1　震災予防調査会『震災予防調査会報告　第百号（戊）火災篇』岩波書店　一九二四（大正13）年3月**

（89頁）84箇所

***7-2　警視庁消防部『帝都大正震火記録』一九二四（大正13）年3月**

（819～820頁）震後30分以内、即ちほとんど同時に市内百三十六箇所において火を発し、飛び火も又七十六箇所の多き』

***7-3　改造社編『大正大震火災誌』一九二四（大正13）年5月**

（76頁）「その当時検事局より発表された失火原因（中略）原因の判明している自火は88箇所」

***7-4　東京府『大正震災誌』一九二五（大正14）年5月**

（第一編1頁）「後日の調査によれば、その数八十余所に及んだという」

***7-5　内務省社会局『大正震災志　上・下・附図』一九二六（大正15）年5月**

（322頁）「出火の箇所は其の初に於いて八十八箇所と称されたが後には百三十四箇所と訂正され、その後増加しておる」

***7-6　東京市『東京震災録　前篇』一九二六（大正15）年3月**

（17頁）東京市15区の発火場所の総数は134箇所、うち消止火元57箇所、延焼火元77箇所

（2）中村清二の二つの講演 *7-7

①　一九二四（大正十三）年二月の貴族院での講演

中村清二は、震災半年後の2月15日に、貴族院議長官舎で『火災動態地図に就いて』と題して講演を行っている。講演の前置きで、「衆議院議会開会中にごく少数の方にしか話を聞いてもらえなかった」との言がある。時期的に帝都復興計画が固まった時期で、どのように帝都復興に反映したかは不明のところがある。

論旨は次のとおり、対策に向けた発言がされている（震災予防調査会報告第百号 *7-1 と内容はほぼ同様）。

◆*7-7　（貴族院彙報附録）理学博士中村清二君講演『大正12年東京の火災の動態地図に就て』大正13年2月15日　四六判41頁（公益財団法人後藤・安田記念東京都市研究所デジタルアーカイブス）

2頁　火災調査は、文部省震災予防調査会の事業で、東京帝大理学部物理学科の学生が調べた。

3頁　地震には我々は耐震家屋を建てるくらいしか出来ないが、火災は耐火家屋だけでなく火事を起こさない、または小さく出来る。防ぎうる火災で東京の町を烏有に帰すことは今後においてしたくない。今度の火事の原因を頭に入れて都市の復興計画や国民の教育に用いたい。

6頁～　火災調査を引き受け、学生等と相談して調査内容や方法を組み立てた。大方針として「火流」と「火陣」（同時刻延焼線）を調べる。これは電気や熱流の分析方法を参考にした。焼け跡に行っていつ焼けたか、いずれの方向から燃えたかを聞く。学生が行くと研究ですか？　ということで聞けたが、大人が行くと火災保険調査ではないかと疑われてうまくいかない。

12頁　陸地測量部の三千之一東京図が一部復興院にあって、それを青写真にして作図した。一万之一には書き込めなかった。曖昧なデータも多いが、「全體としてどういう風に燃えていったか」を知るために、各所で聞いた火の方向を小さい矢印で表し、達観した。

13頁　図では「火元」と「飛び火」を示す。飛び火は定義が難しく常識的判断を行った。

14頁　火災旋風は卍で示した。また赤い十文字で焼け落ちた橋を示した。

15頁　自発の火元は80くらい、飛び火は150、両方で230位が火元（消防や火災保険調査とは異なる）。全区域で350の橋があり270余が焼け落ちた。橋は焼けない不燃質にすることが重要である。

18頁　火元の原因は、まず化学薬品、炎上約20、消止約20。飲食店からの出火、書生の町神田や貧民の多い浅草に目立つ。家屋も人も粗末で消し止められない。湯屋も火元になった。「鮮人」による爆弾等はないが、圧搾空気や瓦斯の爆発はあった。

20頁　火元の密度が多かった神田・浅草、赤坂・日比谷など地盤が悪い。地盤がよい日本橋区・京橋区は火元が少ない。

21頁　風の影響は重大で、はじめ南風から西北の風次いで北風に変化し、風向が変化したため火災の燃え幅が広くなった。

22頁　地震後の火災の特性として家屋が耐火性を失った。地震で瓦や煉瓦が落ち木材が露出し火勢を大きくした。耐火と同時に耐震にしないといけない。

23頁～　輻射熱により可燃質のものが爆発的に燃え出すような温度も生じた。また屋根上の飾や屋上の物干、その着物から炎上した例もある。大火事になると些細なことが火を大きくする。小さい内に消さないといけない。水道はまったく役に立たなかった。ポンプ車は濠、池、下水の水まで使った。衛生上から井戸を潰す動きがあるが、井戸が役立った例は多い。

富士見町の焼け止まりは酒屋の井戸と市の散水用の井戸をつかって近所の人が止めた。橋場通りでも僅かな水で焼け止めた。不忍池を使って湯島天神のところで止めた。衛戍病院の前には御濠があるが吸い上げることが出来ず、八百m離れた紀尾井町清水谷公園からポンプ車で順送りし防ぐことができた。都市計画でポンプ車が接近できる道路を拵えておかねばならない。
27頁　帝国ホテルは、以前の火事の経験から睡蓮の池があり、ポンプ車が接近できた。邸宅等の池でもいざというときポンプ車が使えるとよい。
29頁　水がないときは破壊消防が有効、今回随分諸方で成功した。警官と民衆の手で行ったが、物知りの人が先立たないといけない。本郷弓町では一人の巡査が近所の人を指図して破壊消防を行った。下谷車坂町は坂本警察署署長が人をひっ捕まえて柱根元は鋸で切っておいて縄を引っぱらせて家を倒した。刺股、鳶口、鉞（マサカリ）があればもっと有効、交番に行けば、鉞や縄、鋸があるとよろしい。一機関でなく相互扶助で解決するのがよい。自警団も震災の秩序を乱したが、効能はあった。消防や警官の破壊消防など民衆の協力が必要、合い助けるよう導けばよい。
31頁　大事なものを穴や金庫に入れて守ろうとしたが、中に水気がないと守れない。目張りした蔵でも中に水入りのバケツを入れておく。
32頁　避難者の心理状態が重要、避難者が荷物を持って避難したことが被害を大きくした。大通りや広場に置いた荷物が火災を呼び込んだ。被服廠の惨事もそのためである。公園など漫然とつくっただけではだめで、荷物を持ち込まないよう指導しないといけない。
34頁　橋の焼失も橋の上に置いた荷物が燃えた故である。平河門を開放し宮城に収容したが、今後は荷物を持ち込ませないようにすべきである。
35頁　浅草伝法院の場合、樹木の効果と池の水で防いだが、荷物の持ち込みを防いだことも効果があった。
36頁　新大橋では一人の巡査が応援を呼んで橋上の荷物を規制し、橋上から放り込むなどして焼失を免れた。ある巡査は避難者を川の中に並べ水をかけ続けて何十人も助けた。こういうことは中々できない。こういう人は表彰したい。
39頁　神田和泉町佐久間町の焼け残りは奇蹟ではない。南に神田川、北・北東に防火壁があり西は高架や道路があり、東は風向が変わり都合のよい条件であった。それに若い者が消火に努めた（詳細は234頁参照）。
40頁　湯島では天神様が焼けるのを防ぐため消した。火事は制御しうる。
41頁　都市計画や為政者の方へのお願いとして再び繰り返さないようにすることが子孫への義務である。我々の親世代が神田和泉町の防火壁や中橋広小路の防火地区をつくったのに我々の代でなくくした。愚なる子孫である。復興事業では百年の大計画を考え、目前の小利害にとらわれて悔いを残さないようにしていただきたい。

この資料は、末尾に「受贈'42.11.25水野錬太郎氏」の記述がある。水野錬太郎は関東大震災発生時の内務大臣（後任が後藤新平）で防空法検討時は貴族院議員である。この中村講演がその後どう活用されたか、帝都復興計画への影響は不明であるが、提起された市内の全橋梁の耐震不燃化などは帝都復興で実現している。防空法の立法過程でも浅草の消火事例が質問されており（91頁）、間接的な影響を与えた可能性はある。また、中村講演では神田和泉町・佐久間町は奇跡でなく状況がよかったとしているが、この事例は後年東京市防衛局によって取り上げられ、一致団結すれば火は消せるという国民防空の防火の模範になった（本書第九章参照）。

②一九二四（大正十三）年二月の汎太平洋クラブの講演

また、中村清二は、貴族院講演の二週間後、一九二四（大正十三）年2月29日（金）に汎太平洋クラブ昼食会に招かれて講演をしている。記録には、英文翻訳と延焼動態図が添付されている。記述は震災予防調査会や貴族院講演と同様であるが、出火の項で即時消火と火災拡大の違いは、火元の建物の差と「現場にいる人の種類の差、即ち教養があるかないか、責任観念がある人とない人の差」であると説く。また、大震災では民衆が狼狽して防火を怠ったとの記述もある。米国の関連機関にもこの会を通じて震災の状況は伝わったはずである。

◆*7-7-2　中村清二述『1923年東京に於ける大地震による大火災』東京帝国大学理学部会　大正14年2月　四六判46頁

32頁　消防の項の最後に神田佐久間町と浅草観音の例をひき「以上の例によって、火災と云うものは延焼を防止しようとさえ決心すれば防止できるものであると云う結論は正しいものであると吾人は信じて差し支えありませぬ。今度の火災が斯く大きくなったのは全く民衆が狼狽して消防を為さず火をして勝手放題に暴威を逞うせしめたのである。実に遺憾千萬のことである。」

33頁　民衆の心理状態の頭書で、「此度の大震火災の如く吾人の最確かと思うて居た大地でさへも吾人に叛逆して動き出す様な時に世人が周章狼狽して心の平静を失うのは当然なことであります。之は毫も非難すべきでは無いが然し又同時に世人が唯自己の安全のみを念頭に置いて防火を怠ったことは如何にも悲しむべき事である。」以下、避難者の荷物が被害を拡大したと論じている。

一方、この関東大震災の延焼状況や焼け止まり、消火等の研究が、直接に防空施策に貢献した形跡はそれほど多くはない。数少ない例は、東京市の防空文献（*7-35　本書179頁参照）である。

（3）防空への関東大震災の火災研究の影響

これは一九三七（昭和12）年7月～一九二九（昭和14）年11月にかけて東京市都市計画課が発行した防空関連冊子14冊、うち第5輯では、関東大震災の教訓をもとに避難所について包囲火災に対し「一団地一万坪」以上で、できたら正方形か円形、樹林等火災の危険がない箇所とし、避難所には、防火用水、消防用器具、防毒用施設其の他救護施設、通報聴取設備を備え、周囲に防火樹林、避難所内に防火性樹木をおく。樹林帯の広さは幅員40～100m、推奨できる樹種は関東大震災時の火焔の影響から常緑濶葉樹とするとしている。

また、第七輯第二節防火ブロックの規模では、「関東大震災の焔焼け止まり消火方法別調」として自然消火71％、人為的消火29％とし、防火線の諸元も設定している。同書には、内務省都市計画局都市計画課技師菱田厚介発表の防火ブロック試案の図も引用されている（*7-35 口絵13頁下左参照）。

都市の防火的構築を主導した内務省技師菱田厚介は、昭和11年2月の特別講演の速記録（*7-35『災害と都市計画』（財）損害保険事業研究所　昭和12年3月）で、都市防護計画の一試案として、防護単位の計画や中央避難所を兼ねた小学校試案（図7-6）を提案している。関東大震災や一九三四（昭和9）年函館大火をふまえて提起されたことがわかる。彼は後年、内務省防空研究所所長になる。

中村清二を含む震災予防調査会にとって、関東大震災の最大の教訓は不燃化の重要性であったが、震災の時点で我が国の建物火災研究は未発達で、火災の特性や家屋の性能がわかっておらず、不燃化や家屋の耐火化を進めるにはそれに隣り合う木造家屋の火災性状を知る必要があり、次項の内田等による火災実験が行われた。関東大震災は建築分野に建築火災や都市大火の研究を進める強い追い風になった。

震災予防調査会は、関東大震災特集の第百号を発行した後解散し、それに代わって一九二五（大正14）年に東京帝国大学地震研究所と文部省震災予防評議会が発足した。震災予防評議会は地震学、地震工学の有識者を集めて国の機関として地震防災の方法を建議し、地方に対しては注意書を出す活動を展開した。しかし、土木・建築等工学分野の専門家は震災予防評議会には入れず、それぞれの学会等で活動することになり、震災予防調査会の業績を社会的な震災対策に発展させることはできなかった。

2 木造家屋の火災実験と焼夷弾消火法の開発

関東大震災十年後の一九三三（昭和8）年と翌年一九三四（昭和9）年に二つの火災に関する実験がなされた。一つは、木造火災の実態を解明するための東京帝国大学内田祥三が主導した実大家屋の火災実験、これは我が国の建築火災・防火研究の出発点になった。もう一つは陸軍による焼夷弾の消火実験で、特に市民が焼夷弾火災を消火する技術開発であった。

この二つの流れに消防はともに協力していたが、一九三八（昭和13）年5、6月の月島における火災実験で出火源に焼夷弾が用いられるまで、軍と学界は別々に研究を進めていたようである（*7-11 内田）。軍関係者の呼びかけから、一九三七（昭和12）年2月日本建築学会に「防空に関する調査委員会」が発足し、それ以後、各地の火災実験は軍・官・学が連係協力して実施された。

(1) 実大木造家屋の火災実験

一九三三（昭和8）年8月28日、東京帝国大学構内で木造家屋の火災実験が行われた。これを主宰したのは建築学科教授内田祥三（一八八五―一九七二）であった。内田は『建築雑誌』同年12月号に報告論文「木造家屋の火災実験に就て」（*7-8）を残している。冒頭にある内田の説明をみると実大の家屋の火災実験は費用や人手、場所の点、関係方面の了解を得るのが大変で、様々な条件がようやく揃ってこの一九三三（昭和8）年夏にやっと実施できた、としている。火災実験の様子は、この論文（*7-8）や内田祥文の書（*7-9）に詳しい。

◆ *7-8　内田祥三「木造家屋の火災実験に就て」『建築雑誌』日本建築学会　昭和8年12月号

「東京帝大の建築学科の教室におきましてはずっと以前、壁体、日本製の金庫、スチールサッシ、シャッターなどに付いて共耐火度の実験を致したことがございます。しかしそれらの耐火度を決める基礎条件たる火災の温度及び其高温がどの程度の時間続くかということについては、何ら據るべき根拠のある実験が無いのでありまして、一、二外国にある事例を参考としまして耐火の程度を推定したに過ぎませんでした。なお市街地建築物法の附帯命令の中に規定されて居ります耐火構造、準耐火構造、防火壁、防火扉などに関するのも、我が国に於いての実験に基礎をおいたものではなく、やはり外国の事例と日本の現状から推定して出来上がったものに過ぎないのでございました。是等の点から見まして日本の家の火災に対して何らかの的確な基準を得なければならないのでありますが、こういうことは大変高価な実験を多数必要とするのでございますから、俄かにそれを望むことも出来ないという訳です。（中略）ところが今年に入りまして幸にも大学の構内の（復興の）建築工事の進行に伴い、不用となる手頃な木造家屋が出来まして之を（火災の実験に）利用する見込みがたちました。まず警視庁の北沢五郎建築課長にお願いしまして警察や消防の方でもこの実験に賛成して頂けましたし、大学の当事者におきましても夏休みの間に広い場所を使うのなら異議はない、ということでしたのでこの実験をやることに決定致したのでございます。」

こうして木造家屋の火災性状の解明をめざした本格的研究が始まり、一連の実験の結果、木造家屋の火災は室内温度が短時間に上昇し 1,000 度をこえる高温になるが、その継続時間は短く 800 度以上は数分しか続かない、という事実が判明し、木造家屋の「火事温度標準曲線」（火災家屋は出火何分後に何度になるか）が作られた。

◆ *7-9　内田祥文『建築と火災』相模書房　昭和17年12月、*7-10　内田祥文他『建築と火災』相模書房　昭和28年3月

東大の第一回実験は、昭和8年8月28日東大構内において、木造平屋建て約10坪で木材総重 2.31 トン中に家具や畳等 1.2 トンを入れた。物置中央に石油を振りかけ点火した。さまざまな高さの温度を計測したが、火事温度の最高は点火後6～8分後に 1,100 度を超え、14分で倒壊した。

第二回実験は、翌年昭和9年8月25日同じ東大構内で行われた。3ｍの間隔で木造平屋二戸建て 17.5 坪と一戸建て 10.5 坪を配置し、前者の一部にロウソクで点火した。前者は木材 7.80 トン・内部可燃物1トン、後者は同 4.40 トン・0.5 トンであっ

東大建築学科教室の火災実験（昭和 8 年 8 月 28 日）*7-9

東大建築学科教室の火災実験（昭和 9 年 8 月 25 日）*7-9

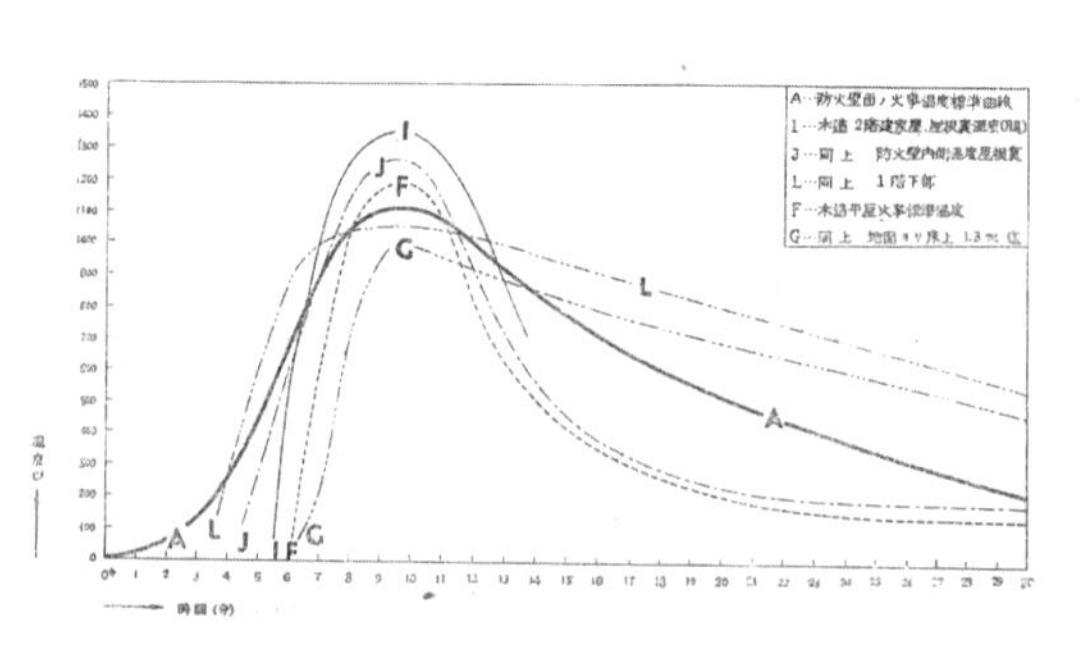

図 7-2　木造家屋防火壁の火事温度標準曲線 *7-9

た。短時間に最高温度1,217度に達し、これを経て速やかに500度に減じ、あとはゆるやかに降下していく。1,000度以上の継続時間は長くても3分50秒と短いことが判明した。なお、昭和12年10月には同潤会のアパートを用いてRC造家屋での火災実験が行われた。

第三回実験は、昭和13年5月21日と6月22日の2回、東大にあった木造瓦葺大壁構造二階建て、内部は羽目板張と漆喰、外部は下見板張り、この二棟を月島の埋め立て地に移築した。家屋は一、二階とも27.5坪、階高12尺で骨組みなどすべて普通より大きい建物であった。家屋の一部妻側には簡易防火壁を取り付けた。事務所と想定し中には家具や紙を置いた。1回目は一階、2回目は二階に点火し、火災の経過と温度上昇を測定した。だいたい5~10分で最高温度（1,328度、1,340度）に達し、防火壁付近の温度は低かった。

これらの実験により、木造家屋の火事温度の最高や温度継続時間が得られた。この実験をもとに建築学会都市防空に関する調査委員会では木造平屋（住宅風）・木造二階建て（事務所・小学校等）、防火壁付近に分けて「木造家屋の火事温度標準曲線」を設定した（図7-2）。また、この実験と陸軍との共同実験をへて、「木造家屋防火壁の火事温度標準曲線」を求めた。木造火災が建築物に与える影響が解明されたことになる。

この時期内務省では建築火災防止の法令を検討中で、一九三八（昭和13）年1月30、31日に防空施設研究会と共催で木造平屋建ての延焼実験、同年11月20日には建築学会都市防空に関する調査委員会と共催で木造二階建ての延焼実験を淀橋専売局跡地で行った。これらの実験結果が一九三九（昭和14）年2月7日に公布された内務省令の「防空建築規則」の根拠になった。なお、この火事温度標準曲線は、昭和25年制定の日本工業規格「木造建築用防火材料及び構造の防火試験法」にも取り入れられた。これらをもとに家屋外周を防火壁で被覆する「防火木造」「防火改修」が考案される。

これらの一連の実験によって火災研究は大きく発展する。内田祥文は、Ⅰ～Ⅲ級に分かれた標準温度曲線を求めた。浜田　稔（加熱指数、延焼速度、熱気流）、武藤　清・藤田金一郎（火災輻射熱）、星野昌一（火災家屋規模と延焼距離）、平山　嵩（火災周囲の気象変化）など様々な研究が展開した（詳しくは*7-9、*7-10）。

なお、この家屋火災実験と関東大震災との関係をみると、震災直後の実験炉実験は復興局の支援で実施できたという経緯があるが、この実大火災実験は大震災が直接動機ではない。この火災実験にいたる経緯をみると、内田祥三は、我が国の建築構造に即した耐火度が必要という問題意識を以前から有し、震災前から都市の不燃化が必要とする主張をしていた。内田が主導して一九一九（大正8）年の市街地建築物法制定に防火規定を設けたことから、震災以前から我が国の実情にあった根拠が必要と考えており、震災後の復興に伴って不用家屋が出現しようやく実現できた実験であった。市街地大火等の火災の研究はこれ以降，大学や火災保険業界等が中心になって進展することになる。

◆ *7-8 内田祥三「木造家屋の火災實驗に就て」『建築雑誌』日本建築学会 昭和8年12月
3頁 建築物の構造設備の耐火度に関しては、米国では標準温度曲線が火災保険協会のシカゴの実験所の火災実験により発表されており、欧州でも採用している国がある。日本の木造家屋の火災についてもこういうものがあれば、ということは以前から考えていた。

◆ *7-11 内田祥三「火災と建築」『防災科学（5）火災』岩波書店 昭和10年8月
92～107頁 わが国では、明治40年に佐野利器の石材・煉瓦建築物の耐火度に関する調査、明治43年以来大蔵省臨時建築部及び臨時議院建築局に於ける実験、大正13年以来復興局技術試験所の実験等があった。大正12年の震災直後に東京帝国大学工学部建築学教室に大型実験炉をつくり、復興局建築部の援助により各種の構造の耐火試験を行うことができた。市街地建築物法の施行規則の規定にあわせて試験体は8類20種に及んだ。鉄筋コンクリートの壁体は4時間1,000度を超える温度にあうと破壊はされないが再使用はできないなどの成果があった。一方、わが国の木造家屋の防火壁や防火戸などの耐火度を定めるにはどうしても木造家屋の火災や温度がどう続くか知らねばならない。

（補足）震災前後の不燃化に関する論説

なお、都市の不燃化を進めるべきとする意見は、関東大震災のあと当然のことながら相次ぎ、防火地区拡大や復興にともなう建築助成等が展開された。しかし、震災前から不燃化を求める識者の意見は出ていた。

○ 震災前の不燃化論の例

◆ *7-12 佐藤功一「住宅の本質的及び人文史的考察と耐火構造」『中央公論』大正10年7月
53頁 耐火建築を得ようとするには日本人の生活様式を改める必要がある。近代都市にはアパートメントハウス等建築が発達すべきである等を述べる。

◆ *7-13 伊東忠太「曷ぞ耐火建築を造らざる」『中央公論』大正10年7月
79頁 火事から免れるには家屋を耐火的にすべきである。耐火建築は木造に比べ二倍弱かかるが火災を免れ長期間持つ。市中に造る家屋は耐火構造にすべきである。

◆ ***7-14　内田祥三「都市の防火と耐火構造」『中央公論』　大正10年7月**

84頁　火事の歴史、欧米との比較、地震火災への警告（安政江戸地震、サンフランシスコ地震）、耐火の費用、欧米やわが国の建築規制などを説き、火災は都市生活の脅威であるため火に燃えない家を建てることを提唱する。

○　震災後の不燃化論の例

◆ ***7-15　内田祥三「都市構造の根本策」『改造』　大正12年10月**

◆ ***7-16　佐野利器「不燃都市の建設と復興建築会社」『都市問題』　大正14年12月**

◆ ***7-17　片岡　安「防火と建築」『建築と社会』　昭和2年6月**

一九三八（昭和13）年月島の第三回火災実験のあと、一九三九（昭和14）年の防空建築規則制定前後に内務省・軍・研究者の手で全国各地で実大家屋の火災実験が行われ、対隣壁面温度の計測などデータ把握とともに、防火改修の効果を参観者に示し、空襲火災に備える国民啓発が展開された。内田祥文(*7-10)によれば主なものは下表7-1のとおりである。各地で一、二階建て4～6棟を焼夷筒で着火させ、火災温度を計測するとともに、防火改修の効果を内外に告知した実験であった。（本書199頁『写真週報42号』等参照）

◆ ***7-10　内田祥文『建築と火災』　昭和28年3月　相模書房**

67頁　近時、防火改修事業促進の為に、防空建築規則の主旨のもとに各地に於いて防火改修家屋の火災実験が行われつつあるが、此の実験において、木造家屋の火災時における対隣壁面の温度を各種の条件の下に測定することが行われている。これらは公開実験で、市民に火災と防火改修の効果を広報したといえる。

表7-1　防火改修家屋の火災実験実施都市（出典 *7-10）

資料と成るべき實驗としては下記の 15 ケ所がある。即ち

1）札　幌（15.10.19）	6）川　口（16.3.29）	11）大　垣（17.9.12）
2）小　樽（15.10.23）	7）東　京（15.8.21）	12）神　戸（14.11.25）
3）室　蘭（15.10.26）	8）川　崎（15.11.14）	13）廣　島（16.8.27）
4）仙　臺（17.11.7）	9）横　濱（15.2.7）	14）佐世保（17.12.13）
5）水　戸（14.8.17～19）	10）名古屋（15.4.22）	15）延　岡（18.3.28）

（2）焼夷弾の消火に関する実験

一方、同時期に焼夷弾の消火方法の火災実験が陸軍により行われた。

内田祥三は、一九三五（昭和10）年の「火災と建築」（*7-11）の文中で「（78頁）近時、陸軍内に焼夷弾防火

研究会というものが組織され、焼夷弾の効果やこれに対する防火の方法を研究しつつあるのはまことに結構なことであるが、市民としては都市将来のために出来る限り木造をやめて耐火構造の家をつくり不時の災害に備えるべき」と記している。当初は陸軍の研究と大学・建築学会の火災実験は、消防隊は双方に関与していたが、連動していなかったことがうかがえる。

①　昭和8、9年の陸軍による焼夷弾消火実験

軍による焼夷弾消火研究の経緯が、陸軍科学研究所の冊子(*7-19)に記載されている。これによれば一九三三(昭和8)年の実験では消火砂を用いたが有効でなく、翌年の公開実験で水を使って消火する方法で成功した。焼夷弾そのものは高熱である等から直接の消火は難しいとされ、周辺に注水することが提唱された。

◆ ***7-19　陸軍科学研究所編纂『市民ガス防護必携附焼夷弾の防火方法』昭和10年6月**

15頁　一九三三(昭和8)年7月から陸軍科学研究所は焼夷弾消火の研究に着手した。乾燥砂を用いても火勢を弱める効果はあるが、焔の飛散は防止できなかった。

15頁　一九三四(昭和9)年8月16日に戸山が原にて東京警備司令部等6,000人の面前で、付近の可燃物に注水し消火する実験を行った。その後、横浜、葛飾、世田谷等の防空演習等で各地の防護団のため出張実験をした。

15頁　一九三五(昭和10)年には麹町区防護団が三宅坂衛戍病院跡地で実演した。

26頁　実験は、焼夷弾を消火する観念を捨て、延焼防止即ち防火の方向で行った。バケツ等で周囲に注水する、さらにポンプによるホースの放水は、火災拡大防止に最も有効であることがわかった。これらによって焼夷弾の消火は、住民でも消せるという指導にかわり、映画等でも広報され、各種講習会等で普及がなされた。

この焼夷弾消火の実験結果をもとに小冊子がいくつか作成されている。そこでは関東大震災の大火を引用し、消さないと同様の惨禍を招くと強調されている(*7-18、*7-19)。

◆*7-18　陸軍科学研究所『焼夷弾に対する認識及び措置に就て』昭和9年9月6日

序「帝都の関東大震災は百近き発火箇所から延焼して彼の如き大災害を発したのであるが、現今の発達した焼夷弾を用いて一機に一千個も積んだ飛行機が十数機も来襲して萬個に近い発火点を成形したとしたら仮令其幾割かが猛威を揮うものとしても其災害や思い半ばに過ぐるものがあろう。」

「是当所が昨年の関東防空演習以来、消火弾に対して水の使用を高唱し実験を重ねている所以であって、直接水を以て消すことを試み、小なる焼夷弾または露天に落ちた場合には有効であるが（従来は乾燥砂が消火法）屋内に落ちた場合は水で消しつつある間に延焼する虞があるので、本年は着眼を一転して（中略）焼夷弾に構わず附近の可燃物に注水したならば、延焼防止になるとして実験を行い効果を得た。エレクトロン焼夷弾に対し水を持って「延焼を防止」するを最良の策と成す結論を得た。」

・昭和9年8月11日、同月16日、9月6日の実験内容　使用したのは1kg、5kg、10kgエレクトロン焼夷弾。

焼夷弾が家庭内に落ちた場合を想定し、壁や天井に葦簀をはり、特に火が移りやすくした四坪の木造家屋を数戸建て、中で焼夷弾を燃焼させ、これに対して砂を以て消火する場合と、付近を水で濡らして延焼を防止する場合の比較を行った。

第七圖
「バケツ」の水にて延燒防止後の狀況
（屋根には「ホース」を用ふ）

第八圖
「ホース」に依り延燒防止中
（間もなく鎭火し家屋は原形の儘）

第九圖
「スプリンクラー」に依り屋根裏の延燒防止後の狀況
（左方壁中央の「パイプ」は水管なり）

第十圖
屋根裏の燒夷彈に對し「ホース」に依り延燒防止中の狀況
（燒夷彈の一部は天井より落下しあり、間もなく鎭火す）

図7-3-1　焼夷弾消火実験の結果（*7-18　22頁）

◆*7-19 陸軍科学研究所編纂『市民ガス防護必携附焼夷弾の防火方法』昭和10年6月

93頁 焼夷弾の防火法 「大正十二年の関東大震災に於ける帝都の大火災は百に近き発火箇所から延焼して彼の如き大災害を呈したのであるが、現今の発達した焼夷弾を用いて一機に一千も積んだ飛行機が十数機も空襲して来て萬箇に近い発火点を成形したとしたら、仮令其幾割かが猛威を揮ふものとしても其の災害や思半ばに過ぐるものがあらう。

然らば焼夷弾は果して恐るべきものであるか。焼夷弾は其物自体が可燃體と保燃體とから成っていて、燃焼すると二千度から三千度に近い耐熱を発するので、化學薬品や水、砂等用ひても鎮火には若干の効果があるが、『バケツ』に一杯や二杯位では鎮火せしめ得るものでなく、而も其の間に附近の可燃物に燃え移る虞がある。

それ故に従来の如く乾燥砂のみが焼夷弾に対する唯一の消火法である如く考へて居たならば到底焼夷弾に依る災害を防止することができず、敵機の空襲を受くると必ず大震災の再来を実現するに定まっている。是当所が一昨年の関東防空演習以来焼夷弾に対して水の使用を高唱し実験を重ねて来た所以であって、一昨年は焼夷弾に対して直接水を以て消すことを試み小なる焼夷弾又は露天に落ちた場合には有効であることを認めたのであるが、屋内に落ちた場合には水で消しつつある間に火焔は附近の可燃物に延焼するに到る処があるので、昨年は着眼を一転して、焼夷弾其物は如何に燃えても他に燃焼せしめなければ其災害は大きくならぬ、故に焼夷弾にはまず附近の可燃物に注水したならば燃焼を

第三表

燒夷彈防火效力一覽表

燒夷彈の種類	供試家屋	想定の場合	防火法の種類		燒夷彈自身の消火	延燒防止	判決	備考
十瓩「エレクトロン」燒夷彈	四坪の板張木造家屋にして屋根には葦簾を張り延燒を容易ならしむ	燒夷彈が家屋の屋根を拔き床上に落下せる場合	砂	乾燥砂（「バケツ」にて砂を燒夷彈にかく）	一、燃燒初期は消火し難し 二、燃燒終期「エレクトロン」丈となるときは殆ど消火狀態となる	一、砂にては燒夷彈自身の火勢を弱むるも延燒防止の效無し 二、家屋は全燒せり	一、燒夷彈自身の燃燒抑制には效果あるも其間に家屋に延燒し全燒せり 二、「コンクリート」建物等附近に可燃性物質無き場合は適當なるも斯かる場合は稀有なり	第五圖參照
				濕潤砂（「バケツ」にて砂を燒夷彈にかく）	一、同上 二、時々小爆音を發するも大なる危險を感ぜず	同上	一、濕潤砂を用ふるも危險無く其價値は乾燥砂と略ぼ同樣なり	
			水	輕便消火器に依り附近に注水	一、燒夷彈の周圍に注水するときは完全に延燒を防止し全燒を免る 二、燃燒中の燒夷彈に水がかかるも危險無し	最初五箇次で十箇の消火器に依り室内の延燒を防止し天井に延燒せしものは「ホース」に依り消火せり家屋は殆ど原形の儘	一、燒夷彈落下せる附近の延燒防止に有效なり 二、天井より屋根裏に延燒せるものには「ホース」の注水を必要とす	壁及天井に葦簾を張る 第六圖參照
				「バケツ」に依り附近に注水		五人を以て「バケツ」に依る注水は壁及床上の延燒を防止せり又天井に延燒せしものは「ホース」に依り消火せり家屋は殆ど原形の儘	一、床及壁等の延燒防止には極めて有效なり 二、天井及屋根裏に延燒せるものに對しては「ホース」に依る注水を必要とす	同上 第七圖參照
				「ガソリンポンプ」に依り附近に注水		「ホース」に依り燃燒中の燒夷彈の周圍に注水し二分半にして鎭火せしめ家屋は殆ど原形の儘	一、延燒防止の爲には如何なる場合に於ても頗る有效なり 二、燒夷彈自身に水がかかるも危險無し	第八圖參照
		同上屋根裏に止りし場合		屋根裏に設備せる二箇の「スプリンクラー」に依る自働撒水		屋根裏内の延燒は「スプリンクラー」にて延燒を防止し床上に落下せるものに對しては「バケツ」に依り消火せり家屋は原形の儘	一、屋根裏の延燒防止には極めて有效なり 二、天井を拔き落下するものに對しては「バケツ」其他に依る注水を要す 三、屋根裏の密閉箇所に於て撒水するも危險無し	屋根は板張天井及板壁に葦簾を張る 第十圖參照
五瓩「エレクトロン」燒夷彈	同上屋根裏に鐵板を置き其上に燒夷彈を置く	屋根裏に止りし場合		「ガソリンポンプ」に依り附近に注水		燒夷彈燃燒の爲屋根裏の一部に延燒後「ホース」に依り注水せるに一分半にして鎭火し家屋は殆ど原形の儘	一、延燒防止に極めて有效なり 二、屋根裏の燒夷彈に水かかるも危險なし	第十圖參照

第三表の結果を要約すると次の判決が得られる。

1. 燒夷彈に對して水を使用して延燒防止を爲す事は極めて有效であつて之を適當に使用すれば消火最も困難な屋根裏に落ちた場合でも原形を變へぬ程度に延燒防止が出來る。此事實から「燒夷彈には砂でなくてはならぬ」の觀念を打破せねばならぬ。

図 7-3-2 焼夷弾防火効力一覧表（*7-19 101 頁）

防止し得るのであらうとの見地から、今回の諸実験を行った結果、此方法は最も効果があって完全に延焼を防止し得ることを実証し得た。故に「火事は最初の五分間」と呼ばれる箴言の如く、市民は焼夷弾の落ちるのを監視して、落ちたらすぐその附近に水を注ぎ延焼を防止するならば、数千数萬の発火点が出来ても恐れるに足らない。即ち「恐れず侮らず」速に処置するを適切にすることが最も肝要である。」

112頁　第五焼夷弾に対し採るべき措置　「我が國の如く木造建築物の多い都市に対しては敵は無数の焼夷弾を投下して彼の関東大震火災以上の混乱を呈せしめんと企図するであらう。従って空襲に依り焼夷弾が落ちたなら一弾と雖見逃さず防火の処置が出来るやうに一般消防組織を編成して市民を訓練し、又各家庭では「自分の家は其家族で護る」と言ふ概念と覚悟とを以て市民自ら消防措置を講ずることが緊要である。」

②　焼夷弾消火法の普及

この投下された焼夷弾を発見して周囲に水をかける消火方法は、講習や指導要領等を通じて全国に広まった。一九四〇（昭和15）年3月の財団法人大日本防空協会による内務省「府県消防幹部講習会」の例を示す。同時に各県版の指導要領がつくられ、隣組や自衛団、警防団に対して水を用いての消火が指導された。

◆*7-20　財団法人大日本防空協会『防空教材第二輯防空消防』昭和17年9月
昭和15年3月内務省「府県消防幹部講習会」「用水消防器材について」（内務省防空研究所内務技師村瀬　達）

（209頁～）只今から用水消防器材に就てお話申上げます。（中略）即ち防空消防は平時の消防と異なりまして各家庭、即ち家庭消防がその中心を為している所に特異性があるのであります。

焼夷弾に因る火災の消火方法　従来焼夷弾の火災の消火方法として實験され、研究された所に拠りますと、是はたしか昭和八、九年頃かと記憶して居りますが、陸軍の科学研究所の主催に依りまして焼夷弾の消火に関する研究会が組織され、其の時に相当精密な色々な研究が為されたのであります。其の時までは焼夷弾は水を以てしては消すことが出来ない、砂を用ひなければ消えないと謂はれてゐたのでありますが、科學研究所の研究の結果に依りますと、砂を用ひたのでは焼夷弾の火災の消火は不可能であって、結局水が最も有効な消火剤であるといふことが判ったのであります。其の当時までは諸君も御記憶のことと思ひますが、防空訓練の際は各戸に消火用の砂があるといふ札が出て居った。併し其の實験後は砂の代りに水が最も必要であるといふことが判りまして、焼夷弾に対して防火用水が最も重要なものであるといふことが認識されたのであります。現在まで研究された所に依りますと焼夷弾の消火法と致しましては、1砂をかける方法　2濡れ筵又は畳を以て蔽ふ方法　3アスベストの箱又は樽を被せる方法　4硼酸其の他化学薬品をかける方法、などが考へられるのでありますが、是等は主として「エレクトロン」「テルミット」焼夷弾を対象として居るのであります。しかし是等の方法を以て致しましても、焼夷弾の燃焼其のものを消火することは難しいのでありまして、唯々焼夷弾の燃焼の火焔を一時抑へて注水に依る火への効果を助ける程度に過ぎないのであります。

◆*7-21　内務省防空局『大型焼夷弾防護指導要領』昭和18年2月

第四　設備資材　一、水は総ての焼夷弾に封して最も有効なるを以て各建物の防火用水の準備量は延坪一五坪未満は百立以上、十五坪以上は概ね十坪に付き五十立程度宛増加することを標準とする、尚隣保班用防火用水の準備を促進すること
前項の防火用水の容器としては既存の防火用水槽の外風呂桶、盥、バケツ等を充つることとし、尚足らざる場合は必要なる貯水容器の整備に努むること、但し適当なる井戸水、池水、流水等ある場合は之を前項の防火用水に代へ得ること
規模大なる建物又は特に火災の危険大なる建物に在りては更に前項標準量以上の水を単備すること
二、防空従事者の全員が防護活動に従事することを考慮し一層多数のバケツを整備すること
三、成るべく各戸に鳶口を準備すること
四、隣保班に対する小型腕用ポンプ（内務省規格以上の能力あるもの）の整備を一層促進すると共に、特設防護団には其の實情に応じ更に強力なる消防ポンプを整備すること
五、防火改修の実施を急速に促進すること
六、長屋の屋根裏を各戸毎に土壁等を以って区劃することを奨励すること
七、公共用貯水槽の整備を促進すること
八、官設消防、警防団消防部班の要員、装備を強化すること

なお、浄法寺（*1-10）が昭和16年以降に陸軍築城本部が行った焼夷弾火災実験についてまとめている。実験を使って映画が撮影され各地で上映された。

◆*1-10　浄法寺朝美『日本防空史』原書房　一九八一年3月　A5判467頁

①　昭和16年9月水戸射撃場の半地下式防空壕で火災試験（木造兵舎様式二階建て1棟、平屋2棟）。一階で焼夷弾を発火し消火せずに推移を記録した。密集都市では容易に延焼することが判明した。
②　昭和17年7月　大阪市淀川河川敷にて木造平屋建て4戸を用いて三種の20kg大型焼夷弾の威力公開実験を行った（映画『大型焼夷弾の威力』撮影）。従来の警察訓練の焼夷筒と異なり相当な破壊力・焼夷力が明示された。
③　昭和17年9月　世田谷砧緑地にて木造平屋建て6戸を建て5kg焼夷弾を1、2発発火し、軍本部員が消火した。火事は最初の一分（1分30秒後は消火困難になる）、大量の水の効用が確認された。
④　昭和18年10月　饗庭野演習場にて木造二階建て2棟、平屋建て4棟を建て、焼夷弾投下を行い、1km離れたところに待機した隣組防火群がトラックで急行し消火する6回の訓練を実施した。1回だけ消火困難になりそうな事態もあったが6回とも消火に成功した（映画『焼夷弾爆撃』撮影）。

（3）焼夷弾及び消火に関する研究書

なお、焼夷弾に関する研究書も内務省や研究者によっていくつも発行されている。市民の消防力では焼夷弾そのものの消火は難しく、周囲への大量の注水が有効であるという論が多くの研究で提起されている。

◆*7-22　内務省防空研究所『資料第四号　焼夷弾による火災の防御』昭和15年　A5判66頁

1頁（まえがき）「非常の場合に処する目的で消防隊を増設する手段が講ぜられているが、焼夷弾による火災の全部を消火することは出来ないであろうと思われる。そして建築物内に無防御のままに放置されている火は、猛烈に燃焼し、当然隣接建築物にも延焼するものであるから、一般民衆は出来得る限り各自の家に生じる火災を消して、消防隊の助けを借らなければならないような延焼火災にならないようにすることが是非必要である」（英国の防空指導叢書第9巻を翻訳した冊子で、後段の訓練方法の紹介はバケツはなく、ホースとポンプを使用しており、国情の違いが反映している）。

◆*7-23　大日本防空協会『焼夷弾』昭和16年3月　B7判28頁

第一まえがき、第二焼夷弾空襲の実相、第三焼夷弾の種類と性能、第四防火対策の着眼にわけて文章で記述。焼夷弾は、数十機の編隊敵機では、概ね三軒に一発の割合で投下されるので、隣保班では4、5発の焼夷弾落下を覚悟しておくことが肝要である。初期消火は国民各自、水等を用いて種類に応じた防火をすべき、と説く。空襲の実相の記述の最後に一箇所、関東大震災が惨禍の引き合いにされている（なお、昭和16年11月『時局防空必携』では「隣組には一発」とある）。

11頁　其の四「焼夷弾の雨」「(一)約五十機の爆撃機が上空に侵入すれば二万発の焼夷弾がばらまかれ、あたかも雨の様に降ってくるから数千カ所の火元が同時に起こると覚悟せねばならぬ。(三)我が國都市の現状に照らして防火第一主義を徹底しなければ関東大震災以上の惨禍を避けることはできぬ。」

◆*7-24　東　健一『科学選書37　防空の化学』河出書房　昭和17年9月　四六判 192頁

著者(一九〇〇―一九九四)は化学者、当時陸軍科学学校教官、中学生以上を対象に防空テーマの化学実験法を記す。

9頁「各種の焼夷弾に共通する消火方法がある。一口にいえば焼夷弾自身を消火するんでなく、水を用いて焼夷弾による延焼を防止するのである。この方法は一見消極的の如く見えるが、実験によれば相当に有効である。」「ただ水による消火に就いては研究と訓練とを要する。すなわち貯水の量及び燃焼の場所に対する注水の早さに関しては確実な知識を持つこと、平時に十分な訓練を行うことである。」

10頁「関東大震災の時に本所区の被服廠の明地において四万四千人の犠牲を出したのは、(中略)平時は広々たる明地で火災に対し実に理想的な安全地域であったのに、避難者がその財物を担って此所に密集し身動きのならぬほどの多量の燃料の中に運命を託したからである」

◆*7-25　浅田常三郎『防空科学』積善館　昭和18年5月　A5判 251頁

著者(一九〇〇―一九九九)は昭和10年大阪帝国大学教授、物理学・材料学が専門、災害科学研究所等で科学消火を研究、前半はロンドンで出版された『Practical AirRaid Protection』の翻訳、後半は内閣情報局『週報』9月3日に準拠する。

213頁　特殊な火事には特殊な消火道具、大規模な火災には大きな能力の消火器具が必要とする。「空襲の際には(テルミット)焼夷弾は濡れ筵で覆うて火花の飛散するのを防止してからバケツで注水して火事にならぬようにすべきである。バケツの水も最初の一杯は付近の可燃物にかけて燃えつくことを防止する必要がある」

217頁「この種の(テルミット)焼夷弾はエレクトロンに比して消火は容易で、濡れ筵とバケツ消防で注水するのみにても火花の飛散することなく延焼は防止できる。」「油脂焼夷弾であるが、テルミットの燃焼の高熱で油は蒸発引火して凄い黒煙と焔をあげて約一分間で燃え尽きる。付近に畳・家具等があれば火災になる危険は大である。しかしながらこれも濡れ筵とバケツ消防とによって消火できる。」

220頁「屋根裏や天井に止まった焼夷弾を消すには小型の可搬ポンプが重宝であり、英国では自転車の空気ポンプくらいの小さな手押しポンプをバケツにつけて天井裏の焼夷弾を消すのに使っている様子である」

その他、防空に関する綜合報告、薬品による化学的消火方法、防空と燈火管制、偽装、米英両国における空襲対策及び施設について、消火弾に関する実験、空襲と焼夷弾、空襲と無線等を記述している。

◆*7-26　浅田常三郎『国を守る科学』高山書院　昭和16年12月　四六判 252 頁

防空に関する放送や講演録を集めたもの。特に焼夷弾の燃焼性状や消火の方法等を、実験結果もふまえて説明する。焼夷弾に被せて消火する『防火具』も提案する。震災時の佐久間町や壱岐坂の事例も紹介し、市民による消火を提唱する。14頁「彼の震災の時でも周囲全部が焼け野原になった中に、佐久間町及び和泉町の一角は防火し得たのである。この町では適当なる識者の命令の下に男子は屋根に登って飛び火を消し、女子は地上で井戸の水をバケツに汲んで屋根の上の男子に供給して住民一体となって防火に協力したためである。（中略）沈着に防火すれば延焼を防ぎ得ることは、震災の時、本郷区の壱岐坂においても見られる。猛火は水道橋の方から北上してきて、壱岐坂の約八間幅の道路の南側まで到頭やってきた。水道も止まり消防するに水もないことから、火勢は猛烈で壱岐坂の道路は輻射熱のため顔もむけられない程度で、既に道を距てて北側の二階建てでは屋根の下端から煙をあげていた。火が道路の北側に移れば、次は本郷三丁目の電車道まで広い道がない為延焼するのは明かである。それで鳶頭（東京の建築屋さん）は本郷三丁目までの地区内にある消火器を即刻もって壱岐坂に集まるよう命令した。さて壱岐坂の道路は南側が燃えていて猛烈な火熱のため道路上に入ることが出来ない。それへ二人が一組になり、一人は戸を外して立てて火に対する盾となり、その陰に入って別な人は消火器からの液を北側の家の屋根の下端の煙をあげているところに注水して冷却さした。この時は幸い無風で対流によって焔は火災地の方向に吹いていたためもあるが、この消火方法でさしもの猛火も壱岐坂で食い止めている。

適当なる指揮者の命令のもとで統制がある消火法を行えば、たとえ水道が止まっても彼の大きな震災の火事に対しても延焼を防ぎ止めている。同様に戦時空襲による焼夷弾の火も各人の努力によって防ぎ止めるように協力すべきである。」

◆*7-27　村瀬　達『焼夷弾　科学の泉16』創元社　昭和19年10月　四六判67頁

著者は一九〇〇年生まれ、内務省防空研究所勤務、他に『焼夷弾の性能とその防火法　科学知識5』がある。

同書では、昭和9年以降知らせてきたが、焼夷弾について一部には認識の不十分もあるので、「本書は焼夷弾に従来一般に指導されているものを集抄した」としている。焼夷弾の沿革、空襲判断、空襲火災の特異性という総論に続いて、各種の焼夷弾の性能、火災の防御法を述べる。防御法においては焼夷弾の種類や、家屋状況等によって有効な消火方法を取ることを前置きに、注水による冷却消火、窒息消火、破壊消防などを説明する。屋外撤去や直接の消火は大変困難で、周辺可燃物に注水する防火法を「金科玉条」と推奨している。隣家への延焼防止として防火改修を推奨する他、防火用水の準備、家庭用消防機材（注水バケツ、二人腕用小型腕用ポンプ）、砂・莫蓙筵・火叩等補助機材を紹介する。結言では「我が家はわが手で護る」の必勝信念、防空消防への正しい認識、設備資機材の整備、真面目な訓練を提起し「協力一致して国土の防空にあたるならば焼夷弾攻撃も敢えて恐るるには足らない」とする。

16頁（空襲火災の特質）「空襲時の火災は、同時に多数発生することを予想せねばならない。大正十二年の関東大震災における帝都の大火災は、僅か百足らずの発火箇所から延焼して、あのような大災害を惹起したのであるが、仮にわが方の撃破を免れた敵機3機がわが都市上空に現れたとしても、1機に千個宛で三千個の焼夷弾を投下し得るのであるから、発生する火災も非常に多くなる。従って専門の消防隊がこれら多数の火元の全部に出動して消火に当たることは到底不可能である。だから各家庭で消火に従事することが是非とも必要となってくる。」

（4）一九四二（昭和17）年4月18日の空襲

米英への宣戦布告の4カ月後、一九四二（昭和17）年4月18日、太平洋上の米国空母ホーネットから、ドゥリトル中佐率いる16機のB25が発進、13機が東京上空に現れ、焼夷弾を投下し大陸に去った。空襲の直後に、警視庁建築課による調査が行われ、戦後に建築学会の書籍（*7-28日本建築学会『近代日本建築学発達史』昭和47年10月）で公表されている。図7-4は牛込区早稲田付近の焼夷弾投下状況である。ここでは、13.2 ha 109戸の区域に125発焼夷弾が投下された。建物に被弾したのはおよそ25％で、世帯数109戸中36戸30％の世帯に命中している。死者は2名、好天微風だったのもあって大火災にならなかった。

内務省の指導によれば「一～数隣組で焼夷弾が大体一発、隣組の準備や訓練では各一発」（*6-19-2『時局防空必携解説』昭和16年10月）の命中を想定すればよいはずであるが、一隣組に三～四個が被弾して

表7-4　1942（昭和17）年4月18日の空襲災害一覧表（部分）　*7-26

場所	焼夷弾数	落下範囲面積㎡	落下範囲建物数	被弾建物数	被弾出火数	焼失棟数
牛込区早稲田映画館付近	125	131,951	67棟 109戸	31棟 36戸	4	全焼3 半焼2
牛込区鶴巻国民学校付近	123	18,877	89棟 131戸	35棟 38戸	10	全焼15 半焼3
牛込区早稲田中学校付近	124	18,840	74棟 64戸	12棟 6戸	1	全焼0 半焼1
淀橋区西大久保3丁目付近	118	11,563	118棟 129戸	38棟 43戸	9	全焼15 半焼5
品川区大井滝王子町付近	117	22,226	188棟 231戸	データなし	1	全焼0 半焼1
同西品川鉄大井道工場付近	105	565,343	73棟 121戸	データなし		全焼 半焼
王子区稲附町1丁目付近	114	データなし	データなし	データなし		全焼4 半焼1
荒川区尾久町9丁目付近	108	84,028	41棟 64戸	データなし	7	全焼34 半焼1

いるわけで、市民消火に対する指導の前提は早い時期から机上論であったと言えよう。この空襲は例外的な奇襲で被害は軽微とされ、大きく報道はされず、防空対策の修正強化には至らなかった。調査結果も戦後まで秘匿されていた。

焼夷弾は平均的に落下する想定であったが、実際の空襲では粗密があり、密の箇所では別な対応が必要になるはずである。焼夷弾の撒布状況など科学的研究がされた形跡はみられない。

(5) 米国の火災実験と焼夷弾の改良

一方、米国でも実大家屋を用いて火災実験を行い日本の家屋に適する焼夷弾や空襲の方法を研究している。日本向けの焼夷弾について一九四一年から本格開発に着手し（*7-29）、一九四三年10月にM69焼夷弾が完成した。また、一九四三年6月には、高度1万m上空を飛行する戦略爆撃機B29が開発されている（*7-30）。B29とM69焼夷弾による空襲は、一九四四年6月の成都からの北九州空襲が最初であったが、一九四四年11月にはマリアナ基地からの本土空襲が始まった。

我が国が一九三五年前後に開発した焼夷弾の消火方法は、実際に本土空襲が始まった一九四四年時点の新兵器M69焼夷弾に対抗できたか疑問は残る。なお、米国の空襲体制を報じる文献では、関東大震災後の東京の市街地事情等も研究していたことも記録に残されている。

図 7-4　焼夷弾投下箇所（鶴巻国民学校付近）*7-26

◆ **＊7-29　ロナルド・シェイファー／深田民生訳『米国の日本空襲にモラルはあったか』草思社　一九九六年4月**

155頁　アメリカ陸軍飛行隊の将校らはパールハーバー攻撃のかなり以前から、日本の人口密集部に対し火炎兵器を使用することを考えはじめていた。ビリー・ミッチェルがそれより前に示唆していたこの案は、陸軍飛行隊戦術学校で議論された。一九三九年春、飛行隊戦術学校の教官C・E・トーマス少佐は、彼によれば「かなりの実際的な重要性をもった」課題である対日航空作戦に関する講義をおこなった。彼は、緊密で高度に統合された近代的な工業国家である日本を、理想的な爆撃目標であると評した。一九二三年の関東大震災は、焼夷弾が日本諸都市に「恐るべき破壊」をもたらしうることを実証したものであり、日本の一般市民に対する直接攻撃は日本人の士気破壊にきわめて有効である、とトーマスは推測した。しかし、「人道主義的配慮」がこの種の戦争を除外しているのである、と言った（中略）。

飛行隊に焼夷兵器を採用するよう要請してきた陸軍化学戦局は火炎攻撃を分析するため、一九四一年六月、現役のコロンビア大学化学教授であるJ・エンリケ・ザネッティ大佐をロンドンに派遣し、その後は化学戦局の焼夷弾開発の責任者に就けた。パールハーバー攻撃の数日後、化学戦局はマサチューセッツ工科大学内部に焼夷弾研究所を設立した。アメリカの科学者の軍事研究を調整するため一九四〇年に設立された国防調

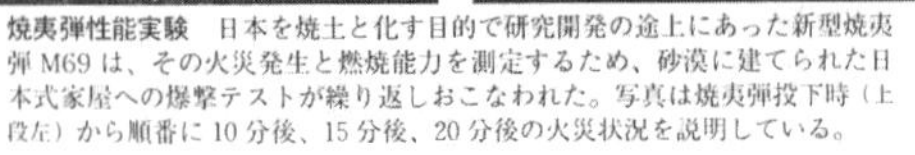

図7-5　日本家屋に対する焼夷弾性能実験（出典＊7-29）

査委員会は、焼夷兵器課を創設した。国防調査委員会の専門家は火炎兵器開発のため、アーサー・D・リトル社、E・I・デュポン社、イーストマン・コダック社、スタンダード石油開発会社その他の化学品関係業者と協力した。まもなくスタンダード石油グループは、尾部からナパームを噴出する小型のきわめて有効な焼夷弾M69を開発した。

◆*7-30　E・バートレットカー・大谷勲訳『戦略東京大空爆一九四五年三月十日の真実』光人社　一九九四年12月

23頁　AAC（アメリカ陸軍航空団）は一九四〇年ロンドン空爆のあと焼夷弾の導入を行った。当初は既存の化学爆弾本体に英軍開発の充填剤をいれた百ポンド弾で、建物を貫通して爆発したあと引火したゼリー状ガソリン（のちナパームとなる）が飛散するものであった。一九四一年春には英国製焼夷弾M2を導入、それを改良しアルミニウムと酸化鉄を充填剤にして規格化したM50を開発した。一九四一年新設された科学技術開発局のもとNDRC（国家防衛調査委員会）が発足、軍事兵器開発に着手した。一九四二年春から様々な試作品がつくられ、屋根を突き破ると時限式導火線が作動し爆薬が炸裂、引火したナパームを噴射するM56焼夷弾が完成、製造が開始された。一九四三年1～3月ころから日本本土空爆の方針が定まったようである。

30頁　一九四三年3月にはユタ州ソルトレイクシティ南西のダグウエイ試爆場に東京やベルリンと同じ構造・家具・同じ材料等で再現した実験用住宅の建設がなされた。日本やドイツに滞在経験がある建築家・家具商やハリウッド映画スタジオがその再現に協力した。6週間を費やして砂漠の中にドイツ住宅6棟と二階建て長屋12棟の日本家屋が完成した。

32頁　一九四三年5月から9月にかけて、上空からM50、M52、M69の三種類の集束型焼夷弾を投下する実験が行われた。投下・落下の観測、発生火災の効果、消火の困難さなど検証がされ、M69が火災発生と燃焼力に驚くほどの性能を発揮する結果が得られた。10月に報告書が完成、そこには都市の特徴をふまえて焼夷弾を住宅地に集中して投下しその火災によって工場や軍事施設を延焼させるという方針が示されている。「三階を越えるような近代的高層建築はきわめて少なく、低層でしかもそれらは密集している。一九二三年におきた関東大震災の結果、都市部の類焼を最小限に収めるため、公園や大通り、防火帯を設置すると定めた特別都市計画法が公布されたにもかかわらず、現実には、木造建築の密集状態という都市構造はあまり変化しなかった。東京では工場、倉庫、住宅の九十パーセント以上が可燃性のきわめて高い木造建築であり、ほかの都市においても同様な状況である。これはM69にとって屋根を容易に貫通できることからも非常に有利と言える。さらに東京をはじめ大阪、名古屋、神戸などでは住宅密集地に隣接して大小工場が多く存在する。このようないわば混在地域では焼夷弾による延焼率が高く、空爆目標に最適である。」

（6）焼夷弾消火実験等のまとめ

我が国では一九三四（昭和9）年段階の焼夷弾消火実験で得られた知見をもとに、焼夷弾そのものは消火できないので速やかに周囲に注水し焼夷弾が燃え切るのを待つという指導がされた。当初は単発の1kg弾・5kg弾・10kg弾が用いられ、後に大型焼夷弾20kgの実験もなされた。一九三四（昭和9）年の実験用家屋を見ると焼け落ちてはいないものの、室内は大きく損傷しており密集地等では外部への火焔拡大の可能性があった（本書162頁 図7-3）。この実験をもとに、焼夷弾に対して避難せずに消火にあたり、拡大した場合は警防団や消防があたるという方針となったが、投下焼夷弾の分布状況への考慮、想定以上の焼夷弾数への対応や消火が遅れた場合の処置などの検討はなく、科学的とは言えなかった。

一九四二（昭和17年）4月に東京に初めて空襲があったが、詳細な警察や軍の調査はあったものの秘匿され、被害軽微とされ、防空の考え方を大きく変更することはなかった。

米国では、一九四一年から官学産（石油産業等）を結集し、焼夷弾実験が重ねられ、一九四三年5～9月にかけて米軍の新しいM69焼夷弾の性能テストが終わった。即座に実用化に移行し、本土空襲には500ポンド焼夷弾（500ポンドは約227kg、中に2.7kgM69焼夷弾による38本のクラスター入り）が用いられた。性能も重量も我が国が当初想定した焼夷弾を上回り、またB29航空機の航続距離や飛行高度等も想定以上に高性能であった。一九四四（昭和19）年11月から始まる本土空襲において一九三〇年代に開発普及された焼夷弾消火法が対応できたか疑問が残る。この面でも科学的ではなかった。

もし、焼夷弾の消火にあたって、震災時の初期消火の事例・消せなかった事例（特に薬品火災）の研究がなされていたら、対応方法の内容は変わった可能性があるが、そういう考え方ができる時代でなかったと言えよう。

3　日本建築学会「都市防空に関する調査委員会」の活動

一九二三（大正12）年末に確定した帝都復興計画は、当初の構想より縮小しながらも道路・公園・河川等の整備は実現に向かったが、都市の不燃化は、防火地域の拡大や耐火建築助成など部分的にとどまった。しかし、防空の時代を迎え、空襲に対して我が国の木造家屋密集が最大弱点であり、不燃化を訴える声が高まってくる。

（1）不燃化を促す意見

昭和8、9年前後までは防空、特に空襲に対する防火対策に、研究者が主たる関与をする段階になっていなかったが、そのころから都市の不燃化を促す意見が多発する。主要な論説を示すと以下のとおりである。

◆＊7-31　佐野利器講演「防空と建築」1933（昭和8）年8月6日JOAK放送『建築雑誌』一九三三年9月号

木造家屋が密集した都市の空襲に対する脆弱性を説いたあとで、「（帝都復興計画の策定時に）関係者一同の意気込みとしては不燃焼都市を建設するに非ずんば復興の意義なしと感じ、全市を防火地区と指定し、全市に耐火構造を強制せんとするほどの興奮状態にあった。（中略）然し遺憾ながら我々の国情即民情之を許しません。我等市民と政府の財政之を許しません。止むを得ず悔いを後世に残すことあるべきを忍んで、一先ず今日の程度に防火地域の指定をみた」。

◆＊7-32　日本建築学会「耐火防空建築普及促進に関する建議」一九三三（昭和8）年9月

「一朝空襲に遭遇せんか、其の惨禍の深刻なること洵に戦慄（中略）関東大震災に於けるが如き惨状を再現するに到る事なきや虞る」として、防火地区の拡大、避難のための地下室、重要地区での耐火建築助成、低利資金優遇」を訴える。

◆＊7-11　内田祥三「火災と建築」『防災科学（5）火災』岩波書店　昭和10年8月

昭和10年に岩波書店は、防災科学の普及叢書を発刊した。全6巻は、風災・震災・水災と雪災・凶作・火災・諸災に分かれており、この中の第5巻『火災』で内田祥三は以下のように記している（本書159頁再掲）。

78頁「消防が思うように動けぬ一つの場合は戦時空襲を受け、焼夷弾の投下が相当数なされた場合である。（中略）ロンドン空襲の例―我が国は地勢その他の関係からこのような頻繁な襲撃をうけることはまずないと考えても、万一相当多数の爆弾投下を受け同時に諸所から発火したとすれば、消防が手の廻りかねる場合もありうることを考えねばならぬ。近時陸軍部内に「焼夷弾防火研究会」というものが組織され、焼夷弾の効果や之に対する防火の方法を研究しつつあるのはまことに結構なことではあるが、市民としては都市将来のためにできる限り木造をやめて耐火構造の家をつくる」

(2) 日本建築学会による都市防空の取り組み

以下、建築学会関連の防空に関する取り組みで、関東大震災がどう扱われたかをみていく。

①「都市防空に関する調査委員会」の活動

防空法の公布に先だって、一九三七（昭和12）年2月2日に日本建築学会「都市防空に関する調査委員会」第一回委員会が発足する。これは前年の夏、建築学会長内田祥三に、陸軍築城本部長佐竹保治郎が「時局柄重大な防空」に関する調査機関の設立を持ちかけたものである（*7-32）。委員会のメンバーは、委員長を内田祥三（東京帝大）、幹事に田邊平學（東工大）、委員には、石井　桂（警視庁建築課長）、小野二郎（東京市建築課長）、大熊喜邦（大蔵省営繕）、佐竹保治郎（陸軍築城部）、佐野利器（日大）、鈴木鎮雄（宮内省匠寮）、内藤多仲（早大）、中村傳治（横河工務所）、濱田　稔（東京帝大）、菱田厚介（内務省技師）等である。この委員会メンバーがその後の都市や建築分野の防空や防火改修を提唱しリードすることになる。

特に防火改修に関して、都市防空に関する調査委員会第四小委員会では、実大家屋の火災実験によって火事標準温度曲線の設定に目途が立った一九三八（昭和13）年9月に一連の研究成果を、建築学会「建築法規に関する委員会」が「防空建築関係規則案」にとりまとめ、内務次官に提出する。この案を元に、一九三九（昭和14）年2月、市街地建築物法の付属として内務省令第5号「防空建築規則」が成立する。

また、委員会では「防空対策普及活動宣伝事業」に取り組んでおり、講演会等ではこの防空に関する委員会の成果が用いられている。委員会発足直後には焼夷弾に関する小冊子「焼夷弾の作用とその対策」（*7-33）を発行する。内容的には、軽焼夷弾を想定して、木造家屋は抵抗力に乏しいので、防火改修を促すとともに「周囲の可燃物に対して水さえ充分に注げば如何に恐るべき焼夷弾と雖もその猛威を奮う余地がなくなる」という軍の指導方針と同様の提起をしている。

◆*7-33　日本建築学会『焼夷弾の作用とその対策』日本建築学会　昭和12年5月

冊子では、焼夷弾の種類、作用、威力を紹介し、新築の対策としては、鉄筋コンクリート造が最も安全で、木造家屋の場合は屋根の不燃、外壁の鉄網モルタル塗かトタン張り、その他水利や燈火の処置に触れる。家屋既存の場合の対策としては外壁の鉄網モルタル塗かトタン張を進め、防空令下の処置として事前の準備、「向こう三軒両隣」による「防火群」の編成によって周囲の可燃物に十分に水をかけるとする。

②　日本建築学会都市防空に関する調査委員会『都市防空に関するパンフレット』昭和15年及び16年　*7-34

委員会は発足第3回目の一九三七（昭和12）年5月委員会で、四項目の緊急の検討の課題を設定した。

（一）小学校に於ける避難所設備
（二）工場に於ける灯火管制設備
（三）偽装関係
（四）防火設備関係（浜田委員提案の「木造家屋の防火壁の構造」を含め、更に範囲を拡大）

これらをテーマにした検討結果は、一九四〇（昭和15）・一九四一（昭和16）年発行の日本建築学会都市防空に関する調査委員会『都市防空に関するパンフレット』（*7-34）にまとめられている。

一九三七（昭和12）年の検討当初には小学校を空襲下の避難所に活用する方向性が提起されたが、検討がまとまった三年後には、小学校を避難所にするという項目は消滅している。これは、空襲時には待避はよいが避難しないで踏み止まって消火するという防空の方針の反映である。なお、防火改修パンフレットの前置きに関東大震災を想起せよという記述が見られ、学会といえども震災を引き合いに防火の重要性を述べ、また焼夷弾消火には水と精神という防空啓発書の定形となった記述になっている。

◆*7-34　日本建築学会都市防空に関する調査委員会『都市防空に関するパンフレット』昭和15、16年

「Ⅰ　都市小学校の防空施設とその利用」　昭和15年12月

木造校舎の防火改修とコンクリート校舎耐弾化を奨め、警防団詰所・物資集積と配給所、罹災者収容に活用する（関係委員：田邊・藤田・石井・佐竹）

「Ⅱ　焼夷弾の作用と対策」　昭和16年4月（*7-33　昭和12年5月と同内容）

対策としてコンクリートで家屋を作る。木造は外壁・窓等防火改修、水の確保等、我が国の如き木造都市の防空においては木造家屋の防火は最も重要とする。（関係委員：濱田　稔）

「Ⅲ　防火改修パンフレット（都市防空上より見たる防火の重要性と対策）」　昭和16年4月

昭和14年2月「防空建築規則」に即して解説、序で「我が国都市は他に類例を見ない木造家屋の集団であるから防空上不利なことは真に宿命的な感がある。（中略）現下我が國都市の防空は少なくとも当分防火第一主義でなくてはならぬ。識者は宜しく一日にして十萬の生命と百億の財貨を奪った彼の関東大震災を想起すべきである。」と強調し、耐火建築、公設消防、家庭消防、防火改修を説く。既存木造家屋外周簡易防火改修案が付録にある。（関係委員：濱田、藤田他7名）

「Ⅳ　自家用簡易防空壕及待機所の築造要領」（関連委員不明）昭和15年2月

「市民の大部が防空抗力に薄弱な木建家屋に住み、而も隣組防護軍事を編成して空襲時敢然其の各家庭で戦って防空の完撃を為さねばならぬ我が國の現況にては、防空壕築造要領の普及徹底が極めて緊要なる事を痛感」として構築方法、資材等を解説する。

「Ⅴ　建築偽装指針」　昭和16年4月

建築偽装とは空襲目標（爆撃目標、補助目標及誘導目標）になり易い建築物及附随物件に対し航空機上からの発見及認知を困難にし、或は錯誤させる様な諸種の手段を謂ふ。家屋、工場、瓦斯溜、偽装方式として地形偽装、技巧迷彩、分割迷彩、単色迷彩等の方法や材料を示す。（関連委員：佐々哲爾）

（3）都市の防火的構築関連の著述

日本建築学会都市防空に関する調査委員会のメンバーによる、「都市の防火的構築」に関する著述が数多く残されている。代表的なものを紹介する。

①　菱田厚介講述『災害と都市計画』（財）損害保険事業研究所　昭和12年3月　A5判　*7-35

菱田厚介（一八九四―一九五四）は、都市の防空的構築を主導した内務省技師、後年、内務省防空研究所所長を務める。一九三六（昭和11）年2月の特別講演の速記録が残されている。講演内容は以下のとおりである。

都市防護計畫の一試案

都市ヲ守レ!! トイフノハ詮ジツメルト飛行機デ運バレル爆彈ノ投下ニ對スル對策ヲ樹テヨ!! トイフコトニナリマス蝗ノ様ニ群リ來ル無數ノ飛行機ヲ總テ都市外デ驅逐スルコトガ不可能トスルトドウシテモ相當數ノ爆彈ノ投下ヲ覺悟シナケレバナリマセン

爆彈ノ種類	作用	處置
破壞爆彈	破壞	屋根ノ補强、壁面ノ補强、窓ノ補强
瓦斯彈	窒息、糜爛、催涙	密閉遮斷裝置、室内加壓裝置、洗淨裝置
燒夷彈	發火	火源打止、延燒防止

コノ中日本ノ都市デ一番恐ロシイノハ燒夷彈デアリマス、言ヒ換ヘレバ消火能力ヲ超エタ大火災ガ恐イノデアリマス
（勿論重要建築物、避難所ノ如キ特殊ナ建物ハ破壞彈、瓦斯彈ニ對スル設備ヲ完全ニスル必要ガアリマス）

第一圖　東京防火計畫試案

一、防火計畫
- 火災ノ延燒遮斷（防火建築物／綠地道路）
- 火災ノ消止（消防機關）

二、避難計畫
- 避難單位計畫
- 避難所計畫（集團避難―小學校／個別避難―個別的防爆建築物）

三、通報、按整救護等ノ諸計畫

以上ヲ綜合シテ圖面ニシテミマシタ

東京市ヲ對象トシテ現在アル防火的效力アル地物及諸施設ヲ基トシテ之ニ防火路線、綠地道路ヲ配置シテミタモノデス。一コマノ大サハ人口密度ニ比例シテ舊市部ハ小サク郊外部ハ大キクナリマス。平均シタトコロ近郊部デ六〇―一八〇萬坪見當デス。

第二圖　都市防護單位計畫試案

コノ一コマヲ標準的ニ書キ上ゲテミタモノデス

A、コノ中ニハ中等度ノ都市ガ一ツ入リマス
B、中央部ニ各種ノ公營機關ガ見守ツテヰテ呉レマス
C、小學校ガ四ツ。兒童ハ電車ヤ自動車ノ交通ノ多イ道路ヲ通ラナイデ安全ニ通學ガ出來マス
D、避難ハ小學校ヲ主トシ周圍部ノ建築物ヲ從トシテ別紙圖解ノ様ナ區分ト經路ガ選バレマス
E、小學校運動場ノ外ニ幼兒ノ遊ビ場ヲ四ケ所ヅヽ、遊歩道路ニ接シテ設ケマシタ。コヽニハ水溜ヲ作リ斷水時ノ消防用ニ備ヘマシタ

第三圖　中央避難所ヲ兼ネタル小學校試案

更ニ中央避難所トシテノ小學校ヲ「クローズアップ」シタモノデス

A、小學校デアル以上、敷地ガ十分アリ兒童ノ健康ヲ保證スルモノデアルコトハ勿論、通學ノ安全落付イタ環境ヲ欲求シマス（敷地面積約六〇〇〇坪）
B、校舎ハ耐火建築物タルコトハ當然デスガ更ニ防爆構造トシマシタ
C、校舍ノ周圍ニハ相當ノ空地ヲ設ケ一層安全ヲ期シマシタ
D、プールヲ設ケ斷水時ノ消防用水ノ供給、毒瓦斯ノ洗淨等ニ役立タシマシタ
E、其ノ他毒瓦斯ノ侵入防止、「シヤワーバス」等ノ設備ヲ完備スル必要ガアリマス

以上ノ意圖ハ實ハ防空ノミヲ對象トシタモノデハアリマセン。火災、震災、風災、水災アラユル災害時ノ必須ナ對應策デアリマス

中央避難所ヲ兼ネタル小學校試案　（第三圖）

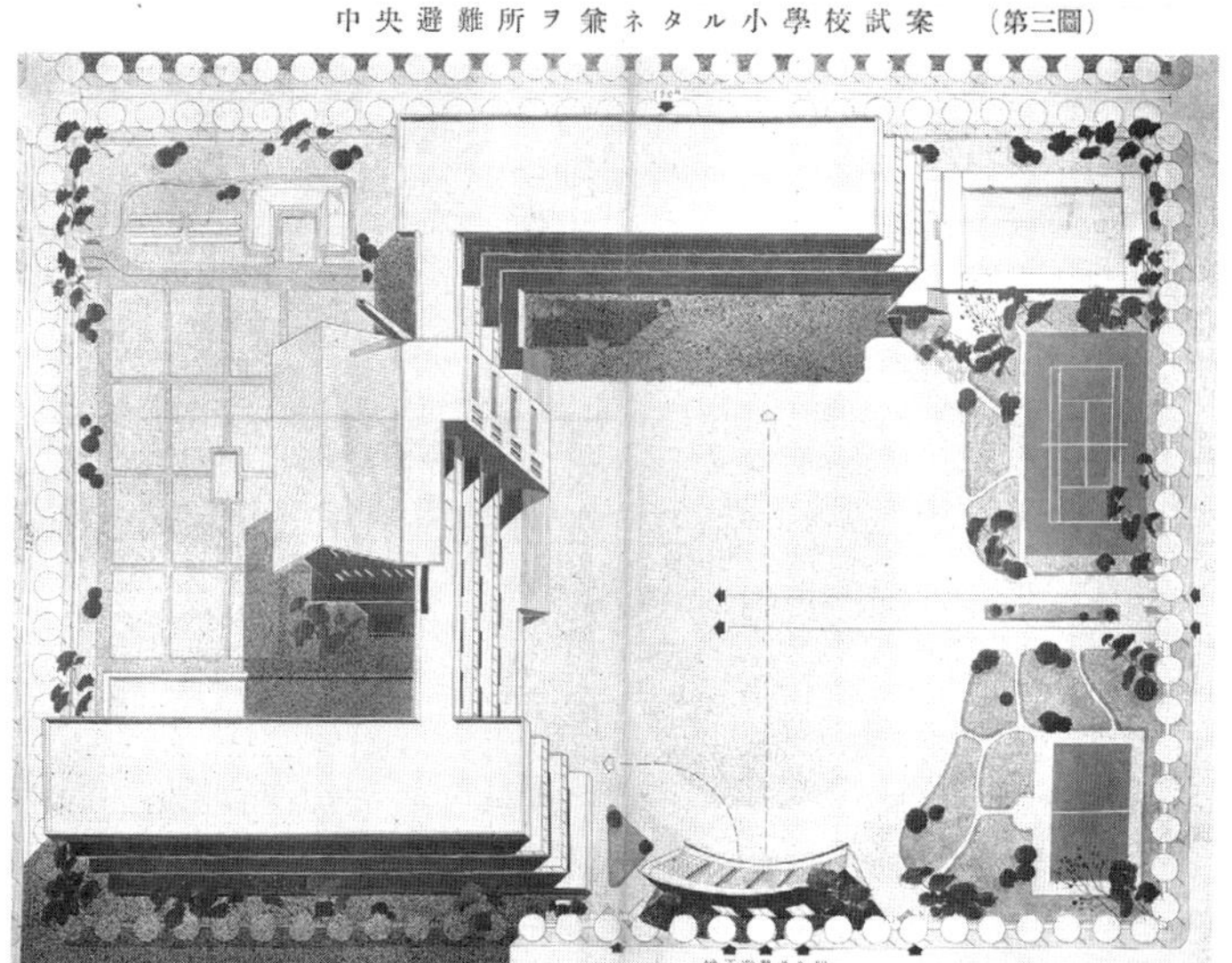

図 7-6　菱田による都市防護計画の一試案（出典 *7-35）

一　都市計画とはどういうことか。

二　災害の種類（（自然災害（地震、風、津波、水害、山崩）と人災（火事・爆発、空襲、交通災害））に対する災害防備の策を示す。その上で、都市の立地への配慮、都市の大きさ、市街地の規制について、ドイツの計画、人口政策、経済政策、国土の防備を例に説明する。

三　各種災害対策、特に注目したいのは、この書では自然災害の種別に応じて災害の危険性と対策を説明していることである。地震については全国的に危険があり建物の耐震強化が重要であること、風害について大阪の強風被害をふまえて学校改築がなされたこと、津波では高地移転（例：昭和8年昭和三陸津波後の宮城県十三濱村相川集落）や避難道路・防波堤・防波林、高潮については防潮堤や地盤沈下の対策、火災については、1農耕地の保全　2防火地区・防火建築、3広い道路と防火樹、4防火区画の必要性を指摘している。

都市の空襲問題も災害対策として扱っており、火災対策に加えて、爆弾・毒ガス、重要施設の防御、救護避難所の計画（地下鉄、小学校）が重要としており、「都市防護計画の一試案」（前頁図7-6上）と、東京防火計画試案（*7-35 口絵13頁下段参照）や「都市防護単位」のモデル図・小学校（避難所）の計画図（前頁図7-6下）を示している。

この時期、都市計画関係者は防空も今後の都市計画の一テーマとして捉えて、災害時の避難も考えたあるべき都市の姿を検討していたことがうかがえる。

（補足）『国民防空読本』*6-20

これらの技術的検討の成果は国民向けに伝えられた。内務省計画局編『国民防空読本』（大日本防空協会昭和14年3月）では、下図のようにわかりやすく防火改修と都市の防火的構築を表現している。

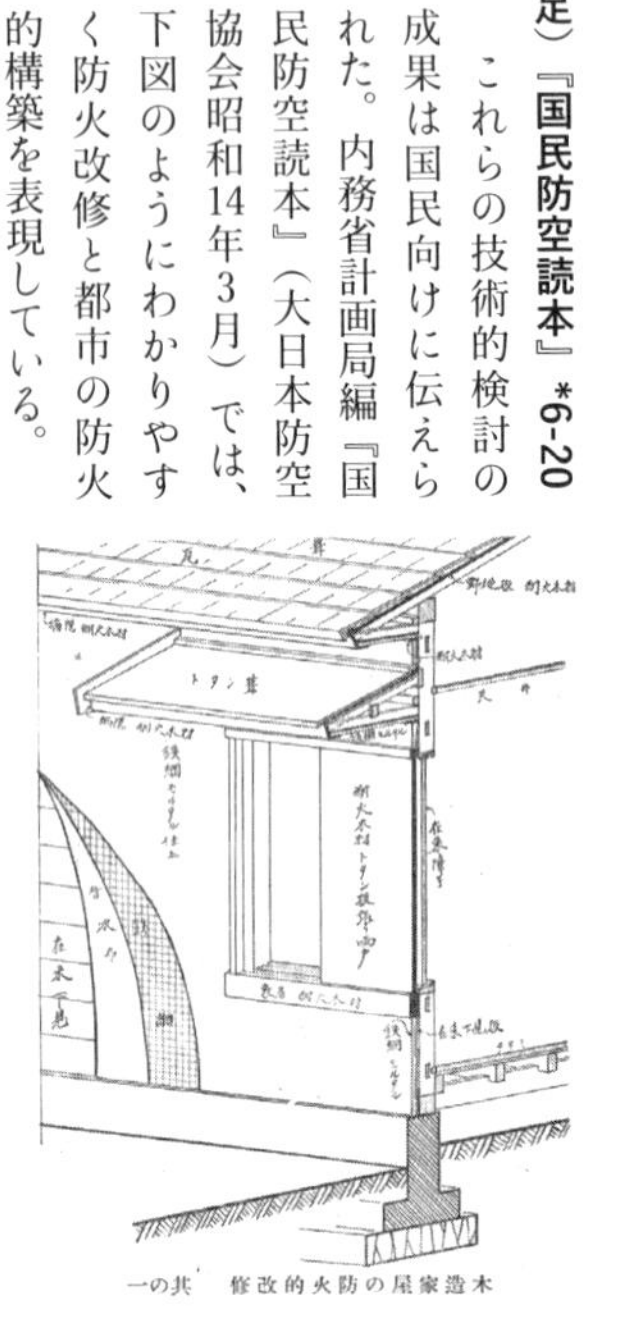

図7-7　防火的改修（*6-20　109頁）

図7-8　都市の防火的構築（*6-20　201頁）

② 東京市『都市防空パンフレット第一輯～第十三輯』昭和12～昭和14年　A5判　*7-36

東京市都市計画課は一九三七（昭和12）年7月～一九三九（昭和14）年11月にかけて、都市の防空に関する小冊子14冊を発刊している。発行元は東京市企画局都市計画課（第一輯は監査局都市計画課）で、この時期東京市企画局長を務めた磯村英一の下、計画課職員の長屋肇・葦止浄保・小村宏等が執筆にあたった。各々の内容は表7-5のとおりであるが、第一輯は発行後一年数カ月で改訂され、内容の一部が変更されている。

防護施設や防火・消防のあり方などの項目では関東大震災の被災の経験が参考にされている。第5輯では、関東大震災の教訓として避難場所について包囲火災に対し「一団地一万坪」以上で、できたら正方形か円形、樹林等火災の危険がない箇所とし、避難所には、防火用水、消防用器具、防毒用施設其の他救護施設、通報聴取

表7-5　東京市都市防空パンフレット

輯・タイトル	概要
第一輯　「防空対策上より観たる都市計画施設」昭和12年7月	・「都市計画施設」の防空上の効用を説く。第5章は避難施設として、地下避難所・地上避難所等を解説する
第一輯改訂　「防空都市計画概論」昭和13年11月	・第一輯を改訂、第5章避難所施設計画は空地に限定、第6章に「防護室計画」を付加する
第二輯　「防空と都市計画」昭和13年1月	・英国の「防空と市民」中「防空と都市計画」(Defence and TownPlannig) の章を翻訳
第三輯　「欧州都市計画の変遷と戦時都市計画への躍進」昭和13年3月	・西欧の古代～現代の都市計画を論述。特にドイツの都市計画法制、イギリスの都市計画運動、世界大戦後の都市防護問題を案内する。
第四輯　「モスコー都市計画の全貌」昭和13年3月	・一九三六年ソ連政府発行の原書を翻訳、一九三一年共産党中央委員会6月総会で都市改造を決定。
第五輯　「防空都市計画上より観たる防護施設概要」昭和13年7月	・各論、避難方針、避難施設の概況、避難交通計画を案内、避難所（1万坪の空地+樹林）防護室等を説く（関東大震災の教訓あり）
第六輯　「防空都市計画上より観たる交通及び通信施設概要」昭和13年7月	・各論、道路、駅前広場、鉄道、河川等に関する防空・防火・防毒的構成を記す
第七輯　「防空都市計画上より観たる防火及び消防施設の概要」昭和13年8月	・第一輯の各論として、重要建築物の不燃焼化、密集危険地の除却、木造建築物の改善、防火ブロックの設定、消防施設の拡充、自然水利の拡充を論じる。関東大震災焼け止まり、防火ブロックあり方等
第八輯　「我が国都市計画の変遷と戦時都市計画への躍進」昭和13年10月	・古代、中世、近世からの都市計画を概説し、明治・大正を経て昭和時代の都市計画として戦時都市計画の必要性やあり方を説く
第九輯　「ドイツにおける防空都市計画の展望」昭和14年2月	・一九三八年BaulicherLuftsutz（「防空の構造」）の訳文、全国土の防空的統制、ジードルンクの防空対策、生産工場・供給事業施設の防空、各種爆弾対策、偽装、防護室等を扱う。
第十輯　「航空港建設の基本問題」昭和14年2月	・一九三六年9月フランス「佛国今日の建築」誌中「航空港建設の詳細なる諸問題」の研究を紹介
第十一輯　「巴里都市計画の将来」昭和14年3月	・パリの都市計画、地方計画等の翻訳書
第十二輯　「支那防空知識」昭和14年3月	・中国書金文浩「防空知識」一九三八年9月の翻訳
第十三輯　「独仏両国に於ける防空都市計画の展望―消防施設計画・避難施設計画」昭和14年11月	・一九三九年3月発行　「ガスシュッツウンドルフトシュッツ」誌「防空対策上より観たる独国消火用給水施設の拡充方策」、一九三七年「今日の建築」誌第12号、「巴里市における防空対策」の翻訳

設備を備え、周囲に防火樹林、避難所内に防火性樹木、樹林帯の規模は幅員40～100 m、推奨できる樹種は関東大震災時の火焔の影響から常緑潤葉樹とする（表7-6）。

表 7-6　樹木の防火効果 / 焼け止まり（出典 *7-36）

最後に去る大正十二年の關東大震災に於いて示せる樹木に及したる火焔の影響並焔熱が樹木を燒枯死せしめたる最大距離を表示して見よう。

樹木に及ぼせる火焔の影響調

所在地	燃燒建物よりの距離	焔熱のため葉の變化せざりしもの	焔熱のため葉の燃えずして枯れたるもの	焔熱のため葉の燃えたるもの	焔熱のため枝の燃えたるもの	焔熱のため幹の燃えたるもの
日比谷公園	二間—四間	ヤツデ、アヲキ	イテフ、ヤナギ、タラエウ	サルスベリ、カヤ		
數寄屋橋公園	一〇—一五	アヲキ、ヤツデ、モクコク、カシ			プラターヌス	
濱離宮	三〇—三五	カシ、タブ	ケヤ、キクロマツ			
坂本公園	七—九		カシ、シヒ	イテフ		ハトヤバラ、トチ、エンジユ
蠣殼町公園	三—五		ヤツデ、アヲキ、マサキ		マツ	
深川公園	三—七		シヒ、ヤツデ、アヲキ、マサキ、カウヤマキ、シユロ、カシワ、モクコク	イテフ、アヲギリ	ケヤキ、ヒノキ、クロマツ、カヘデ、バラ、エンジユ、ザクロ、トネリコ	スギ
深川岩崎別邸	五〇	シヒ、サクラ、ミヅキ、サザンクワ				
同	六—九		シヒ、シユロ、ヤツデ	マツ	ケヤキ、ヤナギ	
兩國公園	五		シヒ	マツ	カヘデ、サルスベリ	
淺草公園	二—五	モチノキ、ヤツデ、モクコク、アヲキ	イテフ、ヤツデ、シヒ、カシ、アヲギリ	クロマツ、ケヤキ、カヘデ、サクラ	エゴノキ、ヤナギ、カヤ、スギ	
上野公園	七—一〇		シヒ、ツバキ	クロマツ、イテフ	ヤナギ、カヘデ、ケヤキ	
虎ノ門公園	七—一〇	サザンクワ、カシ	カヘデ、ケヤキ、サクラ			
愛宕公園	五—一〇		カシ、マサキ	カヘデ	ケヤキ、サクラ	
芝公園	九—一二	カシ	クロマツ、ケヤキ			
東京帝國大學内	二—五	イヌツゲ、ツゲ	カシ、モクコク、ツバキ、マキ、カシハ、マサキ、ヤツデ	ツツジ、ハギ、サクラ、カヘデ、アカマツ、イテフ、ミヅキ、キリ、アヲギリ、ヒマラヤシーダー、カリン	ケヤキ、カヘデ、ウメ、モミ、アカマツ	
同	三—四	カウヤマキ、ツゲ	アカマツ、カシ	ヒバ		
湯島天神境内	三—五	マサキ	カシ、アヲキ、ヤツデ、イテフ	イテフ		
神田明神境内	三—五		シヒ	アカガシ、クス	クロマツ	ケヤキ、イテフ、シヒ、カシ、クロマツ
御茶水公園	六—九		イテフ、シヒ、ヤツデ、アヲキ	クロマツ、プラターヌス、ポプラ	ケヤキ、カヘデ	
教育博物館	六—九	シヒ、カシ	イテフ、スギ、カヘデ、ヒノキ	イテフ、ケヤキ、カヘデ、スギ		
麴町元園町	五—七	カシ、シヒ	カシ、シヒ、アヲキ、マサキ、カナメモチ、ツバキ、ハクウンボク	クロマツ、ネム	サクラ、ケヤキ、スギ、ヒノキ、アヲギリ、クロマツ、カヘデ、アヂサヰ	ケヤキ、ヒノキ
英國大使館	七—一〇		シヒ、イテフ	ケヤキ	ケヤキ	
麴町大森邸	四—七	ヤツデ、シヒ、カナメモチ		サクラ、フジキ	モミ、クロマツ、ヒバ	モミ
深川森下町天祖神社境内	三—七		シヒ、イテフ	イテフ、エンジユ	ヒノキ、クロマツ、ケヤキ	

備考　一、焔熱の爲幹枝の燃へたるものも萠芽力大なるものは根本より新萠を生じ復活した。エンジユ、チユウリップ、クス、マサキ、シヒ、カシ、イテフ、トネリコ、アヲギリ、バラ等にして火災終熄後二十日を經て初めて小さき無數の新芽を生じたものがある。（深川公園、數寄屋橋公園等）

二、本表は農商務技師田中八百八氏調査に係るものである。次表亦同じ。

表 7-7　防火帯の諸元（出典 *7-36）

試みに大正十二年關東大震火災を炎燒止り消火方法に就いて調査して見ると次表の如くであるが如何に其の間の事情を如實に物語つてゐる。

炎燒止り消火方法別調

消火方法別	自然的消火%	人爲的消火%
建物、廣場に依るもの	二九・九七	
風向が道路に平行なりしもの	一六・七六	
バケツ、手桶等に依る注水		一五・四九
樹木に依るもの	二・一四	
ポンプに依るもの		一〇・五六
風上なりしに依るもの	七・四八	
濠及河に依るもの	四・二七	
破壞消防に依るもの		二・四九
防火壁及耐火構造に依るもの	〇・七七	
石礫、土塊を投ずるもの		〇・〇七
計	七一・四	二八・六

以上の表に依つて耐火建築物以外の施設物及自然物が防火ブロック結成に當つて有效なるものなることは肯定し得るである。然し、防火力に就いては火災延燒の態樣に依つて種々異る。即ち工作物の防火力、火元の状況、氣象の状況、接工作物の條件、延燒の經路等の諸要素に付考察の上防火ブロック外周に適當の防火力を持たしめるの要がある。然るに之に關する權威ある理論的又は實驗的研究及調査は比較的乏しく尚將來の研究に俟つものが多い。尚內務省が火焔の輻射に基く延燒の理論的研究を參酌して發表した防火度調を參考の爲次に掲記して見よう。

防火度調

種別	路線的甲種防火地域（道路ノ幅員）	路線的乙種防火地域（道路ノ幅員）	防火樹帶を有する道路公園等（幅員）	其の他（水路等）（幅員）
甲種防火線	十一メートル以上（三等大路第二類）	三十六メートル以上（一等大路第一類）	四十四メートル以上（廣路）	六十メートル以上
乙種防火線	自由	十八メートル以上（二等大路第一類）	二十九メートル以上（一等大路第二類）	三十六メートル以上（一等大路第一類）
丙種防火線	同	十一メートル以上（三等大路第二類）	十八メートル以上（二等大路第一類）	二十九メートル以上（一等大路第二類）

備考　甲種　飛火なき限り對側は安全と考へ得るもの。
乙種　火焔繼續一時間程度迄は對側は安全と考へ得るもの。
丙種　火焔繼續三十分程度迄は對側は安全と考へ得るもの。

第7輯の防火ブロックの項では、関東大震災の「焔焼け止まり消火方法別調」（表7-7右）を掲げ自然消火71.4%、人為的消火28.6%を紹介する。また、火焔の輻射にもとづく延焼の理論的研究から参酌して甲種、乙種、丙種の防火線・防火樹帯・水路を有する道路等の諸元を提示している。防火ブロック内部は防火力ある消火線を持って区画し被害の局限化を図るとしている。なお、内務省技師菱田厚介発表の試案（*7-35）を引用し、防火ブロック図解（口絵13頁下段左参照）を載せている。関東大震災時の火災や樹木の効果、輻射熱等の教訓や研究成果を生かして、今日の防災都市計画の計画標準に匹敵する計画論を構築している。

③　**磯村英一『防空都市の研究』萬里閣　昭和15年1月　四六判 456頁　*7-37**

磯村英一（一九〇三―一九九七）は戦後は高名な都市社会学者。前項の東京市発行の都市防空パンフレット（*7-36）を集大成した大冊である。磯村は一九三六～三七年に欧米調査をしており、英独の都市計画、独ソの国土計画、英米の地方計画も紹介し、また昭和12年防空法、14年市街地建築物法改正等にも言及している。

15頁「なお従前の方策として（外敵に対応する）施設を為さねばならぬ即ち都市防空の見地から再検討する」
212頁「今や新事態に対処して、その構成計画に一大変革を必要とし、旧都市の改造と新都市計画の樹立を考究せねばならぬ」以下、防空と交通及び通信施設、防空と住宅（防火網計画と防護ブロック計画、耐火化等）、防空と産業施設、防空と重要公共施設を著述する。
301頁　第五章　防空と防護計画「雨下する三千発の焼夷弾に妻婢のバケツを以て対しようとしているのが、我が国現下の都市防空の実情ではなかろうか。之は我が国民が我が海軍による制海権の確保と軍防空の威力を信ずること厚きがために、敵機の都市侵入は有り得べからざることとしている為であろう」「我が都市構築の特異性より果たしていかなる混乱を惹起するであろうかは、先年の関東大震災に際し、百三十箇所の火元よりあの惨事を誘発せる事実を想起すれば足りる」
第五節　避難計画　防護従事者以外の避難に備えて公園等の確保、大火災時の避難計画の必要性を説く。
433頁　第六章防衛組織「昭和12年にいたり各戸に防火担当者を置き、わが家を守り三軒両隣で互いに援助する家庭防火群の組織」を整えた。昭和12年9月防空法施行令・官庁防空令、10月防空委員会令、内務省計画局等基本体制を整えた。

昭和14年1月警防団令発令、4月実施。昭和14年9月内務省「隣組防空群」設置を訓令。昭和14年4月「防空協会」を設立。457頁「最後に吾々の都市を空襲より完全に護る為には強力な防空組織を作り、防空技術の最善を尽くすと共に防空精神の神髄を発揮するの要があるのは言を俟たない処であるが、一歩すすめて更に都市防空の為の物的基礎たる各種の都市施設の完備と耐火構造の促進を計らなければならない」

なお、最終に資料162頁、参考文献36頁が付されている。文献リストには震災関連調査はないが、書籍70冊強（都市計画、防空一般、防空建築）、雑誌掲載論文220本強が掲載されている。内田祥三他の火災実験論文や池田宏「都市災害防備策の確立」昭和9年、飯沼一省「大火と都市計画について」昭和9年、藤田金一郎『空襲・火災・防火工学』昭和14年などがあり、著述にあたって過去の研究や災害の教訓をふまえていたことがわかる。

④　石川栄耀『国防科学新書　戦争と都市』電通出版部　昭和17年6月　四六判 230頁 *7-38

石川（一八九三―一九五五）は、戦前から戦後にかけて都市計画の第一人者で、この時期内務省都市計画委員会主任技師である。著書後半では、一九四二（昭和17）年4月18日のドゥリトル空襲について撃退したという風潮に対し、空襲は年々激化するはずで五年十年で終わらない「戦争時代」、「空襲時代」に入ったとし、今回の空襲で学んだことは、貯水槽が圧倒的に必要、幅員8m道路の適宜配置、空地の配置、防火改修、特に屋根の強化、公共建築の鉄筋化を提起している。付録に改正防空法（昭和12年10月施行）及び防空建築規則（昭和14年2月）、防空土木一般指導要領（昭和14年7月）内務省計画局長・土木局長通達）を掲載する。

1頁　その1世界最終戦：石原莞爾の説を引いて「国民の徹底せる自覚の元により国家は遅くとも二十年を目途として、主要都市の根本的防空策を断行すべきことを強く主張する。官庁の大整理、都市における中等学校以上の全廃、工場の地方分散等による都市人口の大整理を行い、必要なる部分は市街地の大整理を強行しなければならない」ことを提起している。28頁～その2防空計画：空襲の判断：当面（難波中佐の説―大都市夜間一回数十機、昼間一回20、30機を引用）と、最終戦段階の2つがある。空襲感度式を提案する。

48頁～防空施策大綱：対策として軽防空（『防空対策都市改造計画要綱』提案等）、中防空（不燃化・偽装・防空壕・防毒等―英国防空が手本）、重防空（国土及び地方計画、大都市及び工業の分散、分散的都市形態、工場防空、商店街防空、家庭防空―米国の防空計画が手本）を示す。

⑤ 内田祥文『建築と火災』相模書房　昭和17年12月　四六判 136頁 *7-9

内田祥文（一九一三―一九四六）は、火災実験を主導した内田祥三の長男で、特に防火に関する研究を展開した。『建築と火災』は同名の改訂版が一九五三（昭和28）年に発刊（*7-10）されているが、これは濱田　稔らが戦後にまとめた遺稿集である。特に中心になるのは、火災実験とそれから得られた火災の本質及び木造家屋の防火対策（防火改修）を論じたものである。第2章で戦時火災の特徴（焼夷弾等）にふれている。

22頁　焼夷弾攻撃法：（焼夷弾を搭載した）飛行機が編隊を組んで都市上空に現れた場合、焼夷弾の落下密度はどのようであろうか。濱田稔博士の計算によると、搭載焼夷弾を10kg弾とすると7㎡に1個の割合を覚悟せねばならぬこととなる。そして今敵機が50機編隊で侵入したとすると約700㎡が同時に炎上することになる。

29頁　欧米では煉瓦造・石造の標準火事温度曲線が定まっているが、わが国の木造についてはなかったことから火災実験が行われ、結果として火災進行の概要、対隣壁面の温度、発生熱量、輻射熱、延焼等が解明され、大火の研究も、火事温度、延焼速度、延焼状況、焼け止まり等の研究も進んだとしている。この書では昭和8、9年火災実験以降の研究は相当に進歩し、「木造家屋の火事温度は比較的高いがその継続時間は極めて短い」という本質は、当時痛切な問題となっていたわが国木造都市の防空上の防火対策に対し、重要な示唆を得た」としている。

⑥ 松本治彦『防空と国土計画』中川書房　昭和18年8月　四六判 128頁 *7-39

筆者は国土計画研究所勤務・企画院嘱託、専攻は経済学。防空が焦眉の課題であり、国土計画・地方計画に関係する人口の分布、産業の配置交通施設の調整等が重要であるとの視点から、第一に根本的には大都市の膨張抑制計画と都市の疎開計画、第二に空襲による損害防止計画が必要とする。空襲の予想として難波三十四の言を引いて太平洋上の航空母艦と長距離重爆撃機を予期している。空襲に対する国土の特性、国土計画的方策、防空都市の建設、日本的防空都市、産業施設の防空、防空精神の高揚、防空施策の展開等に分けて論述する。石川栄輝、磯村英一、難波三十四、東京市役所等の理論を引用する。計画論が多く関東大震災等への論述はない。

⑦ 菱田厚介『科学新書51　新都市の構成』河出書房　昭和18年9月　四六判 160頁 *7-40

著者（一八九四－一九五四）は関東大震災後、帝都復興院、後に内務省復興局技師となる。一九二四年内務大臣官房都市計画課、都市計画課第二技術掛主任技師を経て、一九三九年防空研究所初代所長に就任する。一九三九（昭和14）年に公布される防空建築規則は菱田の手による。

本書は、第一章定住處（都市は人間の農園である）、第二章人工気候、第三章都市住宅、第四章住宅制度、第五章受照計画、第六章昼光計画、第七章防火計画、第八章防弾計画、第九章街の形態、第十章近隣区計画、第十一章ビル区の構成、第十二章工場の布置、第十三章緑地礼賛、第十四章街の開発に分けて記述されている。函館大火や静岡大火の記述があり、我が国の大火の特性や研究をベースに都市防火の計画論を展開している。

80頁「延焼さえなければ空襲などをうけてもそれほど騒ぐことはない（中略）延焼から火事を考える場合、注意すべきことが三つある。一つは火焔の舌が横に流れ出る問題、二つは外表部の延焼が激しく大きな輻射熱を隣家に及ぼす問題、三つは火の粉を立ち昇らせて飛び火を起こす問題である。」

85頁「昭和9年の函館の火事では39箇所に飛び火がありその最大距離は480米であった。昭和15年の静岡の大火では9箇所170米に達した。（中略）防火の計画ではこの飛び火が最も始末が悪いので同時多発性の火災は空襲を待たずとも我が国では既に諸方で経験してきたわけである。緑地帯を作ることでは解決されないので、一戸一戸防火的に落ち度なく仕上げるより他、手がないのである」

88頁「日本は大火についてはどこの国より先進で（中略）大火に遇った場合、その都会の運命はまったく風一つの心任せである。消防力は無力といってもよい位になるし又準耐火程度の家ではほとんど抵抗できない。風向がかわり或いは勢力が衰えて焼け止まることが実情である。勿論、局部的には空地とか防火家屋の存在が威力を発揮する場合があるが、それは真っ正面から火陣に対抗するのでなく、側面から助力するに過ぎないのである。それでさしあたりの防火策は何処までも火事を大きくせぬことが中心でそれ以上は手が届かぬのである。『広がらぬうちに必死で消す』、それを前提としての防火改修事業である。」

90頁「爆弾によって市民を恐怖状態に陥れそれによって消防力をにぶらせる。そして火災を拡大させるのである。これからの都市は爆弾に対し相当な安全感があることが必要で、市民に敢闘精神を吹き込むには是非このことが達せられねばならぬと思う。攻撃目標のある地帯はもとよりであるが、一般の住宅地も爆弾の盲爆に備えなくてはならないのである。」

152頁「大正十二年の震災が山手に及ばなかったことは誠に故ある哉と思われる。都会の緑化が防空偽装上有効なことは申すまでもなくまた気候の調節要素としても価値がある」

⑧　田邊平学『不燃都市』相模書房　昭和20年8月　A5判 572頁 *7-41

著者（一八九八—一九五四）は都市防空の第一人者、戦後の不燃化運動を牽引した。一九三三（昭和8）年東京工業大学建築学教室に防空建築研究室を設け一九三七（昭和12）年6月から「建築防空学」（建築防空、防空都市構築全般）を講義した。

将来戦に備えて我が国都市の防空的構築が重要であるとする。防空的都市構築が要求するのは、耐火建築の強制指導、耐弾・耐震建築の普及、高層建築の制限、防護室となる地下室の整備、重要施設と工場の分散、人口疎開と市民の移住、衛生及び食糧問題解決のための都市緑化と田園化、理想都市に向かっての既成都市の改造、新興工業都市の建設、防空的地方計画乃至国土計画である。ドイツを中心とした外国都市の参照が多く、関東大震災については火災を論じる項（167～170頁）で出火や人的被害、延焼について簡単に触れている。

⑨　大日本防空協会『防空教材第五輯　防空土木』昭和18年8月　A5判 152頁 *7-42

一九四一（昭和16）年7月に行われた内務省主催の防空幹部講習会の速記録である。地方防空学校の教育資料として編集された教材である（第三輯は防毒並びに救護、第四輯は未確認）。関東大震災に言及する部分はほとんどない。

・**防空土木一般指導要項（講師　内務省計畫局第一技術課長　春藤眞三）**
3頁『空襲に対する土木施設の強化は一日も争う緊急の事項なので、一昨年（昭和14年）各部門の専門家、権威者を内務省防空専門委員に委嘱して数十回の協議を重ねて『防空土木一般指導要項』の骨子を作成した。内務省で審議し一昨年七月要領として通牒したものである。また、考え方として、土木施設計画におけるブロック化、分散配置、相互連絡、火災については木造の防火改修と共に消防施設の強化、水利の確保を必要とする。

・**防空都市計畫要領（内務省都市計畫東京地方委員會技師　石川榮耀）**
16頁「防空の仕事は『バケツ防空』では間に合わない」、空襲が必至という自覚が重要で、石原莞爾「世界最終戦」など世界情勢を見て肚を決めていただきたい。その上で、「恒久防空」を目指すべきである。という前置きのもとで、分散等国土計画のあり方、抑制と分散による防火計画・消防計画・防空廣路の造成を重視した大都市防空を説く。中小都市では「防空地方計画」で総合的に展開していく、と説く。

・**港灣施設の防空對策（内務省土木局技師　黒田靜夫）**
港湾全体の防空対策として現況の把握、分散配置、船舶出入の対策、港口や高炉の確保、閉塞の解除対策、埠頭施設、危険物の配置と貯蔵、広場や輸送、消防施設等の対策を論じている。

・**道路防空對策（内務省土木試驗所長　藤井眞透）**
道路の配置、道路の構造や舗装材について言及、コンクリート舗装を奨める。

・**水道施設の防空對策（内務省土木局技師　河口協介）**
空襲時の水道の役割、種類、恒久対策、耐弾構造化、分散設置、偽装、積極防空、下水道施設の防空等を講述する。

・**橋梁の爆撃と其の對策（東京帝大教授　田中　豊）**
爆弾の投下命中率の考察、重要橋梁被害時の応急対策、応急資材の準備、新設橋梁等を説明する。

⑩　**町田　保『土木防空　都市計画編5』常磐書房　昭和18年11月　四六判 139頁 *7-43**
著者（一九〇三―一九六七）は東京帝国大学から内務省防空総本部技師、戦後は戦災復興、首都建設計画等に尽力した。この書では都市土木の観点から防空に関する対応等を論じる。

1空襲判断、2投下弾とその威力、3防弾構造、4避難退避施設、5防火及び消火、6防空偽装、7防空と都市計画、8交通施設防空、9供給施設防空について論じる。科学的に耐弾構造物や避難退避施設の構造強度や設備、風速と延焼速度、防火改修や防火帯の諸元等を説く。防空と都市計画では都市の防火的構築を論じる。消防について過去の大火でのデータから必要水量、ポンプ車台数消防水利の配置等を説く。国民による消火は論じていない。

（4）各種指導要領の成立

一九三七（昭和12）年に防空法が成立した後、防空の業務を遂行するための指導要領が相次いで作成された。今日でいう「マニュアル」である。防空法の活動項目に応じてどのようなものが作成されたか紹介する。一九四二（昭和17）年3月の『防空法関係法令』でみると、一九三七（昭和12）年12月の「防空指導一般要領」を皮切りに13の要綱が示されている。これらには関東大震災を参照する内容は見られない。しかし、大震災の最大の教訓の一つ「まったく事前の準備がなかった」ことをふまえて、指導要領が作成されたと言える。いずれの要領も内容は固定的で、事態に応じた柔軟な対応ができたかという点では疑問が残る。

◆*7-44　内務省防空局『防災関係法令及び例規』一九四二（昭和17）年3月

①　内務省「防空指導一般要領」（昭和12年12月17日）

一、防空の重点は軍防空に即応し国土防衛の完璧を期するにあること勿論なりと雖も防空実施に際して国民生活の平常性を保持し国内各般の業務の運営を阻害することなく以て防空の永続性を保持することを要す。斯かる見地より防空は国民全般の国家に対する義務たることを認識せしめ以て防空上必要なる設備並びに資材を合理的に整備するを要する。

二、防空機関：機関相互の連携、合理的な組織の統制等

三、防空教育：国民一般をして防空に深き理解と協力とを得る。幹部教育のため講習機関の設置や特別講習を行う。

四、防空訓練：最も適切なるを以て周到なる計画と剴切なる指導の下に初期の効果を発揮する。

五、設備や資材：防空が国民の自衛行為を基調とする認識を広め、自発的に整備する。

六、監視：耐忍持久の精神、智能を考慮し人選する、教育資材も肝要である。

七、通信：警報用、情報用、指揮連絡用の通信網を連結し密接に連絡、完璧にするには専用電話が望ましい。

八、警報：発する者、伝達責任者、受領者を緊密にし、もれなく発受する。
九、燈火管制：国民の普遍的義務を認識せしめ、業態や種類に応じ方法を明かし目的を達成する。
十、消防：「消防に付いては火災が空襲を原因として発生する他、諸種の原因により頻発するものなると、特に我が国の都市の構成が火災に対し薄弱なる状態にあるとに鑑み、本然消防機関の整備充実を計る外、自衛消防（家庭消防）を発達せしむる如く指導するを要す。即ち各家庭に防火思想を普及し、防火方法を訓練し、自治的に隣保共助の精神に依り各種火災の発生に際し応急消防に遺憾なきを期せざるべからず。／消防に関する設備並びに資材の整備については消防機械器具の充備、水源の涵養、水利の調整及び貯水設備の増設を図るとともに、簡易なる自衛消防用器具を合理的に備付せしむる如く指導するを要す。」
十一、防毒：知識の向上と簡易に自衛の措置を講じ得るよう指導、用務従事者の教育訓練等
十二、避難：「避難に付いては原則として自衛防空の精神により建物毎に護るべく、老幼者、病者或いは空襲による破壊、火災、被毒等の為已むを得ず避難する者及び屋外通行者等の避難に関しては一定の計画の下に統制をたもち混乱来さざる様指導せざるべからず。／避難に関する設備並びに資材の整備に付いては前項の趣旨に基づき密集区域、重要施設所在地等につき考慮せらるべく、之がため公園、緑地広場等については火災時の避難に、学校、地下室、隧道、地下鉄道等に付いては耐弾防毒の避難に利用し得る設備を為し区域毎に配当するものとする。／特に学校、劇場、集会場、市場等一堂に多数集合する施設に就いては努めて掩護の設備を為し、その設備を為し得ざるものについては避難のため地下室その他設備を施す如く指導するものとする。」
十三、救護：救急法の普及、特殊技能者の技能習得等
十四、都市・建築：「都市計画法、市街地建築物法の活用或いは改正に依り過大都市の防止、都市形態の改善、市街地の疎開、公園緑地の増設、都市の防火的構築を考慮するの外、土木施設に付いては防空上有効なる道路、広場、鉄道、軌道、飛行場、水利施設等を充実し、鉄道、軌道、上下水道、通信、発送電設備等に防護設備を為し、建築施設に付いては耐火建築の促進、重要建築物及び特殊建築物の分散並びに防護、一般建築物を改善する等の諸般の措置を必要とす。」

（注）避難について

この一九三七（昭和12）年の「防空指導一般要領」十二は避難について述べているが、翌一九三八（昭和13）年3月の内務省警保局通牒「空襲の際に於ける警備に関する件」では、「警戒警報または空襲警報発令せられたる場合、避難に付いては原則として避難せしめざるよう指導し、老幼病者或いは空襲による破壊、火災、被毒等の為已むを得ず避難するもの及び屋外通行者等の避難についてはこれにより不祥事を惹起せしめざるよう特に留意すること」と原則空襲下の避難を認め

ない指導にかかわり、一九三九（昭和14）年4月『国民防空読本』では、避難を原則認めない、と明記された（*1-16 大前40頁）。

②　**内務省「防空監視及び情報通信指導要領」（昭和16年）**

航空機を速やかに発見識別して迅速確実に之を所定の防空機関に報告する。

③　**内務省「燈火管制指導要領」（昭和15年12月）**

夜間来襲する敵機に対し其の航路、目的地または目標の判断を困難ならしめる為総ての光を全体として秘匿する。

④　**内務省「防空偽装指導要領」（昭和16年8月）**

空襲目標となりやすき物件に対し敵機よりの発見を困難ならしめ精密なる爆撃を不可能ならしめる。

⑤　**内務省「家庭防空指導要領」（昭和15年2月）**

焼夷弾攻撃を受ける虞がある重要地域に於ける主として軽焼夷弾に対する消防指導の要領を定める。

総則１　空襲時惹起する火災は同時多数の特異性を有することを十分認識し、木造家屋の密集せる我が國都市の現状においては特に防火第一主義を徹底すること。

総則２「我が家は我が手で護る」の信念を堅持すると共に隣保共助の精神を涵養強化し、家庭及び家庭防空群の総力を以て沈着勇敢且つ機敏に防火に従事し、以て自衛防火の徹底を図ること。

五消防作業（一）家庭防空群の任務の限界（イ）家庭防空群は原則として他群に応援せざること、但し隣接家庭防空群に焼夷弾落下し応援を必要とする場合、又は他群内に火災発生して未だ警防団又は官設消防機関の来着なき場合において自群の警戒の要なきときは之を応援すること。（二）家庭防空群長は警防団又は官設消防機関の来着し消防作業を開始したときは直ちに消防作業を之に委ね其の要求によりこれを援助すること。

⑥　**内務省「木造建物防空指導要領」（昭和16年）**

市街地に於ける一般建物は、防空建築規則適用の有無に拘わらず本指導要領により防空施設となすこと。

⑦　**内務省「防空壕構築指導要領」（昭和15年12月）**

投下弾の破裂に基づく弾片、破片、爆風等に因る危害、出来うれば毒ガスに因る危害を防止することに留意して構築すること（以下各種の防空壕、資機材等の説明）。

⑧ **内務省「防空待避施設指導要領」（昭和17年7月）**

待機施設とは投下弾の破裂に基づく弾片及び爆風並びにそれに起因する落下物、弾片等に因る危害より人命を防護する応急的施設を謂う。前号の目的を達し得るとともに爆撃をうけた場合に待機者が迅速に出動し得ることを目的にする。

⑨ **内務省「防毒指導要領」（昭和15年5月）**

主として敵航空機が使用する毒性の瓦斯、煙霧、液体等に対し、機宜の防護措置を以て被害を防止または軽減する。

⑩ **内務省「退去・避難及び待避指導要領」（昭和15年12月）**

総則二　退去または避難とは危険の場所より退去して生命身体等に対する危難を避けることを謂い、待避とは自己の持ち場を守りつつ生命身体等に対する危難を避けることを謂う。

総則三「退去、避難または待避については我が國都市の状況に照らし自衛防空の重要性、施設の現況に適応する如く予め周到なる計画を樹立し、之に基づき指導するを要すること」

総則四「退去、避難または待避に際しては往々混乱により甚大な災害を生じ又は流言蜚語等に迷わされ人心動揺するを以て、指導者指導統制力を強化すると共に指導者の指導に対し絶対服従の観念を徹底せしむること」

⑪ **内務省「警防団救護要領」（昭和16年7月）**

空襲時に於ける救護部（班）の沈着にして有効適切なる活動は大きい、普段より業務の研究に努め実務を習熟、以下、手当法を紹介する。

⑫ **内務省「防空土木指導一般要領」（昭和14年7月）**（内務省計画局長・土木局長通達）

項目は以下のとおり。1鉄道、2軌道（路面電車）、3地下鉄道、4港湾、5道路及び付属物、6上水道、7下水道（公共溝渠を含む）、8河川湖沼、9発電水力、10橋梁、11特殊構造物（鉄塔高架水槽、調整水槽、瓦斯タンク、堰堤等）、12公園緑地、13都市計画（適用区域は防空重要都市及び其の他空襲の虞れがある地域とする）

⑬　**内務省「鉱山防空指導要領」（制定時期不明）**
空襲管制下に於ける作業継続に関する事項、投下弾に関する事項等を定める。

第七章まとめ　震火災調査、火災実験・焼夷弾消火、都市の防火的構築

震災の直後から震災予防調査会や各機関による被害調査が行われ、それらは帝都復興蔡が行われる一九三〇（昭和5）年頃にはまとまった。特に震災予防調査会の中村清二による火災調査（*7-1、*7-7）は、火災動態を把握し、消火に成功した箇所等の分析や不燃化や緑化、水の確保等防火の都市づくりの課題を明示したものであった。

しかし、災害研究を推し進めてきた震災予防調査会は、百号の報告をまとめた後、解散し、これらの研究成果を社会的に発展させる推進力はなくなり、折角の災害研究は防空の動きの中で活用されなかった。また、消防では消火の状況、警察では死傷者や避難の記録もまとめられている。関東大震災のあと都市を不燃化すべきという論が大きくなったが、帝都復興では防火地区の拡大や復興にともなう建築助成等一部にとどまった。

一九三三（昭和8）年と一九三四（同9）年に、東京帝国大学で我が国初めての火災実験が行われた。木造家屋の火災特性を把握する実験であり、火災継続時間や最高温度等が測定された。この実験は、木造建築物の火災特性を把握するためであり、震災による直接の影響はない。但し復興で不要になった家屋の活用等震災との関係は皆無ではない。この結果、木造建物の火災特性が明確になり、外壁をモルタル等で被覆した燃えにくい「防火木造」が開発され、昭和14年以降の「防火改修」に貢献した（*7-8 内田、*7-9 内田）。

一方、同じ時期に陸軍科学研究所による焼夷弾消火実験が行われた。高熱発火する焼夷弾に対して、一九三三（昭和8）年は砂による消火実験を試みたがよい結果にならず、翌一九三四（昭和9）年の実験で焼夷弾の落下直後、炎上のごく初期に周辺可燃物に注水することで大規模な火災にならない、という結論を得た（*7-19 陸軍研究所）。この二つの火災実験は、軍と大学とが別々に実施したようである。

一九三七（昭和12）年の防空法成立と相前後して、日本建築学会に軍・官庁関係者と専門家が合同した「都市防空に関する調査委員会」が発足した。これ以後、軍・内務省・学会の連携による研究が進展する。学会の委員会では、小学校の防空施設活用や防火改修、防空壕の作り方、建築偽装など研究成果をふまえたパンフレットを発行し、啓蒙活動を行った。また、一九三八（昭和13）年月島の火災実験を皮切りに全国各地で内務省・軍・研究者が防火改修の効果を示す実大家屋の火災実験を行い、実際に国民に火災をみせて防空への啓発を行った。

一九四二（昭和17）年4月東京などに初めてB25による空襲（通称ドゥリトル空襲）を受け、軍や警視庁建築部等の調査がなされたが、被害が軽微であったとされ防空施策に反映されることはなかった。

一方、防空から見た都市計画のあり方に関する研究が進展する。内務省や東京市で計画論が検討され、一九三九（昭和14）年7月「防空土木指導一般要領」で計画指針が定まる。関東大震災時の焼け止まりや避難の状況などをふまえて、防火帯・樹木の防火活用などの諸元や空襲火災の被害を局所化するために防火区画化や消防施設の諸元が提案されている。

しかし、これら計画論は空襲の激化に間に合わなかった。建物疎開等で50～200ｍ幅の空地が生み出されても、強風下の風下延焼や飛び火は阻止できず、また両側のブロックに出火延焼があれば両方とも焼失し、結果として役立たなかった。また、一九三七（昭和12）年ころまでは、避難地・避難路・小学校の避難拠点活用等を計画する提案もあったが、まもなく空襲に踏み止まって消火すべしという指導のもとで、翌年の秋には「避難」という言葉に関係する項目が見えなくなり、小学校の防空拠点化構想も消えていった。

なお、震災前から都市の不燃化を訴える意見があり（*7-12佐藤他）、関東大震災後にいっそう機運が高まったが、帝都復興では東京と横浜で防火地区が若干拡大等するとどまった。当時、建築コストや生活様式等の点で鉄筋コンクリート造は普及する状況になく、木造建物の「防火改修」が空襲に備えて隣棟への類焼遅延のために開発された。隣棟への類焼を遅らせている間に警防団（消防組）や消防隊が駆けつけ消火することを想定しており、火災実験では期待通りの延焼遅延効果を発揮した。しかし、本格的に空襲が始まった戦争末期には防火改修は資材や技術者不足のため進んでおらず、さらに消防力も職員の出征が相次ぎ、十分な効果を発揮し得なかった。戦後になって大都市部ではこの時開発された「防火木造」を建てるべき「準防火地域」が広く指定され木造モルタル造が普及した。また消防力の強化が進行し、平常時の火災危険が低減することになった。ただし地震時にはモルタルが崩落し防火効果が低下する問題が指摘されている。

以上みたように、技術的開発の分野では関東大震災の調査研究が活用され、計画論やあるべき方向性が提起されたが、当時は実現する環境になく折角の教訓を生かすことができず、画餅に帰した。ただし戦時の防空都市計画や防火建築の専門家が、一九五〇年代になって都市不燃化運動を牽引し、防火建築帯の造成などを推進していった。戦時の研究が戦後の大都市の火災・震災対策に影響を与えたことは再評価する必要がある。

（補足1）　静岡大火と防空研究

一九四〇（昭和15）年一月に発生した静岡大火では、火災直後に「体験を基礎として技術者団が立案」という見出しで、内務省の技術者の視察と復興計画の策定を報じる静岡新報社の記事がある。

静岡大火の教訓から、防空防火の要素として、大火と気象の関係の研究、土と水を取り入れる、防火ブロックと補助道路、電柱の地下化、自然水の利用（安部川伏流水利用の防火施設）、地下貯水槽、常緑樹を道路に植樹、防火地域は事変下の資材不足でできない等を指摘している。技術者が火災の現場から学んで、防空防火のための都市構築に尽力していることがわかる。

＊7-45 静岡大火写真帖　静岡新報社編　昭和15年4月　B5判横92頁

57頁「静岡市を不燃焼都市として実現せんとする復興計画は、全国都市の注目の焦点となっているが、これが調査のため来岡した内務省の学術部隊内山都計課長、春藤第一、中澤第二両技術課長、大野事務官、菱田防空研究所長、木村、村瀬、小宮、奥田同所技師の一行は、二十二、三の両日に亘り県市当局の案内で夫々専門の学究的立場から隈無く調査を完了し、一応帰京することになった。この学術部隊の研究の結果は将来に対処する都市の防空防火の資料を山とリュックサックに詰め込み、何れも「尊い経験であった。これを生かさねば罹災者に対して相済まぬ事だ。」と感慨を述べている。

この学術部隊は二十三日総務部長室において座談会を開き、静岡市の復興街路事業計画案につき最終的な検討を加え、市の特殊事情を考慮しベストプランを決定したのである。」

（補足2） 国民防空における防火・消火の効果について

焼夷弾等を用いた空襲に対する警防団、町内会・隣組（家庭防空組織、隣組防空群）の効果について、大井の研究（*1-17 188頁）では、半焼家屋数に着目した指標「消火率」をつかって、東京大空襲のようなエリア攻撃以外では国民防空による消火活動が機能し、焼夷弾による火災を消し止めることができたと評価する。

また、一九四四（昭和19）年から翌年にかけて警視庁警務課長を務めていた原文兵衛（*7-45）は、町内会・隣組の防火体制は、小規模空襲ではそれなりの効果を上げていたが、大規模空襲になると手の施しようがなかったとしている。想定を上回るような空襲に対してはカバーする方策は考えられていなかったというのが実情である。今日から見ると、例えば消火を断念すべき事態の判断基準を与えるとか、空襲警報時に来襲機数から判断して避難を促すという情報の出し方や状況に応じた対応を指導することもありえるが、そのような合理的考え方をとることは当時はあり得なかった。

***7-46　原　文兵衛『元警視総監の体験的昭和史』時事通信社　昭和61年4月**

76頁　（要旨）空襲に対する民防空には警防団による警察消防への協力と町内会、部落会、隣組の自主防衛体制の組織があり、その訓練は全国的に頻繁に行われていた。昭和19年から昭和20年の1、2月頃の小規模空襲の時は、それなりの効果を上げていたが、空襲が大規模になり、一回に数十機乃至百数十機による数千発乃至数万発の大量焼夷弾攻撃に対しては、それまでやってきた防空体制や防空訓練では手の施しようがなかった。そのような空襲には、隣組の消火活動として訓練してきたバケツリレーや火叩き防火戦術では何の役にも立たず、かえって避難が遅れて人身の損傷を増大する結果となった。
かくして3月10日の東京大空襲以後は、警察も消防も町内会・隣組に対して大規模空襲では速やかな避難を第一にするように指導したのである。その結果その後の空襲では焼失戸数、罹災人数に比して死傷者の数は比較的少なくなった。

第八章　防空に関する国民啓発と関東大震災

本章では、国民に対する防空啓発がどのように展開されたか、また、その中で関東大震災はどのような扱いをされたかについて、国が発行した『写真週報』、東京市・都が発行した『市政週報・都政週報』、その他、一般向け出版物である絵解き・児童向けの教育紙芝居などから考察する。

各項目には先行研究があり、それらからも大いなる知見を得たことを付記する（*8-1 玉井、*8-18 東京都、*8-29 神奈川大学等）。また、資料は、原物以外に国会図書館デジタルコレクション等も参照した（口絵に一部のカラー画像を掲げる）。

第八章　防空に関する国民啓発と関東大震災

1『写真週報』にみる防空啓発

『写真週報』は、内閣情報部（のち情報局）によって「国策のパンフレット」として編集・刊行された国内向けの週刊のグラフ誌である。一九三八（昭和13）年2月16日号（創刊第1号）から一九四五（昭和20）年7月11日号（第374・375合併号）まで、原則として週一回、全371冊発行された。一九三八（昭和13）年8月から防空をテーマとする特集号が相次いだ。先行する研究には、玉井　清編著『写真週報とその時代』*8-1があり、そこでは『写真週報』記事をテーマ別に分類して詳述しており、防空については下巻で一章をあてている。

***8-1　玉井　清編著『写真週報とその時代　下　戦時日本の国防・対外意識』慶應義塾大学出版会　二〇一七年7月・岩村正史「第二章　空襲に備えよ―民間防空の変容」（同書53～82頁）**

岩村の記述では以下の傾向を指摘している。80頁以下の要旨を示す。

① 昭和13年～15年前半の記事は、「毒ガス弾の脅威が強調される一方、焼夷弾については比較的楽観視されており、国民が自らの生命を守ることも容認されていた」。当時は日本本土空襲の可能性は低く、防空記事も緊張感に欠けていた。

② 昭和15年以降、欧州での激しい空襲が繰り返されるようになると防空記事にも緊迫感がでてくる。毒ガス弾より焼夷弾の脅威が強調され、消火方法が詳しく解説された。同年の防空法改正方針と一致していた。日米関係が緊迫化した昭和16年の記事では、読者に身を顧みず空襲に立ち向かうことを要求するようになった。

③ 太平洋戦争突入後は防空記事掲載の頻度も高くなり内容も詳細になっていく。『時局防空必携』が改定されると、グラフ誌としての本領を発揮し、改正内容をビジュアルでわかりやすく解説する特別号を発行した。

④ 戦局悪化に伴い本土空襲必至となると政府方針に則して疎開を推奨するようになった。本土空襲が始まると被害少を強調するなど強気であったが、東京大空襲以後は惨害を紹介することで敵への憎悪を煽り、速やかな疎開を求めていた。

『写真週報』について主な防空特集号を対象に、テーマ別に整理したのが次頁表8-1である（コラム等は除く）。

昭和13年度には、基本的な防空心得と建築物の防火改修や焼夷弾消火が取り上げられている。

昭和14、15年度では、欧州の大戦の空襲の状況を重ねながら、防空演習や防空監視や毒ガス対策を特集する。

昭和16年度になると防空法の改正もあり、関東大震災と空襲を重ね合わせた記事が見られる。

昭和17年度では大型焼夷弾の消火もできるという記事が掲載されている。

昭和18年度には時局防空必携の改定、都市疎開、待避壕の作り方など、防空特集の回数も増え、内容も多岐に及んでくる。この時期、各号で節約生活を推奨する記事が増える。

昭和19年度になると待避所・防空壕・疎開を中心に切迫した記事が掲載される。

このように防空啓発の重点は初期の防火改修・焼夷弾消火から、防空壕・疎開等に推移している。以下、『写真週報』各号で関東大震災はどう記述されたか、焼夷弾消火はどのように指導されたか等を中心にみていく（以下、号数、「記事見出し」、発行年月日を記す。表紙は口絵参照）。

表 8-1　政府広報誌「写真週報」にみる主な防災特集記事

時期	A空襲情勢、全般的な防空啓発	B防空の心得の啓発	C焼夷弾消火の啓発	D防火改修、都市防空、疎開の啓発	E待避所・防空壕の啓発	Eその他
昭和13年度		①　29号　「防空覚え帖」昭和13年8月31日：場面別の防空の心得を説明	①29号　「防空覚え帖」昭和13年8月31日昭和13年8月警視庁「焼夷弾火災防火実演」を紹介	②　42号　「焼夷弾の延焼は防げる」昭和13年11月30日：11月新宿と大阪での建築学会「木造二階建家外壁延焼実験」と防火改修		
昭和14年度	③　88号「国民挙って空に備えよ」昭和14年10月25日：10月の防空演習に関連して防空監視、毒ガス対策を特集。					
昭和15年度	④　136号「ロンドン空爆」昭和15年10月2日：2,3頁ロンドン爆撃の紹介、	④　136号「ロンドン空爆」昭和15年10月2日：4,5頁「日本の都市が空爆されたら」防空壕や隣組消火で可				
昭和16年度	⑤　184号　「都市防空」　昭和16年9月3日「空襲恐れるに足りず」関東大震災では周章狼狽し逃げ出したため惨害を招いた。	⑤　184号　「都市防空」　昭和16年9月3日　防空心得帖 ⑥　208号「全力で守れこの空この国土」昭和17年2月18日：「防空にこれだけは心得ておかなくてはなりません」として、空襲警報時の措置や防空戦闘(空襲下の防火活動)等を特集			⑤　184号　「都市防空」　昭和16年9月3日　防空壕をつくるなら	
昭和17年度			⑦　261号「大型焼夷弾はどう消すか」昭和18年3月3日　「大型焼夷弾はどう消すか」淀川河川敷で行われた大型焼夷弾の実験紹介			
昭和18年度	⑪　305号「空襲に予告なし」　昭和19年1月19日号　「断じて皇土を守り抜こう」今後の空襲情勢を論じ、爆弾の威力を紹介	⑨　283号「改訂時局防空必携写真解説」　昭和18年8月4日 改訂された「時局防空必携」を写真で解説する。	⑩　288号「注水競技会」昭和18年9月20日　8月大阪での隣組による「注水競技会」の様子を紹介	⑫　311号「敵機は狙う我が頭上」昭和19年3月1日号:都市疎開を特集	⑪　305号「空襲に予告なし」　昭和19年1月19日号:待避壕の作り方、官庁施設の疎開	⑧　282号(軍防空) 昭和18年7月28日 航空隊や航空兵の活動、農村や工場の勤労奉仕などを描く
昭和19年度		⑭　319号「五月の空に手を伸ばせ」昭和19年5月3日号：「我が家の防空戦闘」と題して空襲警報発令時の対応を図解		⑮　332号「国民大和一致、その全力を国家奉仕に発揮せん」：昭和19年8月2日号「毀して造った我等の防空空地」家屋の廃材で待避所を造る	⑬　314号「兵器は私たちでつくりましょう」昭和19年3月2日「急げ待避所の強化」として防空壕の作り方を紹介	⑯　333号　昭和19年8月9日号「や勝つためにはなんでもやろう」「空襲保険」を紹介

（1）昭和13〜15年度

①『写真週報29号』「防空おぼえ帖」昭和13年8月31日 *8-2

初めての防空特集号。記事の前半では、燈火管制の種類、街路で空襲にあったとき、公園や野原では、家庭では、瓦斯弾が炸裂した時など各場面で東宝劇団の俳優が演じる画像にあわせて、防空の心得を説明する。

ついで、昭和13年8月21日から24日に日比谷公園で行われた「焼夷弾火災防火実演」（主催警視庁・東京市、後援内務省）10kg焼夷弾及び1kg・2kg・5kgの焼夷弾を点火し、水・筵・座布団等で消火する木造二階建模擬家屋での立体訓練を紹介している。

②『写真週報42号』「焼夷弾の延焼は防げる」昭和13年11月30日 *8-3

「簡易防火改修」で「焚き付けの都市」を「燃えぬ都市」にしようというテーマの記事がある。

6頁「昭和13年11月20日内務省計画局・建築学会主催で『木造二階建家外壁延焼実験』が淀橋浄水場前のひろばで挙行された。木造二階建ての四面に書き割りの外壁を13箇所、残り一面に簡易防火壁が設けられ焼夷弾が点火された。風速3mで通常5分で燃え崩れるところが41分という素晴らしい成績であった。」

「同11月15日内務省・大阪府共催で中部防衛司令部・京都帝大・大阪気象台等の参加で、大阪駅前ひろばで火災実験、六棟の家屋に家財を入れ、第一家屋の二階から階下に焼夷弾を落下し点火、隣家に延焼しようとしたが、防火壁で止まり、金網モルタル防火壁の第五・第六棟は延焼しなかった。」

写真週報42号 6.7頁（昭和13年11月30日） 　写真週報29号 12,13頁（昭和13年8月31日）

③ **『写真週報88号』「国民挙って空に備えよ」昭和14年10月25日 *8-4**

防空監視、毒ガス対策を特集している。

1頁「十月下旬から全国に亘って防空演習が行はれる。この訓練は軍防空に即応し、国民防空の全部門（監視、通信、警報伝達、灯火管制、消防、防毒、避難、救護）が極めて実戦的に施行される総合的大訓練である。そして、この訓練は決して警防団や家庭防火群その他防空諸機関に任すだけでなく国民挙って積極的に参加し、訓練を通して有事の際の心構えをなお一層強固なものにするよう心がけなければならない（中略）今や防空は国民全般の国家に対する重要な義務になったのである。」

④ **『写真週報 136 号』「ロンドン空爆」昭和15年10月2日 *8-5**

2、3頁にロンドン爆撃の紹介記事、4、5頁に「日本の都市が空爆されたら」のグラビア、防空壕や隣組の消火で大丈夫という記事がある。

4頁「不気味な爆音とともにわが防空陣を突破した敵の数機はまっしぐらに××市を襲撃してきました。市の中心街昭和町交差点（図）もたちまち敵爆撃機の翼下に覆はれました。一機、敵の放った一弾はおそらく二百五十キロ級爆弾と思はれますが、豪華を誇る朝日百貨店の一角に命中、アッという間に鉄筋コンクリート八階建ての各階をぶち抜いて轟然と爆発しました。（中略）またまた今度は焼夷弾です。鳥料理屋の二階を突き破ったとたんに発火して猛烈な火柱を吹き上げました。五メートルもの火柱です。十キロ級の油脂焼夷弾でせう。危ない！すてておいては大火事になる。防空壕に避難していた昭和町隣組の人達がいっせいにとび出してきました。手に手にバケツをもってかねて用意の防火用水を火柱めがけて死に物狂いでかけはじめました。焼夷弾が落下してからものの三十秒とたたない早業です。若し隣組の人達の駆けつけるのが遅かったら大変なことになったでせうが、この分なら消防ポンプを持たなくても火事にはならないようです。」

写真週報 88 号 1 頁（昭和 14 年 10 月 25 日）

写真週報 136 号 4,5 頁（昭和 15 年 10 月 2 日）

（2）昭和16〜17年度

①『写真週報 184号』「都市防空」昭和16年9月3日 *8-6

空襲火災に対する啓発が中心の大特集である。震災記念日が近いせいか、関東大震災と重ね合わせて、あの時は消さないで逃げたため惨害になった、そうならないよう心がけるべきと強調している。

1頁　都市の空襲（一旦緩急の場合は敢然と立って敵機の爆撃機から国土を護らねばなりません。そのために実践即応の防空訓練を行う）2、3頁（見開きで市街地火災の絵—爆弾は炸裂した瞬間だけであとは爆弾ではない、あとはただの火事）／4、5頁防空壕を作るなら（図解付き）／6、7頁都市空襲時の食糧は確保されてゐる、8頁防空七つ道具、9頁空襲怖れるに足らず、以下隣組防空帖、空襲下のロンドン、燃焼の科学と消火の知識防空の常識、国民学校と防空（訓練）、吾等の都市は吾等の手で（焼夷弾の消火法）／英米の爆撃機（見分け方）等を説明する。

9頁「関東大震災では激震に逆上して周章狼狽し自分一人の安全を願って逃げ出したために地震本来の威力から生じる惨害を食い止めることができず、その何十倍もの惨害を招いた。この苦い経験をかみしめ、ふたたびこのようなことがないよう、今から十分に心がけねばならぬ。」

②『写真週報 208号』「全力で守れこの空この国土」昭和17年2月18日 *8-7

メインの記事は、マレー半島進攻やフィリピン爆撃であるが、16、17頁は「防空にこれだけは心得ておかなくてはなりません」として、見開きで空襲警報が出された場合の措置や「防空戦闘」（空襲下の防火活動）等を特集する。震災との重ね合わせや燃えやすい市街地の記述はない。

写真週報 208 号 16,17 頁（昭和 17 年 2 月 18 日）写真週報 184 号 9,10 頁（昭和 16 年 9 月 3 日）

③『写真週報 261 号』「大型焼夷弾はどう消すか」昭和18年3月3日 *8-8

巻頭5頁は、「大型焼夷弾はどう消すか」の特集記事、淀川河川敷で行われた大型焼夷弾の実験を紹介する。20kg・50kg焼夷弾で木造瓦葺き三棟を焼き、事前準備として敢闘精神の浩養・多量の水の確保、油脂焼夷弾・黄燐焼夷弾の消火（周辺に水等）、防空待避所の設置を提起する。

（3）昭和18～19年度

①『写真週報 282 号』（軍防空）昭和18年7月28日 *8-9

航空隊や航空兵の活動を中心に、農村や工場の勤労奉仕などを描く。

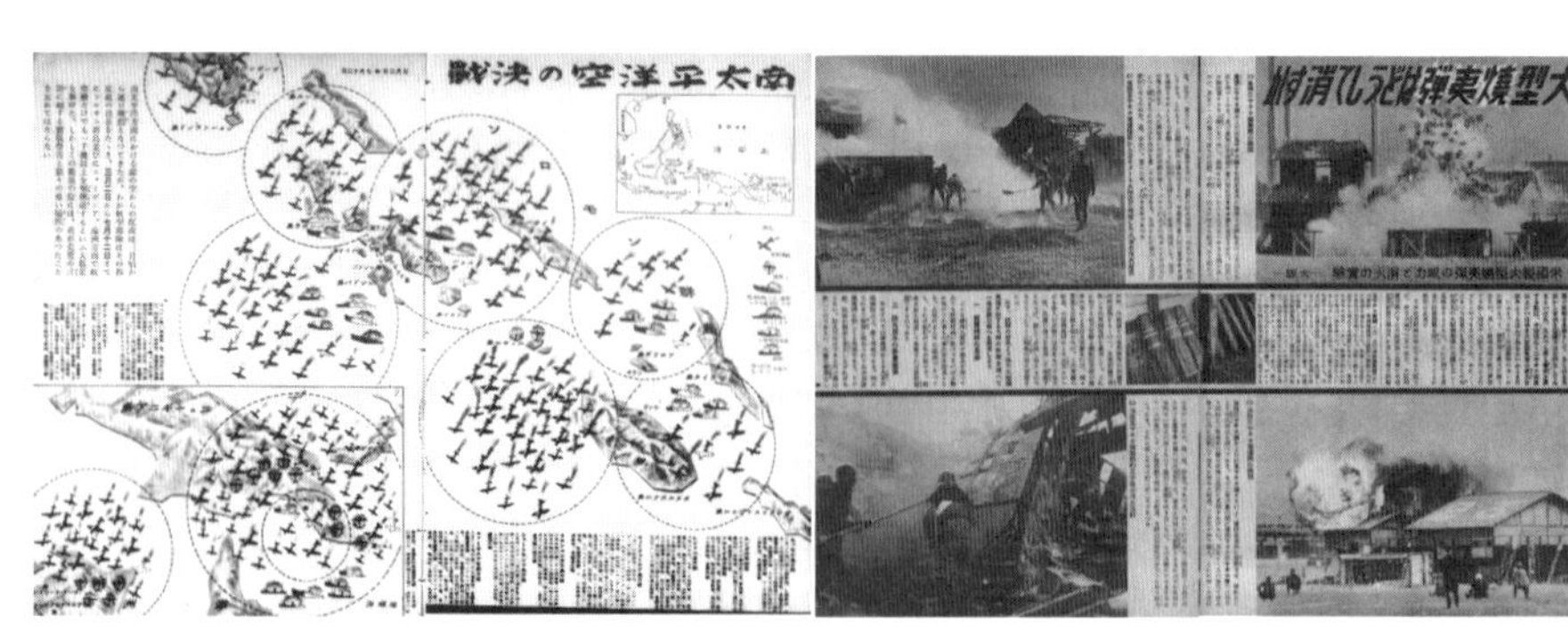

写真週報282号頁（昭和18年7月28日）　写真週報261号4,5頁（昭和18年3月3日）

②『写真週報 283 号』「改訂時局防空必携写真解説」昭和18年8月4日 *8-10

一九四三（昭和18）年に改訂された「時局防空必携」を再現写真を用いてわかりやすく解説する。

巻頭で防空用服装、4、5頁水の確保や待避所など普段の準備、6、7頁で警報が出たり敵機が来た時どうするか、8、9、10頁で焼夷弾が落ちた時、11頁火災になった時どうすべきか、12頁・13頁死傷者が生じた時どうするか、その他、一般の心得や飲料水・食糧の確保などを写真を用いて解説する。

③『写真週報 288 号』「注水競技会」昭和18年9月20日 *8-11

「敵の反攻激化に備えよ」など高射砲部隊の紹介や航空部隊の活躍に引き続いて、8月22日に大阪で行われた「消さずば止まじ」という隣組による「注水競技会」の様子が紹介されている。他に勤労奉仕（炭焼）、共同炊事、生産増強などが見開きで記載されている。

写真週報 288 号 6,7 頁（昭和 18 年 9 月 20 日）　写真週報 283 号 6,7 頁（昭和 18 年 8 月 4 日）

④『写真週報 305号』「空襲に予告なし」昭和19年1月19日 *8-12

巻頭特集は「断じて皇土を守り抜こう」というテーマで今後の空襲情勢を論じ、爆弾の威力を紹介、10、11頁では待避壕の作り方などを提示している。12頁では官庁施設の疎開を報じている。

⑤『写真週報 311』号「敵機は狙う我が頭上」昭和19年3月1日 *8-13

都市疎開を10頁にわたって特集する。「我が國の都市は燃えやすい『木と紙』で造られた家屋がぎっしりと建て込んで」という理解のもと、敵の攻撃による不必要な損害を避けるためとして、都市疎開を提唱する。他に甘蔗の増産、母親学校、ジャワの勤労奉仕などを紹介する。

4頁　疎開の目的　いふまでもなく疎開は防空都市の建設を目的としているのであるが、その直接の目的に第一は、いざ空襲の時に警防団、隣組などの消防活動とともに空地帯によって、火事の延焼を防ぐにある。たとひ敵の暴虐な集中攻撃によって前述のような大火がおきたとしても、それ以上に燃えひろがぬように防ぐ。なんの準備もなかった大正十二年の関東大震災が壊滅的な大災禍にまで進展したことを思へば絶対に必要なことである。第二にこの空地を緊急避難の場所としたりまたは防空壕や貯水槽の用地として、万全の準備をととのへるためである。

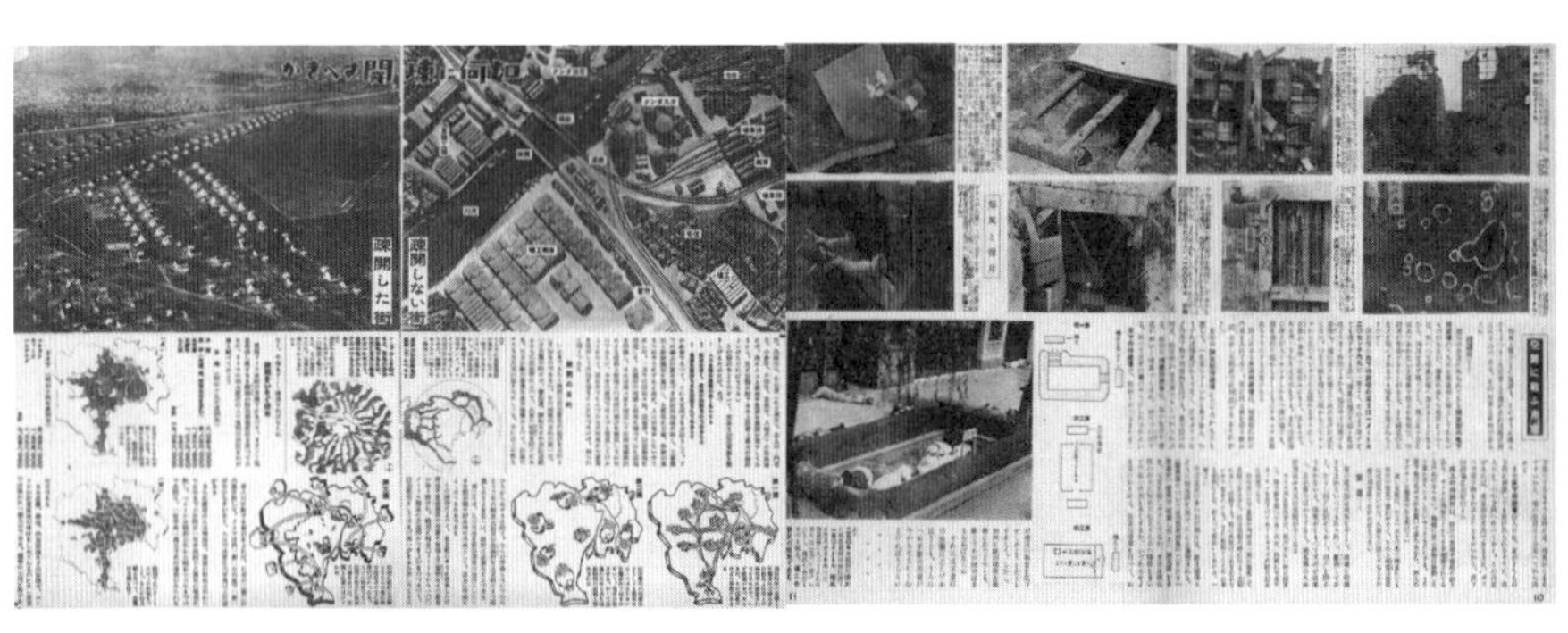

写真週報 311号 4,5頁（昭和19年3月1日）　写真週報 305号 10,11頁（昭和19年1月19日）

⑥『**写真週報 314 号**』「**兵器は私たちで造りましょう**」**昭和19年3月2日 *8-14**

「学鷲の出陣近し」として学生航空兵の訓練の様子、女子挺身隊による工場での勤労風景に続いて、「急げ待避所の強化」として空襲に備えての防空壕の作り方を紹介する。

⑦『**写真週報 319 号**』「**五月の空に手を伸ばせ**」**昭和19年5月3日号 *8-15**

インド作戦、靖国神社例大祭などを紹介するが、Ａ３見開きをもって「我が家の防空戦闘」と題して空襲警報発令時の対応を図解する。

⑧『**写真週報 332 号**』「**国民大和一致、その全力を国家奉仕に発揮せん**」**昭和19年8月2日 *8-16**

小磯内閣発足を報じる号、Ａ３一頁を使って「毀して造った我等の防空空地」と題し解体家屋の廃材で待避所を造る記事を掲載する（画像次頁）。

⑨『**写真週報 333 号**』「**やろう　勝つためにはなんでもやろう**」**昭和19年8月9日号 *8-17**

7頁で「空襲保険」を紹介する（画像次頁）。

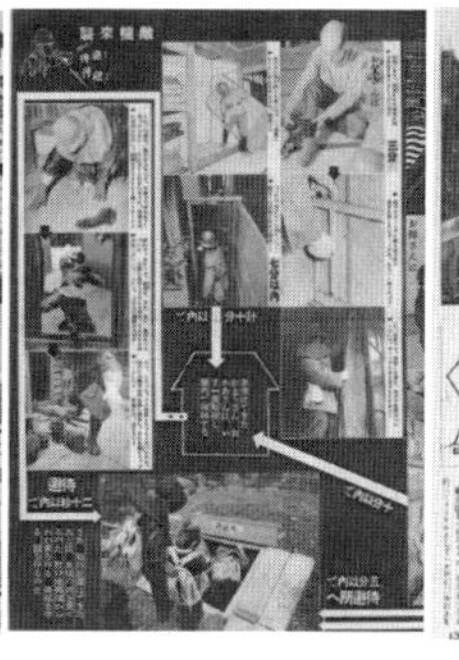

写真週報 319 号 3,4 頁（昭和 19 年 5 月 3 日）

写真週報 314 号 12,13 頁（昭和 19 年 3 月 22 日）

以上のように『写真週報』では、わかりやすい画像を使って空襲に備える心構えや行うべき準備・とるべき活動を「このようにすべし」と教化し防空の備えを促した。その『写真週報』の防空特集の中で関東大震災を引用しているのは、昭和16年9月3日184号と昭和19年3月1日311号の二箇所だけであった。前者の発行日は震災記念日に近く、その故もあって引用したように見受けられる。後者も簡単に触れるにとどまっている。

全体としては震災を強調しなかったのは、全国への広報紙であるためか、また予想される空襲イメージを強調するマイナスを考慮していた可能性がある。防空の既存研究書では当局が国民教化に関東大震災を強調したとする指摘もあるが、全国広報誌『写真週報』では関東大震災を強く提示する傾向はみられなかった。

写真週報 332 号 2 頁
（昭和 19 年 8 月 2 日）

写真週報 333 号 7 頁
（昭和 19 年 8 月 9 日）

2 『東京市政週報・都政週報』と関東大震災

『東京市政週報』は、一九三九（昭和14）年4月から戦時下の東京で発行された東京市の広報誌である。この年は日中戦争が膠着化しつつあり、国家の物的人的総動員が強化された時期で、東京市は戦時下の市民に国策を宣伝し、市民の意識啓発や動員を図ることを目的に発行した。

東京市は一九四三（昭和18）年7月には東京都になったため、名称が『東京都政週報』になり、一九四四（昭和19）年12月2日まで原則として毎週発行された。市政週報216号、都政週報60号、計276号出されている。

（1）防空関連記事の傾向

全体的な記事の傾向については、『東京都都史紀要36　戦時下『都庁』の広報活動』平成8年7月＊8-18に詳しい。

同書では、防空記事を、「防空の思想と警防団」、「防空都市計画の具体化」、「焼夷弾対策と防火主義」、「東京市防衛本部と東京初空襲」、「変災の教訓」、「水は弾丸である」、「横穴タイプの防空壕」、「防空頭巾」に区分して全体的傾向を記述している。政府公報に即した広報が多いが、たびたび関東大震災の教訓が強調されている。

次頁表8-2は、全276号の市政週報・都政週報について、防空の特集記事と内容を半年ごとに区切って整理したものである。（区分は＊8-18に準じる）。

東京市政週報が創刊された一九三九（昭和14）年春は、自主団体であった防護団が解散し公設の警防団が発足した時期で、燈火管制や防空訓練の記事が特集され、続いて隣組防空群の育成が記事になっている。また、同じ一九三九（昭和14）年は、防空建築規則が制定され「防火改修」が推奨されるようになり、防火改修や都市の密集及び過大防止に関する記事が一九四〇（昭和15）年度前半まで相次いでいる。

一九四〇（昭和15）年度前半は防空訓練の広報や報告が多いが、この年の震災記念日にあわせた第73号で、関東大震災と空襲を重ねて防空を論じる特集が出される。これ以降一九四三（昭和18）年まで各年の9月1日の前後で、震災の教訓と防空への意識が提示される。一九四一（昭和16）年の防空法改正に前後して防空意識の高揚、焼夷弾の消火方法が強調される一方、水の確保、空き地の活用、生活面の改良に関わる記事が見られる。

一九四二（昭和17）年度の掲載記事では、同年にあったドゥリトル空襲に関連させて、防空壕の作り方等が他方、防火改修や都市の防空に関する記載は減少する。

一九四三（昭和18）年前半には、焼夷弾の消火法の徹底、防火用水の確保等空襲火災に対する防火啓発が提出現する。

起され、年度の後半では建物疎開が取り上げられる。また、生活の工夫を紹介する記事が増えてくる。

一九四四（昭和19）年には、疎開・防火等に重点が置かれ、再び関東大震災の神田佐久間町の奮闘ぶりが取

区分 期間	①防空の思想と警防団	②防空都市計画の具体化	③焼夷弾対策と防火主義	④震災の教訓	⑤水は弾丸である	⑥横穴タイプの防空壕	⑦防空頭巾、他
昭和17年4月～10月	(昭和17年4月11日市155号隣組防空群の表彰)・昭和17年5月9日市159号警防団と連係して／「帝都初の空襲下に市防衛本部の活躍」4月空襲時の本部の対応を紹介。 (昭和17年5月30日市162号敵機来襲はよき体験) (昭和17年7月11日市168号防諜！秘密戦の手にのるな) (昭和17年7月18日市169号7月の防空訓練) (昭和17年9月26日市179号帝都防空陣営盤石-防衛局長談) (昭和17年10月24日市183号重点主義の防空・訓練講評)		(昭和17年7月11日市168号隣組防空群の歌) (昭和17年8月22日市174号書籍「戦う隣組防空陣」刊行、初空襲の記録等)	**(・昭和17年8月29日市175号「備えよ常に！」**震災からはや19年になります)		(・昭和17年9月5日市176号防空待避所の構築指導) ・昭和17年10月17日市182号「簡易防空待避所の構築要領」図解入りで住宅・店舗での構築要領を説明	(・昭和17年4月4日市154号空地利用のコツ-野菜の作り方) (・昭和17年9月12日市177号戦時災害保護法-国家の親心としての救助・被害者扶助等)
昭和17年11月～昭和18年3月3月	(・昭和17年12月5日市189号各区の防空講習所開設) ・昭和18年1月16日市194号「帝都防空の心構え」 ・昭和18年2月6日都3号「防空決意の標語決定」		(・昭和17年11月14日市186号町会防衛長参集、帝都の死守を誓う/防空訓練のコツ) (・昭和17年11月21日市187号ある防空指導員の手記)				(・昭和18年2月20日市199号食品むだなし運動/完全利用法) (・昭和18年2月27日市200号食品むだなし座談会) (・昭和18年3月6日市201号服装にも決戦態勢) ・昭和18年3月27日市204号3月10日の防空服装生活日の女性像を紹介
昭和18年4月～10月	(・昭和18年4月24日市206号戦う帝都町会隣組の必勝体制の確立/同強化要綱) (・昭和18年9月11日都9号大規模の空襲に備えよ) (・昭和18年10月23日都15号「帝都の学校防空指針」)	(・昭和18年4月24日市207号帝都を護る防空空地地区の指定)	・昭和18年6月5日市213号焼夷弾の防火要領を説明 (・昭和18年7月24日都2号帝都を火から衛れ) ・昭和18年7月31日都政週報第3号焼夷弾は天井裏に注意を喚起	(・昭和18年9月4日都8号**震災の思い出**/神田泉橋病院の防火) ・昭和18年9月25日都11号**「防空に活かせ震災の体験」「町を守った佐久間町勇士の体験談」**	・昭和18年7月24日都2号空襲に備え節水強化、防火用水に ・昭和18年8月28日都7号帝都の防空節水第一 ・昭和18年9月25日都11号「帝都防空の用意はよいか/待避所防火用水を中心に」	・昭和18年8月14日都5号「公共待避壕強化」道路公園等に公共待避所設置中を広報 ・昭和18年10月16日都14号横穴防空壕/場所の選定と堀り方	(・昭和18年4月17日市206号防空服装を日常化せよ) ・昭和18年4月24日市207号防空服装の日常化を提唱 (・昭和18年5月8日市209号戦時の市民生活/生活協同化の提唱) (昭和18年9月18日都10号隣組養豚のおすすめ)
昭和18年11月～昭和19年3月3月		(・昭和18年11月20日都19号重要地帯の建物疎開) (・昭和18年12月11日都22号帝都重要地帯の緊急疎開) (・昭和19年3月18日都34号「帝都の疎開について」)	(・昭和19年1月29日都27号「創意と工夫を活かして防空資機材を整備せよ」)		(・昭和18年11月6日都17号「防空井の整備を」) ・昭和18年11月13日都18号防空井整備要綱により「井戸隣組」の井戸増設を補助する。 ・昭和19年2月5日都28号空襲に備えて水の準備を細かく注意		(・昭和18年12月4日都21号お互い便利な隣組通帳実施 (・昭和19年1月15日都25号「空襲下の生活必需物資配給」) ・昭和19年3月11日都33号「頭部を護れ」防空頭巾づくりを紹介
昭和19年4月～12月	(・昭和19年10月21日都56号「帝都防空本部を強化」)	(・昭和19年4月29日都38号「緊急疎開を協力に遂行」/帝都の人員疎開強化) (・昭和19年5月27日都41号「帝都における建築物疎開地区の指定について」) (・昭和19年11月18日都58号帝都の経済関係施設の疎開整理要綱)	(・昭和19年11月25日都59号一般家庭防空十則/初期消火に万全を) ・昭和19年12月2日都60号(最終)決戦産業防火週間特集、「今ぞ決戦、火の用心」焼夷弾の威力と消火徹底をうたう。	**昭和19年8月26日都51号「震災の体験を防空に活かせ」**、大震災のことを考えると全く空襲なぞ徒に恐れる必要はない、と説く **・昭和19年9月16日都53号「大震災の教訓と防空」**神田佐久間町等の町民の奮闘ぶり、「自分たちの手で」守る気概を説く		(・昭和19年11月25日都59号屋外待避所基本構造)	(・昭和19年4月15日都36号「決戦下の食糧カボチャを作れ」) ・昭和19年10月28日都57号「秋の決戦料理、お芋と小麦粉の簡素料理」

表 8-2　東京市政週報・都政週報に見る主な防空記事（*8-18）を元に作成（数字は号数）

区分 期間	①防空の思想と警防団	②防空都市計画の具体化	③焼夷弾対策と防火主義	④震災の教訓	⑤水は弾丸である	⑥横穴タイプの防空壕	⑦防空頭巾、他
昭和14年4月～10月	（・昭和14年5月13日市6号「東京市防護団の解散」） ・昭和14年5月27日市8号「市民防空と警防団」灯火管制と防火、防空精神の涵養と訓練 （・昭和14年9月30日市26号、隣組防空群発足）	・昭和14年4月15日市2号改良木造家屋の火災実験、防火建築紹介 （・昭和14年8月5日市18号緑地計画） （・昭和14年9月2日市22号「変災と広場」防空に備えて広場が不可欠）	・昭和14年7月15日市15号7月訓練に即して、防空警報・灯火管制・焼夷弾の消火要領を示し防空意識高揚を訴える。				
昭和14年11月～昭和15年3月	（・昭和14年11月4日市31号第三次防空訓練、隣組防空群育成に努力）	・昭和14年10月28日市30号「防空都市計画」耐火建築促進・密集除去と木造防火的改修、水利の強化等を説く。 （・昭和14年11月4日市31号佐野利器、準防火建築普及の急務を説く） （昭和14年12月2日市35号防火改修懇談会）	・昭和14年10月14日市28号　10月の防空訓練に即して防毒知識の普及と避難訓練、隣組防空群を広報する ・昭和15年3月9日市48号「帝都の防衛と隣組防空群」隣組による「交隣相助・協働防衛」				
昭和15年4月～10月	（・昭和15年7月13日市66号「第二次東部防空訓練について」7〜9月の16府県の防空訓練を紹介、防空群に重点） （・昭和15年8月17日市71号「7月の防空訓練について」市長による防空訓練報告、課題多い） （・昭和15年9月21日市76号「家庭綜合防空訓練について」9月訓練総括）	（・昭和15年5月25日市59号「木造建築の防火改修」） ・昭和15年8月31日市73号「変災と都市計画」木造密集都市防衛のため防火改修・過大都市防止 ・昭和15年9月28日市77号「都市計画の新目標を防空都市の建設へ」として東京市防衛施設調査委員会を設置	・昭和15年8月24日市72号「東京市家庭防空綜合訓練について・家庭防空への要望」認識の徹底、精神の涵養を説く ・昭和15年8月31日市73号火災実験をアピール ・昭和15年9月28日市政週報第77号「第三次特別防空訓練」油脂焼夷弾対策、爆弾の威力と消火方法を説明	**・昭和15年8月31日市73号「備えあれば患いなし」**地震火災は市民の恥辱、将来の空襲に備えるべし		・昭和15年10月26日市81号東京市によるモデル防空壕の設置と防空壕の構築方法を紹介	
昭和15年11月～昭和16年3月			（・昭和16年2月8日市95号「焼夷弾の脅威を除く新型消火弾実験奏功」）			（・昭和16年2月8日市95号「雷門前に防空兼用の地下道構築」）	
昭和16年4月～10月	（・昭和16年7月5日市116号各区役所に家庭防空相談所） （・昭和16年7月19日市118号帝都防衛に決死の覚悟） （・昭和16年7月26日市119号防空強化に巡回懇談会） （・昭和16年8月9日市121号「隣組の防空」） （・昭和16年10月1日市128号防空相談所） （・昭和16年10月11日市130号第二次防空訓練に就いて）	・昭和16年9月6日市125号「震災と防空」大火災と公園広場の役割 （・昭和16年10月18日市131号燃えぬ都市を実現せよ）	（・昭和16年8月23日市123号町会の防空・防空知識） （・昭和16年8月30日市124号「帝都防空の本質」・焼夷弾恐るるに足らず）	**（・昭和16年8月16日市122号震災記念日を如何に意義あらしめるか**/我が家の防空/帝都の防空は防火第一/震災に町を護った人々） **・昭和16年8月30日市124号**「震災と空襲」） **・昭和16年9月6日市125号「震災と防空」**「震災を顧みて・防空鉄壁陣へ」、佐久間町他	昭和16年10月4日市129号「堀井戸と地下水槽」公園や広場に設置し、井戸掘りを奨励		（・昭和16年8月23日市123号「臨時態勢と帝都市民生活」） ・昭和16年10月25日市132号　廃物利用の防空頭巾の作り方を紹介
昭和16年11月～昭和17年3月3月	（・昭和16年11月8日市134号防空訓練隣組防空群に感謝） （・昭和16年12月20日市140号宣戦布告/帝都は万全の備） （・昭和16年12月27日市141号帝都の空を護れ戦捷に酔うな） （・昭和17年1月17日市143号改正された防空法） （・昭和17年1月24日市144号区で家庭防空展覧会） （・昭和17年1月31日市145号帝都防空の完璧を期せよ） （・昭和17年3月14日市151号帝都に初の空襲警報）		・昭和16年12月6日市138号「家庭防空強化運動について」家庭防空群の防衛態勢の確認と防火第一主義を説く		・昭和16年11月15日市135号町会訪問で根津神社の大貯水池を紹介 （・昭和17年2月21日市148号防空用の「大瓢箪池」） （・昭和17年3月28日市153号全市の井戸も総動員）		（・昭和17年2月14日市147号食糧国防団の待機・配給に憂いなし）

り上げられる（前頁表8-2参照）。

このように、重点となるテーマが、防空態勢強化や防火改修（昭和14年度前後）、防空訓練や震災の教訓（昭和15年度前後）、防空精神の涵養や焼夷弾の消火（昭和16年度前後）、防空下の生活（昭和17年度）、空襲火災対策・建物疎開（昭和18、19年度前後）と重点が推移している。

（2）戦時下東京市の広報と関東大震災

全国対象の『写真週報』では少なかったが、この『市政週報・都政週報』の防空記事には、たびたび関東大震災が取り上げられる。とりわけ9月1日の震災記念日に前後して防空と大震災を重ねた特集記事が出される。代表的な記事を示す。

①　昭和15年の広報

昭和14・15年の段階では関東大震災の大火の教訓として、空襲に備え防火改修や都市の防空的改造が重要という論調が多い。

◆*8-19　『市政週報73号』昭和15年8月31日
2頁「変災と都市計画」（総務局都市計画課事務掛）

「ここに第18回震災記念日を迎えて、我々は改めて当時の惨害を追憶し。これがために尊い生命を失った六万有余の霊に対して心から冥福を祈るとともに」「かかる惨事を惹起せしむるが如きことの無いよう不断の心構えが必要」とすると書き出して、今市民は「空襲に対する切実さ」に大いに欠けると説く。「数時間の地震と三日の火災によって六万の生霊と当時の市街地の40%強、約34

市政週報73号昭和15年8月31日　表紙・2頁

平方㎞の広大なる区域を灰燼に帰せしめ、14億6千万円の巨額な国幣を失わさせた大震災と、相当長期にわたり幾十回幾百回とくり返し行われる空襲を併せて考えることに大きな意義」がある。大震災記念日の意義は「忘れた頃にやってくる」天災への警鐘に加えて、「いつやってくるかも分からぬ帝都空襲という市民に対する重大なる覚悟を強調する日」である。

被害は過大都市の弊害であり、防空都市計画は空襲だけでなくあらゆる天災事変への対応を目的にすべきと説く。続いて東京市の防空の意義は、人口の量と質、文化や重要生産施設、国家機能中枢部は東京を離れられず、「東京の防空即ち日本の防空意義」とする。結論として「空襲に対するだけでなく、凡ゆる災害を防止すべき防空都市計画完成を期して市民一人残らずの強力な協力支持が期待される。」

9頁「備えあれば患いなし」（市民局防衛課防火改修掛）

「大正12年9月1日午前11時58分、突如地底の根底を揺るがして起こった大地震は一瞬にして我が帝都を奈落の底に突き込んだ」と始まり、「天災は「ゆるむ心のネジを捲け」の警句の如く、人心頽廃競るとき天譴の如くに突発する」、地震火災の「原因がただ道路が狭く家屋建築年齢概して古く、且つ無統制にあったのみ」ではなく、「人心浮薄、軽佻驕激の国情が重要原因」、「今日別途帝都に一大脅威が到来している。これすなわち空襲」である、帝都復興があったが依然として「人家稠密の駄々廣い木造の弱体都市」である。「唯々人的防火施設のみで防空防火事足れりと論ずるは暴論」「帝都防空なくして国全からず」「防火改修こそ弱体都市東京を防空上起死回生させる妙薬」で、「落下した焼夷弾の被害はその家一戸に止め他から火災を受けない」という着想により家庭を防火上の防砦となし一街区ごとに防火改修を行い一街が一城郭となり東京全体を大要塞とする」。

防火改修以外にも防空都市の構築が必要である。過大都市の防止、衛星都市の建設計画、市街地の疎開、消防水利施設の強化等必要である。「大震災において火を防ぐよりも家財の救出と避難のみに専念した故に火は拡大した。このまま防空態勢に入るならば、（中略）各戸に待避所を設け、隣組防空群の結束を強固にし、焼夷弾に対する初期消防に献身的活動をする外はない」「備えあるが故に『空襲敢えて辞せず』との国民、市民の高揚せる民族精神が発露できる。為政者は一大英断をもって防空都市の実現に邁進すべきである。」、続いて同年8月21日の防火改修家屋火災実験を紹介する。

②　昭和16年の広報

一九四一（昭和16）年8、9月の広報では震災と空襲を関連付けた記事が頻出する。この年は、「当時の市民は慌てふためいて火を消さないで逃げたので火災が拡大したと強調」し、一致団結が重要であり、その模範として神田佐久間町の活動が強調される。この事蹟については本書九章（231頁～）で検討する。

◆*8-20『市政週報 122号』昭和16年8月16日

4頁巻頭言「震災記念日を如何に意義あらしめるか」

「震災の時は全く不用意のところへ突然に襲われたために、慌てふためき、どうにも手のつけようがなかった、というのが実際の有様であった（中略）東京市民は空襲以上の大なる体験をしている」、「町民の力によって防ぎうる火事をいきなり逃げ出してしまって、人のいない町々を火が燃え広がった」、「神田佐久間町及びその近隣の町千六百余戸が町民の協力によって廣い焼け野原にぽつんと焼け残った」、「我が町は町会員の一致団結の力で守る。この力が如何に偉大なる効果を生むかは十九年前の事実が明らかの証明しているではないか」として「帝都の防空は防火第一」を説く。

11頁「震災に町を護った人々－貴い体験を聞く（神田佐久間国民学校で）」

町会長他と東部防衛司令部鈴木参謀・情報局小松課長による座談会。「この人達の気炎は、空襲何者ぞ、この準備と訓練と決意あれば、いつ如何なる事が起ころうともびくともしないぞ！　と頼もしい話」。

震災記念日を如何に意義あらしめるか

市政週報122号昭和16年8月16日　表紙・2頁

◆*8-21『市政週報 124号』昭和16年8月30日

4頁「震災と空襲—震災当時の警報保局長は語る」後藤文夫

関東大震災は「何人も予想しない突然の出来事であり（中略）事前に何らの防御的準備をなし得なかった」、「大震災の災害そのものは非常であった。しかし一般市民の気持ちそのものは非常に美しく現れ、お互いに相扶け合う気持ち、その人情美が随所に現れていた。（中略）全市民の態度、行動は混乱に陥らず、割合に能く秩序が保たれていた」、「現下の時局をみるに（中略）空襲に対しては（中略）往年の大震災において親しく嘗めたる貴重な体験をもってこれに対処しその受ける損害をしてあくまで最小限度に食い止めるようにしなければならぬ。協力一致、勇躍奮闘するの精神は何者でも克服することは現に既に過ぐる大震火災の大火に際し、神田佐久間町一帯が能く火災の惨禍をまぬがれ得た実例に徴するも明である。」

5頁「焼夷弾恐る々に足らず—帝都の防空は防火第一主義」警視庁消防部長広岡謙二

「焼夷弾による火災を消すことに極力努力して被害を最小限にする」「大正十二年の大震災の時の如く火災が蔓延して焼け野原になっては大変」とし、まず家庭防火群の協力、これで消し止めない火災は警防団が消火にあたり、それでも手に余れば消防隊が出動する。「要は市民の初期消火が最も重要」。

6頁「震災当時の応急措置を顧みて」（亭々生）

東京震災録等をもとに、大震災当時の避難場所の状況、食糧はどうしたか、交通通信の問題、千葉大の救護班、天幕とバラックなどを記し、「震災の時最も敏速に且つ適切な措置を執ったのは、なんと云っても軍隊だったことは明かであるが、命令一下、直ちに行動を起こす組織と統制が威力を発揮した」と結論づける。

記事では、京橋因幡町の青年隊が老幼婦女を皇居前広場楠公銅像前に縄張りして避難させたこと、四谷右京町の組合ではお屋敷の庭園を借りて約五十坪のバラックを夕方には竣工し三百余人を収容したことなど記し、「胆力あり最も機敏」と評価している。

9頁「めぐりくる震災記念日表彰に輝く隣組防空群本所区横網町会」

被服廠跡隣の横網町会を訪問し、大正12年9月1日の聞き取りを行っている。火災旋風時に広場内の荷物が炎上した状況から「火事の時はどんな事があっても荷物を持ち出してはいけません」と説く。同所の隣組防空群では前年に空き家からの火災を消して表彰を受けている。

市政週報124号昭和16年8月30日　表紙・4,5頁

◆*8-22　『市政週報125号』昭和16年9月6日

3頁巻頭「震災記念日を如何に意義あらしめるか」 122号と同記事

6頁「震災を顧みて防空鉄壁陣へ」警視総監山﨑　巌

人的訓練と器具の整備は恰も車の両輪、全力を挙げ鉄壁防空陣の完成をと訴える。

6頁「物の備え心の備え」東京市長大久保留次郎

震災は突然の出来事で慌てふためいた。流言蜚語も遺憾千万、火を消すことを忘れて火事を大きくした。物心相一致して「備えあれば憂いなし」

6頁「難関突破の覚悟」貴族院議員堀切善次郎

「下町一帯の焼け野原の間にぽつんと残ったのは浅草観音と神田の和泉町佐久間町一帯の千数百戸である。町民の方々悉く協力して不眠不休の努力は奇蹟的に千数百戸を火事から救い得たので、現に史蹟として指定されている」。当時のデマ、食糧問題、空襲の考慮はなかった復興計画を説明する。

「帝都市民は簡易生活を実地に行った。デマの恐るべき事・火事を如何に防ぐかを身を以て実地の貴重な体験を得た。」と記す。

7頁「戦線の拡散」工学博士佐野利器

今後の戦争では所謂空襲は必至で、一番の難物は焼夷弾である。対策では、「急場の竹槍」として、一、木造家屋の防火改修、二、消防資機材の整備（二人がかりの手押しポンプ）の二点が重要であり、根本的には都市分散、防火地区、耐火建築が必要である。防空壕は待機するための場所であり、町民が逃げずに家を護り火を防いだ神田佐久間町一帯が焼け残ったのは単に奇蹟でなく「努力の結晶」である、とする。

8頁「震災の教訓を以て時難を克服せよ」永田秀次郎講演要旨

当時の被服廠跡の処置を話し、残念に思うことは火災、何とかして

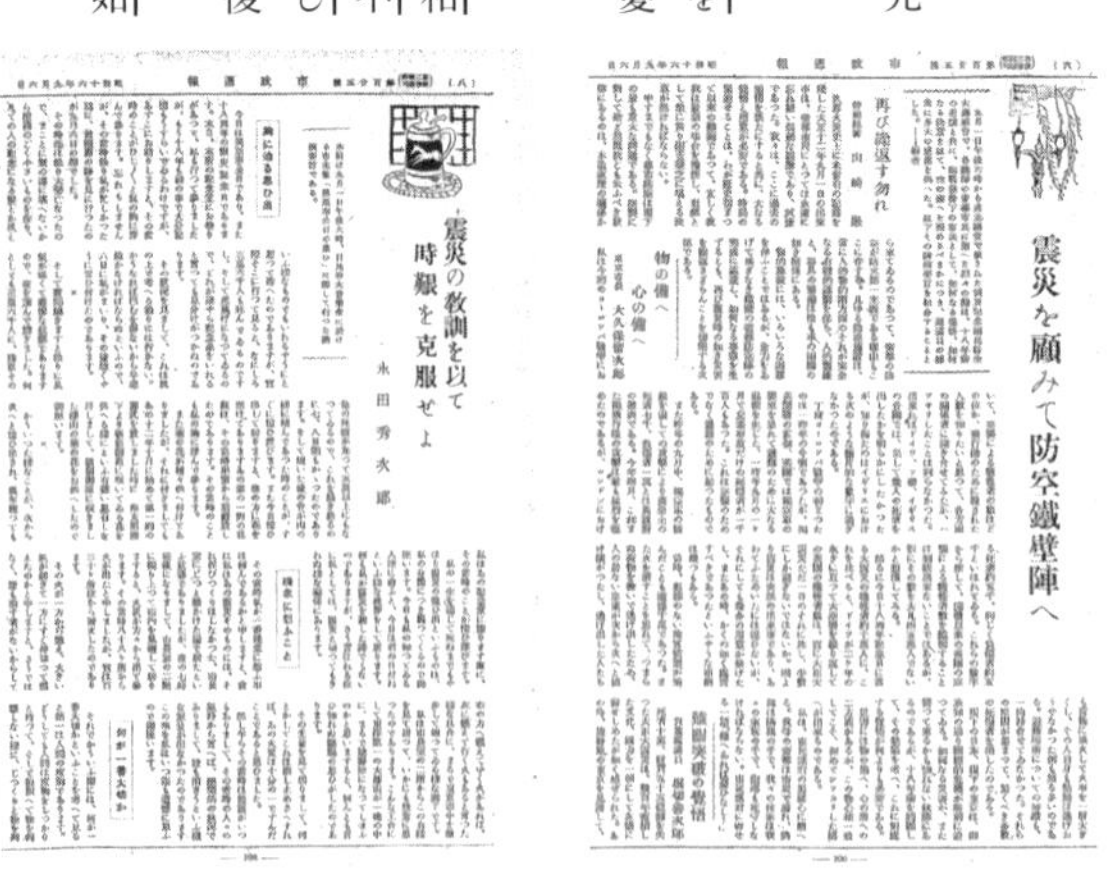
震災の教訓を以て時艱を克服せよ

永田秀次郎

震災を顧みて防空鐵壁陣へ

市政週報125号昭和16年9月6日　表紙・8,6頁

焼け止めたいと思ったが、余震もあり当時の人々は消そうという気分にならなかったこと、大切なことは、第一は人間の度胸、第二は努力、これは神田佐久間町河岸のことは震災の生きた教訓にしたい。震災の経験を活かさなければ日本の恥辱である。

10頁「大火災と公園広場」市民局公園課長井下　清

84箇所から発火し飛び火で130箇所が同時に燃え上がったことと、地震でハッと気が顚倒した刹那であったため周章狼狽、平常であれば無意識に行う消火処置も機敏に出来なかった。火が近くないのに荷物を積んで逃げたため、防ぐ人がない町を火が猛威を奮った。「対策としては燃えぬ家屋、焼けぬ町、燃え広がらぬ都をつくることである。」

震災直後は当局、専門家、素人も異口同音に、防火建築の造成と火除地となるべき公園広場を増設することを叫んだ。何とかして「燃えるものの絶対にない空地」「幅員の広い道路に鬱々たる並木、地下に避難壕・容量の大なる貯水池が重要である。個人邸宅でも木造建築の防火改修を急ぐと共に庭園に防火性の高い常緑闊葉樹類の庭木を密植し、容量の大きな池泉を設け、自家の防護と都市の防衛に役立てよう」とよびかける。

③　昭和17年以降の広報

◆*8-23『市政週報』175号　昭和17年8月29日

14頁「皇都東京の九月」二、大震災の試練と新しい課題

帝都の復興を基礎づける力となったのは帝都復興の大詔であった。この大詔を拝し一筋に皇都の復興に邁進した。この純真なる国民の結束こそ我が隣保団結の底力であり、復興の大原動力となった。（中略）ゆるぎなき結束をいよいよ緊密にして世界の東京を目指し堂々たる歩武を進めていきたい。

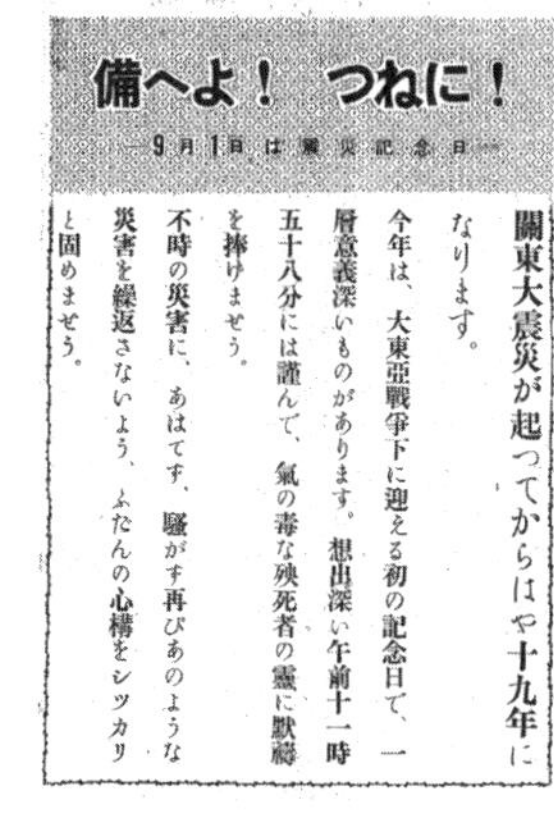

備へよ！　つねに！

―9月1日は震災記念日―

關東大震災が起ってからはや十九年になります。

今年は、大東亜戰爭下に迎える初の記念日で、一層意義深いものがあります。想出深い午前十一時五十八分には謹んで、氣の毒な殉死者の靈に默禱を捧げませう。

不時の災害に、あはてず、騒がず再びあのような災害を繰返さないよう、ふだんの心構をシッカリと固めませう。

市政週報175号昭和17年8月29日　表紙、14頁、裏表紙

裏表紙「備えよ！常に！」9月1日は震災記念日

「関東大震災が起こってから早十九年になります。／今年は大東亜戦争下に迎える初の記念日で、一層意義深いものがあります。想い出深い午前十一時五十八分には謹んで、気の毒な殃死者の霊に黙祷を捧げましょう／不時の災害に、あわてず、騒がず再びあのような災害を繰り返さないよう、ふだんの心構えをシッカリと固めましょう。」

◆ **＊8-25『都政週報』8号 昭和18年9月4日**
12頁「震災の思い出 神田泉橋病院の防火」医学博士木村徳衛

神田佐久間町に隣接する泉橋病院と衛生試験所では、震災時の防火にあたって、事前から有していた貯水池とガソリンポンプで防御したことを記し、益々防空防火設備の完璧を希求すると記す。

◆ **＊8-26『都政週報11号』昭和18年9月25日**
10・11頁「防空に活かせ震災の体験--町を守った佐久間町勇士の体験談」

震災記念日9月1日夕方、神田区佐久間町国民学校で体験を語った座談会（住民6氏、軍・市4氏）を3頁分収録する。記事ではこの地は昭和14年東京府指定史蹟になり、また国民学校国定教科書の修身教材と師範学校公民教科書の教材になったと記す（本書246頁参照）。

「あの時の相手は自然の暴威であった（中略）空襲なぞは人間の為す仕業だ。人間の為す仕業を人間が防ぎ得ぬ事があろうか」、「訓練も大切であろうが帰するところは魂であり精神なのだ、そして人の和だ。冷静沈勇だ。」とする。以下、当時の経緯を記述し、焼け止めたのは奇蹟でも偶然でもなく「あの混乱の中にあらゆる適宜の処置を講じ沈着冷静、勇奮敢闘、間然とするところなきまで働きを示した。第一火を怖れなかったことが最大根本条件で、敢然と火に向かった」ためである。

都政週報11号　昭和18年9月25日　表紙11,10頁

「われわれ都民はこの祈念すべき大震災火災の貴重な体験を活かし、一層不撓不屈の敢闘精神を練り鍛え、絶えず防空技術の向上を心がけ、何時空襲があっても驚かないだけの心構えを養うと共に、『我等の帝都は我等で死守する』という強い覚悟と信念とを固むることが絶対に必要である。」と結論づけている。

◆*8-27『都政週報51号』昭和19年8月26日

2頁「震災の体験を防空に活かせ」東京都次長児玉九一

最も緊要な課題は防空であり、「物の準備と心構えの両面」があるとし、後者で重要なのは「人の和」である。関東大震災が何よりも大きな教訓で、帝都市民は絶望することなく逞しく立ち上がって復旧復興した。」「大地震を想起すれば空襲で多少やられても別に怖れることはない。」「八百万都民に震災の教訓を想起してもらって、空襲に対して手抜かりのない防空態勢、物と心の両面の準備をしっかりと持って貰いたい」と提起する。

◆*8-28『都政週報53号』昭和19年9月16日

1頁「大震災の教訓と防空」

満21年目の9月1日記念日に、大震災の体験を想起し教訓を回顧して、空襲必至の状勢下に帝都防衛の完璧を期す、という趣旨で、神田佐久間町等の町民の奮闘ぶりと、「自分たちの手で」守る気概を説く。

教訓としては「郷土愛の発揮」、「冷静・沈着」、「臨機応変の処置」、「足手まといの避難」、「指揮者の命令に絶対服従」であり、戦局苛烈な現段階にこの教訓を活かして「来るなら来い」の気魄を新たにしよう、と結論づけている。

8頁「編集の卓」

都政週報51号　昭和19年8月26日表紙

都政週報53号　昭和19年9月16日表紙

「大震災の惨禍と空襲の大惨害を比較して徒らに怖がる人がいるが謬りも甚だしい。大震災の時は隣組もなければ統制ある訓練もなかった。震災の教訓をじっくりかみしめて防空に徹底的に活かすことを考えよう。かくしてこそ震災で亡くなった数万の精霊にも又とない供養になる。」

④ 東京市広報では関東大震災をどうとらえたか

以上をまとめて、東京市政週報・都政週報の防空特集においてどのように関東大震災を表現しているか整理する。大きく見ると、とりわけ一九四〇（昭和15）年以降、いつ空襲があっても驚かない、我等の帝都は我等で死守するという精神論が強調されている。また一九四一（昭和16）年から神田和泉町・佐久間町の記事が目立つようになる。

A　関東大震災当時の市民への評価

・関東大震災は予想していなかった事態で準備をしておらず、慌てて手を付けられなかった。
・関東大震災では市民が家財の救出と避難に専念して火災を消さずに慌てて逃げたので大火になった。という記述が目立っている。また、人心浮薄であったための天譴だったという論や、逆に一般市民は助け合って秩序があったという見方も出されている。

B　関東大震災と空襲の重ね合わせ

東京市・都の広報では、関東大震災と今後予想される空襲のイメージを重ねる記述が少なくない。震災で焼けることは一度体験済み、当時はまったく準備がなかった、自然の脅威とちがって空襲は人間のすることだ、という論調である。想定を超える事態がありうるという記載はまったく見られない。

C　関東大震災の経験、特に神田和泉町・佐久間町の体験の評価

東京市政週報・都政週報にたびたび特記されるのは、関東大震災時の神田和泉町・佐久間町の火災を防御した体験で、震災記念日の前後には何度も取り上げられている。趣旨は、町会員の一致団結・不眠不休・統制のとれた活動等で火災防御ができた、即ち住民の努力で防火が実現したというものである（本書第九章229頁以降参照）。ただし耐火建築の存在やガソリンポンプの確保、大量の消火用水等の存在等、消火できた要因については、多くは言及されていない。また、この地以外の他の箇所の消火・防火体験は記事に出てこない。

D　震災の教訓を活かす方向性

震災を教訓にして空襲火災に立ち向かうために、初期の広報では避難時の心得や防火の都市構築に言及する記事がある。佐野利器が昭和16年9月の東京市政週報125号に、根本的には都市の分散、防火地区拡大、耐火建築が必要であるが、「急場の竹槍」が防火改修・消防力の強化であるとし、井下　清が、「燃えぬ家屋、焼けぬ町、燃え広がらぬ都をつくる、震災直後は当局専門家、素人も異口同音に、防火建築の造成と火除地となるべき公園広場を増設することを叫んだ」という防火の基本を指摘しているが、これらの点は後半には広報記事には目立たなくなる。

3　防空紙芝居・防空絵解き・防空絵本・防空展覧会

（1）防空紙芝居

国民防空の啓発に向けて、紙芝居・絵本や図解など多数発行された。書籍と異なり今日では内容が確認しにくいものが多い。ここでは現時点で入手できたものや二次資料でタイトルや概要が確認出来たものを紹介する。最も高名なものは、神田和泉町・佐久間町を描いた教育紙芝居『関東大震災』（*9-13 口絵14頁参照）で、次章で取り上げる。

参考にした既往研究に、神奈川大学日本常民文化研究所非文字資料研究センター「戦時下日本の大衆メディア」研究班編著『国策紙芝居からみる日本の戦争』勉誠出版二〇一八年2月（*8-29）がある。他にアサヒグラフ別冊『戦中戦後紙芝居集成』朝日新聞社一九九五年十一月も参照した。

◆*8-30　日本教育紙芝居協会『警視庁指導　空の護り』同協会　一九三九（昭和14）年6月（口絵9頁参照）
全26枚を使って防空演習への参加を促し、実際の空襲時の想定（夢だった）を示す。

（警防団長）「被害を少なくするように一致協力のしっかりした意気込みが必要なのであります。関東の大震災の時、僅か百カ所足らずから出た火であんな大火事になったことを考えてみましても我が国のように木造家屋の多いところでは何百かの焼夷弾をばらまかれたらどんなに大きな災害を引き起こすか、考えてみるまでもないと思います」、とある。

◆*9-13　日本教育紙芝居協会『関東大震災』日本教育画劇　一九四一（昭和16）年9月（口絵14〜16頁参照）次章参照

◆*8-31　日本防空協会編纂『焼夷弾』大日本畫劇株式会社　一九四一（昭和16）年（口絵9頁参照）
隣組の班長による防空の心得や焼夷弾の案内に続き、空襲警報発令、日頃の準備と訓練の成果で、沈着冷静な消火活動が展開され、我が町の被害は少なかった、という作品。

◆*8-32　大日本防空協会編纂『防空壕』大日本畫劇株式会社　一九四一（昭和16）年（口絵10頁参照）
ドイツでは防空壕があったため空襲被害が最小限だったことを受けて、隣組常会で防空壕を造ることになった。家々ごとに防空壕を造る様子や防空壕の諸元を示す。

◆*8-33　日本教育紙芝居協会『家庭防空陣』日本教育画劇　一九四一（昭和16）年10月（口絵10頁参照）
防空の心構え、家庭での備え、防空態勢等を説く。

◆*8-34　大日本防空協会『防空必携我等の防空　第一部基本訓練編』大日本画劇　一九四二（昭和17）年11月（口絵10頁参照）

◆*8-35　大日本防空協会『防空必携我等の防空　第二部警戒対策編』大日本画劇　一九四二（昭和17）年11月（同右）

◆*8-36　大日本防空協会『防空必携我等の防空　第三部空襲編』大日本画劇　一九四二（昭和17）年11月（同右）
前年に制作された防空必携（*6-27-2）に即して、隣組の防空準備を説明する。防空の心得、警報前の準備、焼夷弾の消火方法、避難方法、訓練を展開し、「自分の家は自分で護る」精神を訴える。

◆*8-37　東京市防衛局提供『紙芝居トーキー　防空は防火なり』発行年不明（口絵11頁参照）（内容未見）

◆*8-38　**日本教育紙芝居協会『敵くだる日まで』日本教育画劇　一九四三（昭和18）年8月（口絵11頁参照）**
老舗の羊羹屋が戦争下に店をたたんで鉄工場に転職するという作品。時の首相と話して決心を固めるシーンがある。

◆*8-39　**日本少国民文化協会選定紙芝居『クウシウ』全甲社紙芝居刊行会　昭和18年12月**（画像は福岡市博物館HP）
日本少国民文化協会は、昭和16年12月から昭和20年10月頃まで続いた社団法人。児童文化の国策協力団体として戦時下において文化を通じた児童の思想統制に尽力した。協会は、機関誌『少国民文化』を発行し、イベントや紙芝居、壁新聞、書籍、少国民挺身隊編成など行った。

◆*8-40　**日本教育紙芝居協会『午前二時』日本教育画劇　一九四四（昭和19）年10月（口絵11頁参照）**
深夜の空襲警報発令から空襲時の待避、消火等の対処措置を示す白黒の紙芝居。

◆*8-41　**日本教育紙芝居協会『我は何をなすべきか』日本教育画劇　一九四四（昭和19）年10月（口絵11頁参照）**
大本営海軍報道部長栗原悦三海軍大佐の講演に拠る作品。アメリカによる本土大空襲への対処を説く。

（2）防空絵解き・図解、防空絵本

一般国民向け指導や児童向けの教材として、絵解き・壁掛け・絵本や読本も多数発行された。関東大震災を引き合いに出す記述は多くは見当たらない。（画像は口絵参照）

◆*8-42　**内務省計画局編『少年防空読本』大日本防空協会　昭和16年3月　A5判 113頁（口絵12頁参照）**
中学校や高等女学校で使用された副読本。「第一　わが空軍」で飛行機や軍による防空を紹介し、「第二国民防空」では、防空警報、灯火管制、投下弾に対する防御（焼夷弾の種類と対応方法）、避難と防空壕、待避、「第三国民の覚悟」を記す。関東大震災や我が国の都市の燃えやすさなどは出てこない。

◆*8-43　**大日本防空協会『内務省推薦　防空絵とき』同協会　昭和17年11月　B5判横 109頁（口絵12頁参照）**

序「傳うるところによると連戦連敗の米英は、本格的な対日攻勢に出でんとして（中略）潜水艦及び飛行機による奇襲戦を企画し、実物大の東京市模型をテキサスの曠野に造ったりして、これに対し空襲の猛訓練をなしつつあるとのことである。／吾々国民はかかる敵国の攻勢に対抗し、皇軍の善謀勇戦に呼応して、国土防空の完璧を期さねばならない。／本会はここに稽（かんが）えるところあり、『時局防空必携』に準拠して、軍、内務省、情報局等の指導並びに協賛を得、一見して誰もが防空に対する心構を強固にし、容易に且つ直ちに、準備、訓練、施設等に関する要領を理解し、実行できるよう（中略）正しく詳細に絵画で示し、付するに解明平易なる解説文をもってし、民防空指導の虎の巻として本書を著した。」

◆ ***8-44　警視庁防空課・消防課検閲　大日本防空協会帝都支部編『隣組防空絵解』昭和19年6月　B6判横（口絵12頁参照）**

隣組で取り組むべき防空対策を図解で表現した冊子。東京市・警視庁が発行した。防空決勝の誓い、敵機来攻撃予想図を巻頭に置き、米国航空機の見分け方、待避、灯火管制、警戒、消防防火、防毒、救護の様々な方法を絵入りで案内した冊子。特に待避方法や消防防火を重点的に記述している。東京市関連の出版物であるが、関東大震災に関する記述はみられない。

◆ ***8-45　内務省計画局編『バウクウノオハナシ』大日本防空協会　昭和15年　A5判（口絵12頁参照）**

画家古藤幸年の12枚の絵による子ども向け絵本。欧米の戦闘機・爆撃機の図を掲載、次いで聴音機・高射砲の紹介、監視敵、家庭での水・砂等の防空準備、灯火管制・防毒面用意、空襲警報発令、探照灯、飛行機撃墜、防空壕や防護室への退避、消火、空襲完了を描く。

（3）防空に関する展覧会・展示

防空法の制定以降、内務省や軍の指導のもとで赤十字社や大日本防空協会等が「防空展覧会」を各所で開催し、防護団員や一般市民の啓発にあたった。

①「防空徹底強化　防護展覧会」一九三七（昭和12）年10月

防空法が策定された年の秋、一九三七（昭和12）年10月10月に、内務省・陸軍省・海軍省後援、日本赤十字社・東京市・東京市連合防護団の共同開催により、国民に「防空思想」を浸透させる一環として「防空徹底強

化　防護展覧会」が開催された。

開催記録（*8-46 日本赤十字社）が遺されており、その中で関東大震災がどのように表現されたかを見ていく。

◆「防空法徹底強化　防護展覧会」の概要

開催趣旨は、近年の戦争は戦場を拡大し敵機の爆撃・毒ガス及び焼夷弾の惨害をもたらすが、本邦は都市や家屋の構造から攻撃対象に好適なので「防備に関する正しい知識・訓練を普く(あまね)全国民に与えて、一朝有事に備えることが實に刻下の最大急務」のため本展覧会を計画した。趣旨に即して内務省・陸軍省・海軍省後援、日本赤十字社・東京市・東京市連合防護団の共同開催で、一九三七（昭和12）年10月17日から東京市芝公園五号地の赤十字博物館にて五週間の予定で開催したが、団体観覧申し込み多数になり12月27日まで延長した。観覧者総数は四万三百三十人、うち防護団・家庭防火群・婦人会等指導者、消防・警察・町会・学校職員生徒団等二百二十余団体二万五千百七人であった。

展示内容はパネルや実物・模型等で、目録をみると、防空施設概観15点、家庭防空13点、灯火管制22点、焼夷弾5点、消防18点、毒ガス10点、毒ガス防護20点、毒ガスからの避難救護11点と多岐にわたる。この時に作成されたポスター「防空図解」（*8-47 口絵13頁上段参照）が国立公文書館デジタルアーカイブに収集されている。

この展覧会では6回の講演と2回の実技（救急法・防毒面）が行われた。講演は、「家庭防空に就いて」、「防毒問題並びに毒瓦斯中毒救護法」、「列国の航空に就いて」、「燈火管制に就いて」、「防火に就いて」、「防空に就いて」、「救急法に就いて」の六講演で、うち二つの記録が遺されている（*8-46）。関東大震災に触れた二編を示す。

◆*8-46　日本赤十字社『赤十字博物館報第十九号（防空法徹底強化　防護展覧会号）』昭和13年8月
7頁～陸軍工兵少佐小川市蔵氏講演「家庭防空に就いて」十月二十日

氏の講演では、家庭防空の重要性、家庭防空は何をするか、家庭防空計画と訓練、家庭燈火管制、家庭防火、家庭防毒、各時期に於ける家庭の準備と行動等に分けて、家庭防空の概要を述べている。

9頁「平常時の火災なれば消防機関が直ちに出動して消し止めてくれますが、空襲下非常時に於いて多数の焼夷弾が撒布燈火されて、短時間に全市各所に火災を惹起した場合には、常設消防機関だけでは到底及びませんから、之等のみの力に依頼して市民が逃げ廻ったのでは彼の大震災時と同様の結果となりまして、多大の国幣は灰燼に帰し、多数の市民は安住の家と生活の途を失い路頭に迷う」ことになる。

19頁「戦時空襲を受けて数百箇所に同時に火災の火元が起こった場合は、世界第二の都市を誇る東京も、僅か二、三日の間に灰燼に帰し焼野の原となり、数十億否数百億の国幣と数万の人命を失い大震災の二の舞を演ずる。」

52頁〜警視庁消防課長阿部源蔵氏講演「防火に就いて」十一月八日

54頁「飛行機一台に万一、一瓩の焼夷弾一千個を持って空襲せらるることになると（中略）仮に其の大部分たる八割までが、道路・公園・空地・河川等に落ちて用を為さなかったと致しても残余二割で二百箇所に時を同じうして火事の卵を産み付けられたことになる。勿論之を捨てておけば、優に彼の大正大震災以上の惨害となる」「彼の大正大震火災の際の火元は僅か百二十、三十箇所に過ぎなかった。而も之等の火元は、（中略）其の多くは狼狽の余り市民自らが不注意により惹起したものであることを此の機会に呉々も付言しておきたい。」

「某国の某飛行将校は東京を見て「之ならば東京を空襲して僅かに十数時間以内に全市を灰にしてみせる」と謂い、又某国の将軍は（中略）『僅か三噸の焼夷弾があれば、東京全市を一夜にして彼の大正十二年の大震災程度に壊滅してみせる』と豪語しておる。」

56頁「空襲時に於ける市民としては先ず第一に狼狽混乱が最大の禁物であり、如何なる事態に遭遇するも、彼の大正大震火災の時のように市民自らの不注意・狼狽による火災等を惹起する如きことがないように、十分冷静でなければならぬとともに一度焼夷弾の投下を見たら迅速に処理する。」

57頁「彼の大正十二年の関東大震災の時は、警視庁の調査に依れば、舊東京市内に於いて独立して出火した件数百三十五個であって其の内四十三箇所は即時消し止めたのでありますが、残りの九十二箇所よりの火災が飛び火に次ぐ飛び火を生じまして、遂に東京市の大半を焦土と化せしめたのであるが、然しこの中にあって、神田佐久間町や和泉町の一部の如きは、各家庭の皆様が決死の奮闘に依り、協力消防に盡瘁致しました結果、遂にこの焦土から救うことを得たのを見ても、沈着にして勇敢なる協力活動を致す」ことが重要である。

②　防護展覧会のポスター

この展覧会の展示をもとに、東部・中部・西部各防衛司令部の指導の下、赤十字博物館が編纂した啓発ポスターが、国立公文書館デジタルアーカイブに遺されている。関東大震災と比較して、焼夷弾の数の多さを強調する二枚を紹介する。

◆*8-47　**赤十字博物館作成ポスター『防空図解』小林又七本店　昭和13年6月**（口絵13頁上段）

「防空図解」は　第一輯一般防空、第二輯灯火管制、第三輯防火、第四輯防毒からなり、第一輯一般防空では、防空等にあたっての基本的な知識や対処方法等を各々12枚の画に示している。

第一輯一般防空の第二図では、当時の街並みを背景に「都市空襲の脅威」という見出しで「油断すると消防隊の力も及ばぬ数千箇所の發火とともに毒ガスが来る」という表示がある。

第三輯防火の第二図は「焼夷弾の脅威」のタイトルで、「関東大震災、僅か百箇所の火元で、帝都は焼け野原、敵機一台でも、焼夷弾五千個」と焼け野原を背景にして記述している。

③　デパートにおける防空展覧会・学校掛図

防空意識の普及に向けて、翌年以降東京上野松坂屋を皮切りに、各地の百貨店等において「防空展覧会」が開催された。東京以外でもポスター等から、「国民の防空展覧会」として、大阪大丸（3月1日～6日）、横浜野澤屋（8月1日～7日）、博多岩田屋（昭和13年9月）、名古屋松坂屋（昭和13年10月9日～17日）その他広島・岡山等の百貨店でも実施されていることが確認出来る。展示物は巡回したと考えられるが、関東大震災の引用や展示がされたかどうか、東京以外の展示内容は未確認である。

◆*8-48　**警視庁警務部警防課編『東京防空展覧会記録』昭和14年7月**（国会図書館デジタルコレクション所収）

「東京防空展覧会」昭和14年3月19日～4月6日　主催　東部防衛司令部・警視庁・東京府・東京市

会場　東京上野広小路松坂屋、一部は屋上等を使用、付帯事業として不忍池畔で家庭防火の実演を行う。ポスター・新聞掲示の他、飛行機よりビラを20回撒布、観覧者は一日最大13万人、期間中合計百二十七万九千人。

目的は「正しい防空知識の普及」、展覧品は実物及び実物大模型、図画等で凡そ百項目にわたる。内一点、消防の展示で「関東大震災の状況」一枚のパネルに焼け跡写真8枚が展示され、「再び繰り返すな此の惨状」という説明が付されている。

その他、学校教材としての掛図（*8-49）も今日に伝わっている。このように様々な防空啓発の広報資料が作成された。

◆*8-49　国防研究会編纂石川眞琴著『防空智識図』兵器編・地図編　東京教材出版社　昭和8年4月

教室に掲示する掛図である。地図編（『国民ノ一致協力チ要スル燈火管制』『投下弾痕図』『都市防空配備図』を含む）、兵器編（『陸軍機の種類』『空襲防禦に使用さるる各種の兵器』『回転式機上機関銃』『爆弾の懸吊』『地雷爆弾の効果』『爆弾』『攻防機の高度比較』『都市空襲』『海軍機の種類』『各国軍用機のマーク』『列国空軍の比較』『一致協力を要する燈火管制』『投下弾痕図』『都市防空配備図』）の二種類が確認されている（京都大学貴重資料デジタルアーカイブ所収）。

第八章まとめ　国民への防空啓発に関東大震災はどう表現されたか

一九三八（昭和13）年2月に始まる一般の国民への国策宣伝パンフレット『写真週報』は、年に数回、防空特集号を発行している。防空法が第二次改正された一九四一（昭和16）年以降頻繁に防空記事が増加する。

一九三八（昭和13）年度では、基本的な防空心得と建築物の防火改修や焼夷弾消火が取り上げられている。

一九三九（昭和14）年度と一九四〇（同15年）年度は、第一次世界大戦の欧州の空襲の状況を紹介し、防空演習や防空監視や毒ガス対策を特集する。当初は灯火管制や防毒の啓発記事もあったが、このころから「防火なくして防空なしと訴える」記事も出てくる。

一九四〇（昭和15）年10月2日の特集「ロンドン空爆」136号（*8-5）では、第一次世界大戦時のロンドン空爆の状況を紹介し「日本の都市が空爆されたら」と問いかけて仮想のシナリオを示すが、大震災に言及はない。

一九四一（昭和16）年度に空襲と関東大震災と重ね合わせた記事が見られる。

一九四二（昭和17）年度では大型焼夷弾も市民が消火できるという記事がある。

一九四三（昭和18）年度には時局防空必携の改定、都市疎開、待避壕の作り方など、内容が多様になり防空特集の回数も増える。この時期、各号に節約生活を勧める記事が増加する。

一九四四（昭和19）年度になると待避所・防空壕を中心に切迫した記事が掲載される。

このような中で、関東大震災を引き合いに防空を説くのは、一九四一（昭和16）年9月3日発行の184号「都市防空」特集（*8-6）と『写真週報311号』一九四四（昭和19）年3月1日号である。前者は震災記念日が近いせいか、関東大震災と重ね合わせて、「あの時は市民が周章狼狽し逃げ出したため」惨害になった、そうしてはならないとしている。このころから記事には精神論が頻出するが、踏み止まって一致協力して消せば空襲は恐くない、という論旨を強調するために、識者が震災時は市民が弛んでいたと記述することもある。


一方、東京都の広報誌『東京市政週報・都政週報』の防空啓発では、毎年9月1日の震災記念日の前後に震災の教訓と防空への意識喚起を行う記事が掲載される。当初は震災を教訓に、避難の心得や防火の都市に言及する記事があるが、一九四〇（昭和15）年以降、我等の帝都は我等で死守するとなどの精神論が強調されるようになった。一九四一（昭和16）年頃から代表的な論旨は、「震災は突然の出来事で慌てふためいた。流言蜚語も遺憾千万、火を消すことを忘れて火事を大きくした」（東京市政週報125号昭和16.9*8-22）、「空襲なぞは人間の為す仕業だ人間が防ぎ得ぬ事があろうか（中略）訓練も大切であろうが帰するところは魂であり精神なのだ、そして人の和だ。冷静沈勇だ。」という論調に移行し、その証左として「神田和泉町・佐久間町の事蹟」が取り上げられる。この事蹟は、防空法が改正される一九四一（昭和16）年から空襲必至となった一九四三（昭和18）年にかけて何回も記事になっている。

防空紙芝居などにおいては、一九四一（昭和16）年9月発行の教育紙芝居『関東大震災』（口絵14～16頁）を除いて、震災を引き合いに出すことは一九それほど多くない。ただし、教育教材で「関東大震災、僅か百箇所の火元で、帝都は焼け野原、敵機一台でも、焼夷弾五千個」（*8-47）という出火数を比較する表現で都市空襲の脅威を示す使い方が見られる。

以上をみると、特に昭和16年以降の東京における防空啓発で、関東大震災の記憶や神田和泉町・佐久間町の事蹟がたびたび用いられた。全国的には関東大震災と空襲との関連について震災の出火点数と予想される焼夷弾数を比較する指摘がなされたが、しかし、その内容を丁寧に教示する啓発はほとんどなされなかった。ある意味、対応しないと惨事になるいう防空の重要性を示す導入部として関東大震災が使われたと言えよう。ただし、軍や国が大震災を（東京以外は）強調しなくても、展示や啓発を受ける国民の側には、空襲と関東大震災の惨状（震災後は絵葉書・グラフ誌や写真・絵画—裏カバー画像参照—等で全国に広まっていた）を無意識的に重ねる「黙示的な共有イメージ」が生成していたかもしれない。いずれにしても関東大震災が無かったら、国民啓発は簡単にはいかなかった可能性がある。

なお、防空に関する国民啓発にあたって、各種要領で定められた定型の行動様式や技術を守るべきということが主旨に展開された。防空法の制定後はもはや「災害からの教訓」を明示的に持ち出す必要がなかったと考えられる。

第九章　「神田和泉町・佐久間町の事蹟」の防空活用

関東大震災ではいくつもの美談が生まれているが、その中で後世まで語り継がれている一つに、神田和泉町・佐久間町において住民達が町にとどまって消火活動に従事し、町を守ったという事蹟がある。この章では、それが「震災美談」から「国民防空の模範」になった経緯を整理する。なお、浅草、湯島や富士見町等でも警察署員等を中心に市民も参加して火災防御に奮闘し、焼け残った事績がいくつもあるが、これらは防空の分野では多くは報じられていない。

また、章末に、「神田和泉町・佐久間町の事蹟は、防空の模範として適切だったのか？」という記述を付す。空襲時の市民消火の例として適切かという疑問を呈したが、この点については今後さらに考察を進める必要がある。

第九章　「神田和泉町・佐久間町の事蹟」の防空活用

1　今日の評価

この事蹟については、戦後に吉村　昭『関東大震災』一九七三（昭和48）年（*9-1）に取り上げられ、また近年では鈴木　淳『関東大震災』ちくま新書（筑摩書房）、二〇〇四（平成16）年12月（*9-2）や災害教訓の継承に関する専門調査会報告書『一九二三関東大震災（第2編）』二〇〇八（平成20）年3月（*9-3）などで分析されており、その時の火流の状況や実施された防火活動等は明確にされている。いずれも町内の高齢者等を上野公園等に避難させた後、町内にとどまった人々が、多方向からの火災に対しバケツ注水やポンプで放水を行うなどの火災防御活動を三日にわたって続行し、市街地を焼残し食糧倉庫を守った、というもので、その活動内容は本書でも異論はない。

今日では災害の教訓は、防災行動や火災学的に分析されるようになっているが、昭和10年代後半での防空展開の文脈の中では、防火帯や水利・ポンプ等のことよりも「住民の一致団結・敢闘精神」に焦点があたり、空襲時の防火のお手本の材料として指導や広報がされてきた。

この事蹟が防空体制下で、住民による防火の模範とされたが、本章ではどのような経緯で「国民防空」に活用されかについて、資料をもとに整理し、災害教訓を利用する際の留意事項を読み取りたい。

◆*9-1　吉村　昭『関東大震災』文藝春秋社　一九七三年8月
88～90頁「この一区画の焼け残りは、関東大震災の奇蹟とさえ言われた。震災後、大焦土と化した東京市の中で、その地域に家並が残されている光景に、人々は驚きの眼をみはった。それは、広大な砂漠の中に出現したオアシスのようだと表現する者さえあった。
和泉町、佐久間町の見事な焼け残りは　好条件に恵まれてはいたが、住民たちの努力によるものであった。環境条件としては、町の東北隅に内務省衛生試験所、三井慈善病院があって、それらが耐火構造建物であったので防火に有利であったことも幸いした。また北側には道路をへだてて三ツ輪研究所、郵便局、市村座劇場等の煉瓦造りの建物が一列に並び、それらは後に焼けたが防火壁の役目を果した。さらに南側は神田川で、対岸に煉瓦造りの建物が並び、その向こう側には広い道路が走っていたので、火流を防ぐことも比較的容易であった。それに水道は杜絶したが、神田川と秋葉原貨物駅構内から神田川に通じるドックがあって、水利に恵まれていたことも幸運だった。しかし、住民たちが、四囲を完全に火に包まれた中で町内にとどまり、火と戦ったことは大きな賭であった。もしも防火に失敗すれば、町内には炎がさかまき、全員焼死することが確実だった。

最初に火が起ったのは和泉町の三ツ輪研究所で、（中略）町内の帝国喞筒株式会社にガソリン消防ポンプが一台あることが判明した。それは、同社が八月二十九日に完成し目黒消防署に納入予定のポンプであった。住民たちは、同社重役の快諾を得てポンプを借受け、まず火の迫る以前に同町の西側に注水した。やがて、火炎がすさまじい勢いでのしかかってきた。住民たちは、ポンプ注水すると同時に家屋を破壊し、また数百名の住民は二列縦隊をつくって七個の井戸から汲み上げた水をバケツで手送りし、全力をあげて消火につとめた。火との戦いは八時間にも及び、その夜の午後十一時頃火勢を完全に食いめることに成功した。その結果、千六百余戸の家々が東京市の焦土の中で焼け残ったのである。この奇蹟的ともいえる和泉町、佐久間町の焼け残りは、すべて住民の努力によるもので消防署は防火活動に全く従事していない。（中略）

この焼け残り区域の住民たちが、消防署の助力もなく、独力で消火に成功した事実は賞賛の的になった。その地域は、江戸時代の大火にも難をまぬがれたという事実が語り伝えられていたので、住民達の間には焼けぬ土地という信念があった。そのためかれらは積極的に火流と戦い、それを阻止することに成功したのだ。」

◆ ***9-2　鈴木　淳『関東大震災―消防・医療・ボランティアから検証する』筑摩書房ちくま新書　二〇〇四（平成16）年12月**

91頁～「神田和泉町の奇蹟／広大な焼跡にはところどころ奇跡的に焼け残った地域があったが、このなかで最も広く、かつ公園や庭園がない住宅地がそのまま残ったことで異彩を放ったのが神田区の和泉町、佐久間町二丁目から四丁目を中心とする一六三〇戸の一角であった。これは住民の力で町を守った例として当時から喧伝された。住民の力は確かに大きかったが「奇蹟」をした要因はそれだけではなかった。」

「この地域の火との戦いは一日午後零時半、北方に隣接する二長町のミツワ石鹸研究所から出火したことに始まる。」（中略）以下（荷物の排除）（破壊消防）（ガソリンポンプ）（警察署員、在郷軍人、青年団、町内会、婦人等数百人による井戸水のバケツリレー）（火の粉を防御）（町内婦女子の早期避難）（退路の確保）（近衛兵の若者のリーダーシップ）（地域ぐるみのガソリン集め）などの記述が続く（内容略）。

「以上のように、この地域の防御成功には、警察、消防、自衛消防、あるいは周辺の地域住民の消防活動、また水利やポンプ製造工場があり、南側が神田川、北東方面が不燃建造物に囲まれていたといった地理的条件、さらに相次ぐ防火の成功と新手の応援といった過程が、常に士気を向上させ、町ぐるみの体制を作って行くに適していたといった条件が貢献している。しかし、これらの条件を生かしたのが住民であることは間違いない。」

◆*9-3　内閣府災害教訓の継承に関する専門調査会報告書『1923 関東大震災【第2編】』2008（平成20）年3月

（コラム）「吉村は、その著書（*9-1）の中で、「住民たちが、四周を完全に火に囲まれた中で町内にとどまり、火と戦ったことは大きな賭けであった。もしも防火に失敗すれば、町内には炎がさかまき、全員焼死することが確実だった。」と、まさに住民の必死の消火活動が生きるか死ぬかの瀬戸際で行われたかのように記述している。（中略）この吉村の記述は事実と異なるものであった。実際には、住民らによる消火活動が効を奏し地区が焼け残った背景には、それを可能とするいくつもの根拠ある好条件があった。」

「鈴木（*9-2）は、「この地域の防御成功には、警察、消防、自衛消防、あるいは周辺の地域住民の消防活動、また、水利やポンプ製造工場があり、南側が神田川、北東方面が不燃建造物に囲まれていたといった地理的条件」などを挙げている。条件の第一は、神田和泉町・佐久間町における市街地構造である。（中略）条件の第二として、これらの空間的、構造的な好条件に加えて、この地区の周囲に迫った火災の延焼状況の影響も大きい。（中略）条件の第三は、消防ポンプや消防水利の存在とそれを使用できる消防組（今で言う消防団）や事業所の自衛消防隊の人たちが地区内にいたということである。（中略）一方で、避難困難な者を優先的に早く広域避難場所など火災から安全な場所に避難させることは、自主防災活動として位置づけるべき重要な事項である。関東大地震時の神田和泉町・佐久間町においても、住民の大半が地区内にとどまったわけではなく、1日の午後6時ごろには町内の老幼婦女子の多くは上野方面に避難しており、深夜0時すぎには警察官が避難を呼びかけている。消防組のメンバーを含めた地区内住民による消火活動は、避難困難者を既に安全な場所へと移した上で、かつ、自身らの退避路が確保された中での後顧の憂いがない条件での活動であったことを銘記する必要がある。」

2　震災直後の中村による評価

関東大震災の火災調査を主導した中村清二は、震災から半年後の貴族院議員に対する講演会（*7-7）で、神田和泉町・神田佐久間町の事蹟は奇蹟ではなく、火災を防御できる条件として防火帯・水とポンプがあり、そこで土地の若い者が従事した、と記している。なお、この講演録には、放水でくい止めた（富士見町、橋場通り、湯島天神、衛戍病院、帝国ホテル等）、破壊消防（本郷弓町、下谷車坂町等）、避難者を護った（平河門開放、新大橋、浅草伝法院等）の例（151頁参照）を紹介している。しかし、これらは今日あまり伝わっていない。

◆*7-7（貴族院彙報附録）理学博士中村清二君講演『大正12年東京の火災の動態地図に就て』大正13年2月15日

21頁「最後に神田の和泉町の助かったことを一つ申しあげます。是は一つの奇蹟のように人が仰いますから、之も説明を申しあげておきますが、此処は非常に有利な条件が具わりましたので、決して私は奇蹟ではないと思います。南の方は神田川がありまして、そうして風は北風で南に向いておりましたから、こちらのほうは完全に防げました。北の方は真正面から火が参りましたけれども此処の所は市村座、郵便局があり、三輪石鹸の煉瓦造りの研究所が並んで、防火壁を為しこれが一つの役をしたのであります。是等の建物それ自らは焼けましたけれども其の南の和泉町を救いました。東北の角には三井の慈善病院、衛生試験所があり、是等は耐火構造で完全に焼け残りました。又東側から来た火は際どいときに風が変わって横にはずれました。西側の方は秋葉原の停車場がありまして割合に廣い。また其の構中に神田川から船の這い入って参ります「ドック」があり、又高架線が中々の役をしておりまして、火を能く防いで居ります。高架線のあります所は多くの場合火が越しませぬから二つの系統を異にする焼失区域の境界線となっております。此処でもやはり秋葉原駅の北では境であって尚北に行くと、高架線が工事中で高くないのですが、火がちゃんと通り越して向こう側に来て居ります。兎に角和泉町佐久間町の所は至極都合が宜しい状況にありまして、火は餘り熾んにならなかったのであります。それからして矢張り伝統的に昔の火事でも此処が焼けなかったと云う言い伝えがありまして、土地の若い者が消防に努めました。之はつまり消防しようと云う決心さえ決まれば火は防げるものと云うことが分かるのであります。」（以下略）

この事蹟は、震災直後に、山角徳太郎編『神田復興史並焼残記』大正14年5月（*9-4）が発刊されたことによって後世に伝わることになった。同書あとがきによると、山角は、震災前には摂政宮成婚に奉じる『神田区民誌』刊行を進めていたが、震災のため原稿が焼失、断念した。翌年大正13年1月19日から神田佐久間町三丁目二十一を拠点にして関係者への聞き取り等を行い、賛同者を集めて個人出版で刊行したということである。

◆*9-4　山角徳太郎編『神田復興史並焼残記』発行山角徳太郎　大正14年5月　A５判 307 頁

52頁～（15班の記述）「大地震後諸方に火災起るや和泉町佐久間町の者も多くは家財を整えて逃げ支度をしていた。夕刻四囲が全く火に襲われた頃にはわずかにラケットの柄のように残っている和泉橋通りを上野方面に避難して、残る者は数少なかった。残っている人は自分の家が焼けるまでは断じて去ろうとしない決死的の覚悟を持った人ばかりであった。」

「一日の午後零時半ころ和泉町の北端にあるミツワ研究所から発火し遂に衛生試験所の大建物に飛び火するにいたった。踏みとどまったものはほとんどここに全力を上げて消火に努めた。このときにはまだ水道の水が通じていたため工場と社員の住宅とを焼いたのみで幸いに鎮火した。」

「一日の午後3時頃本石町方面より延焼して神田川の南岸東龍閑町豊島町西より東に燃えし時は、佐久間町二・三・四丁目は焔の風下となり危険に瀕したため、神田川の水を汲み屋上に上りてそれぞれ防火に努めた。その間、三丁目所在の佐久間小学校等に飛び火を受けたが、在郷軍人その他町内有志と協力して消火に努力したため大事に至らずにして消し止めることができた。」

「町内の有志は退嬰的に自分を守るよりも進んで神田川を渡り柳原の電車通りに食い止めるの利を知ったため、この方面に全力を集めて猛火の中に働いた。丁度某時風向きが俄然変わって来たため辛くも難を免るる事ができた。これがために佐久間町二・三・四丁目の河岸にある神田川倉庫は無事なるを得たのである。」

「一日午後8時頃天神町方面より西北風に煽られた火先は瞬くまにあたりを焼尽して班内の佐久間町一丁目の一部を焼き益々猛威を逞しうしたため、これを秋葉原駅に食い止めんとしたが力及ばず遂に和泉橋袂まで燃え出してしまった。この時我が焼け残っていた佐久間町は、全くの風前の燈となった。とにかく力の及ぶ限りと思って二番組のポンプを引き出して消火に努めた。佐久間町一丁目はなし崩しに焼けてきて平河町また危険を感じた。ために道路に山積みしてあった荷物は他に運び、燃えやすい看板等は丸太をもって取り外し、窓を閉じ、和泉橋付近より神田川の水を汲み、燃えつつある家屋は平河町の反対側に倒し二三の家屋を破壊し二日の午前11時ころ鎮火するを得た。」

「美倉橋方面浅草方面より来たる和泉町北方の火は、余り区域が広かったために付近の者も多数出動大いに消防した。こうした状態で漸く安心出来るようになったのは三日目の払暁の頃である。とにかく旧都市の一部は神田の一隅に残存したるは人の努力も興かって力あって神恩を感謝しなければならぬ。この奇蹟的の点の恩恵に報いるために我が在郷軍人会員は町内有志とはかり四日早朝代議士作問耕逸氏宅を仮事務所に定め、人身の不安に備えるために自警団を組織する協議を遂げて即刻実行することになった。」

鈴木　淳は、「東京大学デジタルアーカイブコレクションＨＰ」の中で、この書を「お宝本」に取り上げている。

◆『東京大学デジタルアーカイブコレクション文学部資料デジタル画像公開』2011年12月

https://www.l.u-tokyo.ac.jp/digitalarchive/collection/suzuki_jun.html

「震火災の勃発するや（山角徳太郎）氏は到底危険の免かるべからざるを予知して、一家と共に上野公園常盤華壇に避難した、更に同華壇の危険に瀕するに及び再び本郷方面に遁れたのであった。三日に至り自宅及び一廓付近の無事焼残れるを聞き、急ぎ帰宅したのである」ということから始まり、個々の住民の寄稿や聞き取りによる震災時の活動の具体的な例が紹介されている。「この本の三分の二以上の紙幅が「賛成者略伝」という、出版資金を出した600余名の住民がどういう人で震災時に何をしていたかの記録にあてられているのだ。このうち約500名が焼残地域の当主たちであるが、そのうち120余名は防火活動に従事しないで避難したことが確認できる。」「一つの町内の住民のプロフィールがこれほどの密度で明らかにされることは通例なく、本書は社会史や都市史、経済史の史料としても『お宝』である。」と評価している。

この地の記録は、大正震災美績（*9-5）や東京都震災録（*9-6）など公的資料にも残され、『美談』として後世に伝えられた。

◆*9-5　東京府「和泉町佐久間町等の防火と其の成功」『大正震災美績』大正13年9月1日

214頁～「(五) 和泉町方面最後の防火（二日の午後三、四時頃）：このとき和泉町一番地十号の持田喜太郎君（52）は同番地15号の帝国ポンプ株式会社よりポンプを借りんことを思い浮かべ、同会社の重役竹田孝作君に交渉した。ポンプ会社には八月二十九日に完成した府下目黒消防署に納めるべき、発動機は米国タービン式で双口二十馬力のガソリンポンプが一台あったが、焼失せんことを憂えて和泉橋向かいの焼け跡に運んでおいたのである。」

◆*9-6 東京市「第三章東京市民の活動（二）神田区青年団」『東京震災録　別輯』昭和2年3月　）

238頁～「青年団とはいわず老幼男女を問わず居残ったる人々は皆手に手にバケツを持ち、井戸水を汲み二列に並び、一方の列は水を送り、焼けざる方の屋内又は屋上に水をかけ、一方の列はからのバケツを送り戻し順次これを繰り返せり」

3　防空の模範として脚光を浴びる

この神田和泉町・佐久間町の事蹟は、すでに『大正震災美績』大正13年（9-5）や『東京震災録』昭和2年（*9-6）など知られていたが、防空の模範に取り上げる「資料」は昭和8年頃まで見当たらなかった。ただし、第六章で述べた一九三〇（昭和5）年「防空研究会講演会」（本書140頁）で関係者に紹介された可能性はある。

一九三七（昭和12）年の防空法施行以降に防空啓発が活発化になり、この地のことを取り上げる事例が増えた。国会図書館等多くの文献にあたった中で、早い時期のものでは一九三三（昭和8）年の山田新吾編著『爆撃対防空』（*6-8）、一九三七（昭和12）年東京市防護展覧会の講演（*8-46）、軍人小倉尚による一九三八（昭和13）年1月の建築学会向けの講演（*6-41）がある。早くから知る人は多かったが、防空消火の模範にされるのは防空法の制定後、中でも一九四一（昭和16）年以降である。

（1）初期の講演から

①「防空徹底強化　防護展覧会」講演一九三七（昭和12年）10月

この展覧会での6つの講演の一、「防火に就いて」において、講演の後半で神田佐久間町の事例が示されたが、展覧会の展示にはなく簡単な指摘がなされたにとどまった。

◆*8-46　日本赤十字社『赤十字博物館報第十九号（防空法徹底強化防護展覧会号）』昭和13年8月

57頁　警視庁消防課長阿部源蔵氏講演『防火に就いて』十一月八日（224頁再掲）

「彼の大正十二年の関東大震災の時け、警視庁の調査に依れば、舊東京市内に於いて独立して出火した件数百三十五個であって其の内四十三箇所は即時消し止めたのでありますが、残りの九十二箇所よりの火災が飛び火に次ぐ飛び火を生じまして、遂に東京市の大半を焦土と化せしめたのであるが、然しこの中にあって、神田佐久間町や和泉町の一部の如きは、各家庭の皆様が決死の奮闘に依り、協力消防に盡瘁致しました結果、遂にこの焦土から救うことを得た。」

②小倉　尚　一九三八（昭和13）年10月18日の建築学会講演

小倉　尚は日本建築学会会員で震災当時は工兵学校教官だった経歴があり、講演でこの事蹟を取り上げている。「指揮官の命令に服従して決死の勇気で持ち場を守った」「全国民が空襲の火災に対し（中略）決死の勇気で戦ってほしい」と述べている。ただし、この時の講演では町民の活動を細かく説明することはなかった。

◆*6-41　小倉　尚述『防空上防火の重要性』日本建築学会　昭和13年10月18日

電気倶楽部での建築学会依頼による講演、当時、陸軍築城部本部、陸軍工兵大佐。副題に「都市防空智識普及徹底のための講演」とある。講演では、まず、防空上防火の重要性は国民に徹底していないこと、投下爆弾の種類や威力について講演し、第四「防空上防火の重要性」では、木造でできた我が國都市では防火が重要問題であると述べている。（8～9頁）第五結論：防火の原則は第一発火を防ぐこと、第二延焼を防止すること、第三延焼しても火災を局限にして大事に至らしめぬこと、（中略）防火の組織、訓練、器材や水の準備が必要と必勝の信念を述べ、その後に「大震災の時、佐久間町の人達の活動した話を聞きましたが、誠に涙がこぼれます。千五百戸の町民はよく指揮官の命令に服従して、決死の勇気で各々持ち場を護ったのであります。此の人達の様に働けば必ず火災及び延焼を防止し、火災を局限にすることが出来ると信じています。／全国民が空襲の火災に対し一人残らず此の佐久間町の人の様に決死の勇気で戦ってほしいと思います。／国民防空にも上下一致団結して、我が将兵の如く攻撃精神に燃え、大和魂を発揮することが第一の要訣だと考えます。佐久間町の一はよくこれを証明しています。」（10頁）「空襲時に突発する危害に対しては、平時からいろいろと指導されているとおり、第一線将兵の如く、また佐久間町の住民の如く一致協力して勇敢に活動すれば、必ず大難を小難で食い止めることができると信じております。」

（2）東京府の史蹟指定

一九三九（昭和14）年1月には、この地は東京府史蹟の指定を受けた。これは、一九一八（大正7）年東京府告示「史的記念物天然記念物勝地保存心得」による指定で、今日でも東京都文化財情報データベースに記載されている。指定の経過は公文書にも残っていないが、新聞で報じられている。

一九三九(昭和14)年1月14日付東京市公報では、「神田佐久間町一帯を史蹟に指定」と題する記事が掲載されており、東京府知事の指定と、指定の木札が立てられたことが記載されている。

同年1月11日の東京朝日新聞東京夕刊(*9-7)にはその木札の画像がある。

また、月一回発行の警防団員を読者にした雑誌『警防時代』昭和14年2月号(*9-8)では、木札には「町民人力の限りを尽くして天佑神助により焼失を免れた地也」と書いてあると報じている。

一九三九(昭和14)年の震災記念日に合わせて9月2日にはこの史跡指定を祝う式典が開かれているという記事もある(*9-9)。

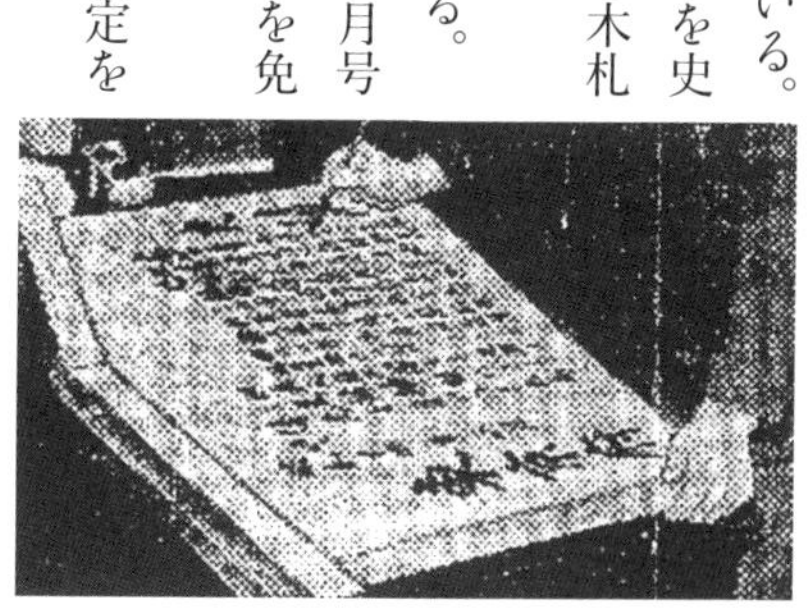

図9-1 史蹟指定の木札板(出典1939(昭和14)年1月11日東京朝日新聞夕刊)

◆*9-7 東京朝日新聞 東京夕刊 一九三九(昭和14)年1月11日

「史蹟に名刻む神田の火消 焼け残り数カ町を指定」「東京府では先には安政の大火を免れ、関東大震災にも奇蹟的に惨禍を免れた神田佐久間町ほか数カ町を史蹟として指定することとなり、十日午後から佐久間小学校に記念式を挙行した。」

◆*9-8 雑誌『警防時代』昭和14年2月号 警防時代社

「東京府ではさきに安政の大火を免れ、関東大震災でも奇蹟的に惨禍を免れた神田区佐久間町他数町を史蹟として指定することになり、1月10日正午から佐久間小学校に記念式を挙行した。」

標識には「史蹟大正十二年九月一日関東地方大震災当時町民協力防火守護之地、神田区佐久間町二丁目三丁目四丁目平河町和泉町全部佐久間町一丁目松永町、下谷区御徒町一丁目の一部、以上は町民人力の限りを尽くして天佑神助により焼失を免れた地也」と誌している。

◆*9-9 東京朝日新聞 東京朝刊 一九三九(昭和14)年9月1日

神田っ子の自慢—「大震災指定記念の夕」「関東大震災十六周年を迎え市並びに神田区七之部連合町会では3日午後五時

半から同区佐久間小学校校庭で"史跡指定記念の夕"を開催することになった。（中略）当夜は木村社会教育課長の挨拶に次いで西村楽天の漫談、映画等がある。」

この一九三九（昭和14）年1月の史跡指定の経緯は不明であるが、東京市では一九三七（昭和12）年の防空法制定のあと、9月に東京市教育局内に防衛課を発足、同年12月防衛課は教育局から市民動員部所属に移行し、昭和14年6月に市民局に組み込まれている。東京市が防衛課を発足した昭和12年9月以降に教育局内で「防火美談」の活用を発意し、手続きを進めて一九三九（昭和14）1月に実現した、と推測できる。

（3）一九四一（昭和16）年の広報の活発化

この地の活動を讃え、国民防空の模範として顕彰する動きは、一九四一（昭和16）年夏に活発化する。一九四一（昭和16）年8月8日付東京朝日新聞朝刊は、「備えあれば空襲も恐れなし」、「震災に町を死守　バケツ戦術も元祖　誇る神田っこ」と題して、神田佐久間町民による座談会が開催されたことを報じている。

◆ ***9-10　東京朝日新聞　東京朝刊　一九四一（昭和16）年8月8日**

「『備えあれば空襲も恐れなし』震災に町を死守　バケツ戦術も元祖　誇る神田っこ」

「8月7日夜佐久間国民学校にて東部防衛司令部鈴木参謀、情報局小松課長ら出席のもと、小川町会長、水戸部連合会長、米穀商粉川氏三氏により、防火体験を教えられる座談会を開催」。以下「我が町を護る」「バケツリレーの元祖」「町会機材の総動員」「荷物を捨てる」「泡沫消火器の元祖」「戸板戦闘」「私製総動員法」「町の名誉」等々、写真入りでおよそ1,600字の記事（8月16日市政週報122号の座談会記事と同じ内容を報じる）

翌週の東京市政週報122号（昭和16年8月16日）では「震災記念日を如何に意義あらしめるか」を巻頭に於いて、「我が家の防空」「帝都の防空は防火第一」とともに、座談会「震災に町を護った人々」が掲載される。また、この座談会が新聞ニュースになり広がっていく。

昭和十六年八月十六日　市政週報　第百廿二號（十一）

震災に町を護つた人々

——尊い體驗を聞く（神田佐久間國民學校で）——

帝都の防空は防火第一！　町民の一致協力さへ出來てゐれば、大丈夫だとの實例、それは大正十二年の震火災の折、神田佐久間町和泉町松永町の一帶は、水道は斷水し餘震の續くうちで四方から迫る火の手を完全に防いで、あたり一帶が燒野原と化した中に、こゝだけ燒け殘つたのだつた。

當時の防火ぶりを聞くために七日の夜佐久間國民學校に東部防衞司令部鈴木參謀、情報局小松課長らが集り、佐久間町會長小川清太郎氏、燒殘り地區一帶の聯合町會長水戸部伴藏氏、米穀商業組合員粉川鉾太郎氏の三人が話し手で貴重な體驗を語る熱心な座談會が開かれた。

町を護つた秘訣

火事だとなると多くの人たちは家財を持ち出して、わが家わが町を捨てゝ逃げ出したが、この町會の人たちは老人子供を上野に避難させて、働ける者を總動員して三十數時間、飲まず喰はずの死物狂ひで防火につとめた。逃げずに戰つた、この意氣と努力、町民だけの力で一千六百三十戸を完全に火事から護り得たのである。

町會はなかつたが…

震災當時のことだから、今日のような町會隣組などの組織はなかつたけれど、町内に古くから住んでゐる連中、ことに自分の家に住んでゐる人たちにより同志會といふ町内の親睦會があり、それが町會の役目を果してゐた。

生粋の神田ッ兒だけに勇み肌の世話好きな人が先頭になつて、サア水を汲め、バケツを出せと號令をかけ、誰が何の係といふこともなかつたが、火勢の間に自ら指揮者が現れ、多數の町民が揃つて統制のとれた防火作業に從つた。

機宜の處置として役立つたのは町内にポンプ屋が一軒あり、水戸市に納入するガソリンポンプが三臺あつた、賣約品ではあるが實地試驗の名の下にこれを活用したガソリンも町内各所から集めて役だてた。また延燒を防ぐために一部の家屋を壞したが、忽ち大工さんは鋸を、鍛冶屋さんは鎚を持ち出すといふ具合に、あらゆる道具が活かして使つた。

備えあれば恐れなし

今日盛んにやつてゐるバケツリレーも、こゝでは震災の時、はじめはめいめいバケツで神田川の水を運んだが、誰に教はるともなく往復バケツリレーを發明したものである。

ハシゴで届かぬ高いところへの類火は、町内の豆腐屋さんの所の豆腐を持ち出して、これをブッつけて消した。今日の泡沫消火彈はこれから教へられたものだ。

凡ゆる努力でこの地區だけが燒け殘つたが、そこに一萬七千俵を入れた米倉庫があり、これが助かつたため全市民に、どれだけ役にたつたか知れない。

火が靜まると直ぐ自警團を組織し、荷札を利用して身分證明書を作るやら、石油箱一つの臨設郵便局を開くやら、食糧を集め木炭ローソクを大宮邊まで買出しに出かける等、見事な處置ぶりだつた。

この人たちの氣焔は、空襲何處ぞ、この準備と訓練と決意あれば、イツ如何なる事が起らうともビクともしないぞ！　と頼母しい話だつた。

図 9-1　市政週報 122 号（昭和 16 年 8 月 16 日）*8-20

昭和十六年九月六日　市政週報　第百廿五號（十六）

市政の動き

震災十八周年祭

關東大震災第十八周年慰靈祭は九月一日午前九時より本所横網町の震災記念堂にて嚴かに執り行はれた。

當日は池口氏外遺族を始め、來賓として田中東部軍司令官、川西府知事、山崎警視總監、平塚前府知事、永田、堀切、牛塚各前市長、滿洲國大使以下外交官、關係官公署員、主催者側として大久保市長、松永市會議長以下市關係者約五百名が參列した。

定刻吉田府神職會長齋主の下に奏樂に始まり、修祓、招魂、獻饌の順に進められ、齋主の讀み上げる祭詞に當時を偲び參列者一同[illegible]とする、續いて主催者を代表して大久保市長、松永議長、遺族總代として池口榮吉、糸永定夫、長崎孝純、土岐鍋太郎、千葉惇の諸氏、來賓總代の玉串奉奠禮拜あり[illegible]式による慰靈祭を終つた。

引續き同十時より佛式により[illegible]の[illegible]にて各佛宗導師となり[illegible]二十口市內寺院の僧侶の下に盛んな慰靈法要が行はれた。

全市民一齊に默禱

この日午前十一時五十八分、大久保市長は震災記念堂境內の鐘樓に立つて三點打すれば、境內を埋めつくした參拜者の群は粛然として佇立十八年前の今日慘しくも燒死した五萬八千の靈に對し心からなる默禱を捧げたが、同時に市のサイレンを始め、汽笛、警鐘を吹鳴又は打鐘し、これを合圖に全市民は一齊に默禱を行ひ、關東大震災の犠牲者の靈を慰め、併せて臨戰體勢下の市民としての決意を新にした。市電やバスはこの一分間は停車して哀悼の意を表した。

防空教訓油繪展覽

なほこの日震災記念堂周壁には十枚の防災教訓油繪を掲げ、非常な人氣を呼んだが、この油繪は市防衞局の方で製作したもので大正大震災の時燒殘つた神田區佐久間町、和泉町地區町民の協力一致の防火ぶりを現はしたものである。

またこの繪を圖録とし一日より七日迄震災記念堂參拜者に配布してゐる。

防空防火展

その外境內には簡易地上式防空壕を設置、七日迄展覽したが、[illegible]は三圖種類あり、特に[illegible]一般の見本として多數の見學者があつた。

また構內の復興記念館には一日より七日迄、防空防火展を開いたが、この期間中は特に家庭防空用具資料を多數に陳列し、更に防空に關する圖表等を多數に掲げ一般の觀覽に供した。この期間中は記念堂構內に防空相談所を出張開設した。

一日夜の各催

震災記念國民防空講演會—午後六時より神田共立講堂に開かれたが、大日本防空協會、東京市、[illegible]、日本建築學會の共同主催のもので、防空協會理事長後藤文夫氏、山崎警視總監、大久保東京市長の挨拶の後、堀切善次郎氏、佐野利器氏、大本營陸軍報導部長馬淵大佐の講演があり、滿員の聽衆に多大の感銘を與へた。なほ馬淵大佐の講演は中繼により全國に放送した。震災記念講演會—午後七時より兩國公會堂に開かれたが、主催は市教育局社會教育課、記念講演の後映畫等があつた。

興亞奉公日の集ひ—午後六時日比谷公園大音樂堂、永田秀次郎氏の講演に引續き餘興あり滿員の盛況であつた。

常會指導者錬成講習會

第十五回常會指導者錬成講習會は八月廿七日より三十日迄千葉縣君津郡秋元村神野（房總線佐貫町驛下車）に於て三泊四日合宿錬成

図 9-2　市政週報 125 号（昭和 16 年 9 月 6 日）*8-21

記事では、小学校の教室に陸軍参謀、東京市情報局長と地元リーダー三氏が臨席し、座談会では、震災前は町会はなかったが親睦が厚かったので自然と統制ある活動ができた、ポンプ・バケツリレー、ハシゴを使用したなどを話して、最後は「準備と訓練と決意」があればいつ何時でも対応できる、と結論づけている。

翌週の一九四一（昭和16）年8月21日東京朝日新聞東京夕刊では、「防火防空に重点―震災記念日の多彩な行事」の見出しで、防火第一主義レコード演奏、震災記念堂でリーフレット（*9-12 次頁参照）配布、震災の時焼け残った神田佐久間町民の防火状況等の油絵掲出（震災記念堂周壁）、同館内で防空相談所開設、廃物利用地上防空壕築造、防空標語掲出、防空展覧会、夜には防空講演会、震災祈念講演会、興亜奉公日の集い、一週間両国公会堂で震災並びに防空映画会が行われる、と報じている。

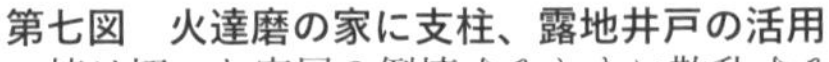

第七図　火達磨の家に支柱、露地井戸の活用

焼け切った家屋の倒壊するときに散乱する火の粉と、地を這う火勢とは怖るべきもので侮るべからざるものがある。

それ梯子だ、それ丸太だと町民はその火達磨の家の一軒一軒に支柱をなし危険を忘れての敢闘ぶりであった。

又、当時此の一帯の露地に在った釣瓶井戸の活用が防火のために大いに役立った事実を忘れてはならない。

第八図　いざ空襲の心構え

火点にできるだけ近づくのが防火消防の秘訣である。町の防火戦士の敢闘精神は燃え上がる火の手よりも尚旺である。

いま此の三人の挺身隊は、一枚の戸板を盾として、満水の「バケツ」を携えて敢然として猛火に近づきつつあるが、この意気、この精神こそ今後の空襲など万一に處する帝都市民の心構えでなければならぬ。

更に延焼防止のための一部の家屋の破壊には或いは大工、或いは鍛冶屋と凡ゆる能力と器材との総動員であった。

第九図　渾然一体の防火

火災は益々猛烈である。折良く町内の一軒の「ポンプ」屋に一台の「ポンプ」があった。それが直ちに提供され「ガソリン」は町内で持ち寄り、和泉町喞筒場の下水溜から水を引き、町内の人々による懸命な自衛消防の活動が始まった。

勿論、付近の湯屋や露地に在る井戸水は「バケツ」の手送りに依ってそれからそれへと運ばれて、在郷軍人、青年団員、町内会員、婦人など数百名の精鋭が渾然一体となって荒れ狂う猛火を一歩も此の町には入れじと大規模の消防が始まった。

第十図　勝利の凱歌

勝利の凱歌は三日目の曙光とともに挙がった。然も此の町に在った神田川倉庫の一万三千俵の貴い米は此の町の人々と共に多数市民の飢饉をも救ったのである。

配給も炊き出しも整然と行われ、緊張と疲労との裡に最後まで心を緩めず、最善を尽くした町民の顔には押さえ切れぬ喜びと満足とがあった。

反省

斯して、数十万の建物を灰となし、五十五億の財貨を焼き、十数万の生霊を葬ったこの大震火災の中に此の一郭は巍然として焼け残されました。

これは集団的に市民が活動した貴重な一例であるが、尚幾多の同じような努力の跡を他にも見出すことが出来ます。みなさんは是等の事実によって何を教えられ、何を考えさせられますか、不意討の天災でさえ、斯の如く闘えば立派に之にうち勝つことが出来るという生きた証據ではありませんか。

若し空襲があっても、警報で予め承知することが出来るし又假令突然の空襲であっても大震災のような天災とは違い人の仕業であり、我々にも訓練も準備も心構えも一応はあることです。徒に恐れるには及びません。

我々市民は此の祈念すべき大震火災の貴重な体験を生かし一層不撓不屈の敢闘精神を練り鍛え、絶えず防空技術の向上を心がけ、何時空襲があっても驚かないだけの心構えを養うと共に、「我等の帝都は我等が死守する」という強い覚悟と信念とを固むることが必要であります。

図 9-3　東京市防衛局『大震火災の時の神田佐久間町和泉町一帯の人達の行動は我等に何を教えるか』1941（昭和 16）年 9 月 *9-12（242 頁参照）もとはカタカナ、画像は粗い印刷である。

第一図 猛火の中に焼け残る

大正十二年9月1日の大震火災は、東京市の大半を焼け野原と化したのである。が、しかも、この焼け跡のまっただ中に「ぽっくり」と小島のように焼け残った一郭こそ、昭和14年に東京府の指定史蹟となった神田区佐久間町、和泉町等の一帯であって天佑神助と共に、当時の人々の協力奮闘の偉大さを物語っているものである。

第二図 町民の意気と敢闘精神

では何うしてこの一郭が焼け残ったか。一つは天佑二には老人や子供を避難させて後顧の憂いを除いたことにも因ろうが、何より貴いことは、町民の自己を忘れての協力とその頑張りである。

「我等の町は我等の手で」とばかりに断水をものともせず、猛火と戦い、飲まず食わずの中に戦い続けること三十有余時間、遂に見ん事、一千六百戸を護り了うしたのであった。

この町民の意気こそ正に協同一致と敢闘精神との現れというべきである。

第三図 バケツ消防の威力

猛火迫るとみるや、苟も働けるものは男も女も進んで指揮者の指図に従って、夫々の持ち場に就いた。鉢巻き、頬冠りも勇ましく死に物狂いの働きが始まった。それは熱気と意気との奮闘である。揃わぬ調子も次第に揃った。其の處には期せずして見事な手送り式「バケツ」消防が生まれていた。

第四図 凡ゆる工夫と努力

勿論此のときの消防は臨機応変に生まれたものである。即ち屋上で火の粉を払うもの、或いは濡れ布団や濡れ筵でたたき消すもの、中には豆腐屋から持ち出した生豆腐の塊を飛び火目掛けて投げつけるものもあった。軒先や羽目板に燃えついた火を濡れ箒で防ぐもの或いは「バケツ」注水をなすもの、更に戸や窓を締めて飛び火や延焼を防ぐもの等があった。

防火陣はこの様なありと凡ゆる工夫の応用と努力の総力戦であった。

第五図 燃え草の移動

まず、秋葉原駅を焼き払った猛火はさらに電車通りに伸びていよいよ危険となった。町民はそれっとばかりに、道路や軌道を埋めた家財道具を火の中に投げ込み、電車を火の無い方へ移動させる。又火に面した町並みの看板や陽除け、物干しなど片っ端から取り外す。羽目板や軒先に水を注ぐなど、燃え草による延焼防止に大童である。

第六図 危険な荷物の山

其の頃焼け出された避難民が持ち切れない程の荷物を抱えて此の町に雪崩れ込んできた。

美倉橋の上には是等の荷物が山と積まれた。若しそれに火が付いて橋が燃え落ちたら避難路は絶たれるのである。

相談は即座に纏まって、橋上の荷物の山は片っ端から瞬く間にどんどん神田川に投げ込まれた。

昭和16年8月30日市政週報124号「震災と空襲」（*8-21）では、難波三十四陸軍中佐が「不敗の防空陣」と題して市民は総て国土防衛戦士、持ち場を守れ、防火準備の強化（隣組で各々一発を必ず消し止める）、防空壕は待避所だ、など市民の防空意識の強化を説くが、神田の事蹟にはふれていない。

（4）防災教訓油絵の展覧

また、昭和16年9月6日『市政週報』125号「震災と防空」特集号（*8-22）では、「市政の動き」の欄で9月1日の震災十八周年慰霊祭を取り上げ、その中で「防空教訓油絵展覧」を報じている。この日、東京市防衛局製作の油絵10枚が震災記念堂の周壁に献額されたというもので、そこでは神田和泉町・佐久間町の震災時の防火ぶりを描かれており、さらに図録が配布されたという記事がある。

◆*8-22　東京市『市政週報』125号　16頁　市政の動き「防空教訓油絵展覧」昭和16年9月6日号

なおこの日震災記念堂周壁には10枚の防空教訓油絵を掲げ、非常な人気を呼んだが、この油絵は市防衛局の方で製作したもので、大正大震災の時焼け残った神田区佐久間町、和泉町地区住民の協力一致の防火ぶりを表したものである。またこの絵を図録として壱日より七日まで震災記念堂参拝者に配布している。

この絵画の原本の現在の所在は不明であるが、それを元にして東京市防衛局（昭和16年5月発足）が発行した8頁の図録（前頁242～243頁、図9-3）が残されており、それから絵画のイメージは推測できる。

（5）教育紙芝居『関東大震災』（口絵14～16頁参照）

同じく一九四一（昭和16）年9月1日には教育紙芝居『関東大震災』（*9-13）が発行される。

内容は、『神田復興史並焼残記』の記述を下敷きしている。発行した日本教育紙芝居協会は、国定教科書の副教材紙芝居＊も発行しており、これは一九四三（昭和18）年修身教材「焼けなかった町」（図7-5）に向けて教室等で上演するため制作された教育紙芝居である（*五年生国語教材向け教育紙芝居『稲むらの火』昭和16年7月等がある）。

紙芝居の内容は、関東大震災の揺れと火災の中、神田区和泉町・佐久間町における住民による懸命な火災防御活動と、その一方では荷物を抱えた一般の避難者や火に追い詰められる人々などが描かれている。地震火災時の教訓が描かれる一方で、結論としては「もし全市民がこの神田佐久間町、和泉町、松永町の如き滅私奉公の誠と実践が行われたならば、東京を斯くまで焼土としなくてすんだかもしれない。事変下に迎える震災記念日の意義を私達は深く味わわなければならぬのである」と結んでいる。

この紙芝居では、関東大震災のときに滅私奉公で一致団結した神田の人々と、一方、消火もせず嘆くばかりで自己中心的に避難した一般市民、という対比がされていて、これは多くの防空書に見られる評価である。

（6）修身教科書「焼けなかった町」

一九四三（昭和18）年4月、第5期国定教科書の初等科修身2（小学校4年生用）35～39頁に「9焼けなかつた町」（*9-14）（図7-5）が登場した。教材の準備は一九四〇（昭和15）一九四一（同16）年頃から始まっていたようである。なお、この教材「焼けなかった町」は、一九四三（昭和18）年、一九四四（同19）年の二年間に国民学校の四年生に9月の修身の授業で使われた。なお、東京からの学童縁故疎開は一九四三（昭和18）年12月ころに始まり、集団疎開は一九四四（昭和19）年8月からの実施された。教科書は全国採用である。

この教材を学校ではどのように教えるかについて、教員用指導書（*9-15文部省『初等科修身教師用指導書第2』）が遺されている。関東大震災時の神田和泉町佐久間町の事蹟をモデルに教材にしたと明記されている。

教材の狙いは、「重要なる任務を擔（にな）うている警防団の活動」と「國民一般が隣保互助の組織を堅くして自衛に任ずる」ことを児童の実践の準備として提起し、協力一致、冷静沈着、「児童の生活に則して、各自の持場持場を固め、協力一致を以て災害を防止するといふ精神を昂揚させなければならない」ことを教えるとされている。

図 7-5　国定教科書の初等科修身 2　第九『焼けなかった町』*9-14

九　焼けなかつた町

大正十二年九月一日、東京では、朝からむし暑く、ときどきにはか雨が降つたり、また急にはげしい日がさしたりしました。

ちやうど、お晝にならうとする時でした。氣味のわるい地鳴りとともに、家もへいも、一度にはげしく震動しました。がらがらと倒れてしまつた家も、たくさんありました。

やがて倒れた家から、火事が起りました。あちらにも、こちらにも、火の手があがつて、見る見るうちに、一面の火の海となりました。

水道は、地震のためにこはれて、火を消すこともできません。火は、二日二晩つづいて、東京の市中は、半分ぐらゐ焼けてしまひました。

ところで、この大火事のまん中にありながら、町内の人たちが、心をあはせてよく火をふせいだおかげで、しまひまで焼けないで殘つたところがありました。

この町の人たちは、風にあふられて四方からもえ移つて來る火を、あわてずよくおちついて、自分たちの手でふせいだのです。

まづ、指圖する人のことばにしたがつて、人々は二列に並びました。第一列のはしの人が、井戸から水を汲んで、バケツやをけに移すと、人の手から手へとじゆんじゆんに渡して、ポンプのところへ送りました。第二列の人たちは、手早く、からになつたバケツやをけを井戸の方へ返して、新しい水を汲みました。

そのうちに、かうといふ列の組が、いくつもできました。みんな、一生けんめいに水を運びました。また、ほかの一隊は手分けをして、火の移りやすい店のかんばんを取りはづしたり、家々の窓をしめてまはつたりして、火の移らないやうにしました。

かうして、夜どほしこんきよく火をふせぎました。年よりも子どもも、男も女も、働ける者は、みんな出て働きました。自分のことだけを考へるやうな、わがままな人は、一人もゐませんでした。

次の日の晩おそくなつて、やつと火がもえ移る心配がうすらいで來ました。みんなは、それに力づいて、とうとうしまひまで働きつづけました。

見渡すかぎり焼野の原になつた中に、この町だけは、りつぱに殘りました。

◆ ***9-15　文部省『初等科修身教師用指導書　第2』「焼けなかった町」昭和17－18年**（国会図書館デジタルコレクションから）

・**教材の題旨**／初等科修身一に於ける「消防演習」の発展教材である。即ち、本課に於いては、非常事態に際會して、ただ待避するといふだけでなく、更に進んで、各自の持場持場を固め、協力一致以て災害を防止するの精神を培ふところに、根本の趣旨がある。団結の力づよさについて、この機會に十分理會させなければならない。

大正十二年九月一目、関東地方に地震が起り、東京市の大半は震火災のため焦土と化した。ところがその災害区域の中にあって、神田区の一角、現在秋葉原駅東方の五箇町だけは、一戸の焼失家屋をも出さないで、他の隣接二箇町の残存家屋を併せ、一千六百余戸が難を免れ得たのである。しかも、それは決して奇蹟でも何でもなく、実に町民が協力一致身命を賭して防火した結果にほかならない。防火が成功したので、神田川倉庫の在米は直ちに配給されて、市民の食となり、残存家屋はまた数万人の避難所となった。更に同町住民の組織した神田川自警團は警備・教護に盡瘁し、関東大震災にする美談として永くその名を留めるに至ったのである。東京府では、昭和十四年、同地を史蹟として指定した。

本教材は即ち、このことによって作成されたものであるが、全国児童に理會しやすからしめるため、殊更に固有名詞を用ひず、また実地の訓練に資することのできるやう、防火の情景について詳述したのである。随って指導に際してはこの意を軀して、単なる美談に終らしめない注意が肝要である。

水火消防、ないしは防空その他の警防に従事する公の機関としては、警防團が設けられてゐる。警防團は特に現今の國際情勢に鑑み、國土防衛と資源擁護の完壁を期するため、江戸時代から発達し来った消防組と、近時防空目的のために組成せられていた防護團とを統合して、更にその組織・機能を強化したものであって、地方長官の監督下に市町村毎に存する。この極めて重要なる任務を擔うている警防団の活動とともに、また國民一般が隣保互助の組織を堅くして自衛に任ずることが大切である。本課は即ちこの大きなねらひの元に児童の実践に準備するものとして提出されたことを始めに十分に考慮すべきである。

・取り扱いの要点

●本課に於いて指導すべき主要事項

一、大正十二年の関東大震災のこと
二、東京市内が二日二晩焼けて大半が焼失したこと
三、この震火災の中心にありながら、町の人々が心をあわせて火を防いだので焼け残った町があったこと
四、この町の人々は決して慌てないで秩序正しく最後まで献身的に働いたこと
五、非常の場合にあたって確固不動の精神を発揮し、臨機応変の處置をなし得るように平素からこころがけること
六、学校に於いて定められた非常の場合の心得
七、少年団等の活動において心がくべきこと

・取扱の要領　第二学期の始めである。児童は新しい気持ちで登校する。この時に当たって一段の緊張を求める。まず九月一日が関東大震災の記念日であることを想起させる。同時に、ヨイコドモの「アラシノ日」に於いて学んだことを反復させるがよい。更に、初等科修身一の「消防演習」に於いて学んだことを反復させるがよい。更に初等科修身一の「消防演習」に於いて習得したことを問いただしてみる。しかるのち児童用書を一通り読ませてみる。

東京については、国語に於いてたけでなく、修身に於いても「靖國神社」のところで十分理会してゐるはずである。随っ

て「大正十二年九月一日、東京では、朝からむし暑く、ときどきにはか雨が降ったり、また急にはげしい日がさしたりしました。」といふところから、次の頁の「火は、二日二晩つづいて、東京の市中は焼けてしまひました」、とある個所までは、情景を大軀理會せしめる程度で扱へばよい。

重点は、「ところでこの大火事のまん中にありながら、町内の人たちが、心をあはせてよく火をふせいだおかげで、しまひまで焼けないで残ったところがありました」といふところから始る、協力一致といふことの大切なこと悟らせる。更に「この町の人たちは、風にあふられて四方からもえ移って来る火をあわてずよくおちついて、自分たちの手でふせいだのです。」といふところに進んで、あわてずよくおちつくといふこと、沈着でなければならぬといふことを理會せしめる。

この場合注意すべきは、かうした点について国民的自覚といふ立場から取扱ふといふことである。他の町はみんな焼けてしまったけれども、この町の人たちは自分たちのためだといふので、火をふせいだといふ風に、功利的な観念から出発して説いてはならない。億兆一心といふ大義に立って判断を下すべきである。

「まづ、指圖する人のことばにしたがって、人々は二列に並びました。」から、次の頁の「また、ほかの一隊は、手分をして、火の移りやすい店のかんばんを取りはづしたり、家々の窓をしめてまはったりして、火の移らないやうにしました。」といふところまでは、この町の人々の働いている状況を説いたものである。

この中に、非常の事態に際しての團體行動に関する一つの實例が示されてゐる。児童の訓練に劃する範例として取扱ふことが大切である。しかも強制されたものではなく、自發的に行ったものであることは、「かうして夜どほしこんきよく火をふせぎました。年よりも、子どもも、男も女も、働ける者はみんな出て働きました。自分のことだけを考へるやうな、わがままな人は、一人もゐませんでした」といふところに、はっきりと説かれてゐる。

こんきよくといふこと。自分のことだけを考へないといふこと、男も女も、年よりも子どもも、みんなでといふこと、いづれも強調すべき点である。そうして團體行動の際には規律正しくすることの大事な点を十分に辨へさせる。

児童の生活に則して、各自の持場持場を固め、協力一致以て災害を防止するといふ精神を昂揚させなければならない。學校訓練、少年團の活動等と結んで、實践的な指導に資する。

なほ、本教材取扱に際しては、初等科國語に東郷元帥の関東大震災のをりの崇高な態度について示したものがあることを心得て、緊密に連絡を圖る必要がある。即ちかうした非常事態に際しては、國民がひとしく天皇陛下の御事をなによりも最初に案じ奉らねばならぬ、といふことについて、児童自身の至情を培ふべきである。

「次の日の晩おそくなって、やっと火がもえ移る心配がうすらいで来ました。みんなは、それに力づいて、とうとうしまひまで働きつづけました」といふことに引き續いて、最後の「見渡すかぎり焼野の原になった中に、この町だけは、りっぱに残りました」といふ叙述があることに注目し、取扱に餘韻を持たせる。

・本標に因んで特に注意すべき禮法

一、近隣は國民組織の本となるものであるから、常に親和協力し進んで公共の務を全うしなければならないこと

二、近隣は互に注意して道路・下水等を清潔にし、公共の物は特に丁寧に取扱う

注意したいのは、児童への指導にあたっては「自分のまちを護るという功利的な観念」でなく「国民的自覚」、「億兆一心という大義」に立って行うとしていることである。すでにこの教材は、現場の和泉町・佐久間町住民からは、はるか遠くに「発展」していっている。また、指導では地震や防災の指導は強調されていない。

(7) 東京市広報での活用

一方、一九四二(昭和17)~一九四四(昭和19)年にかけて東京市・都の防空啓発の中でくり返しこの地区のことが紹介されている。

昭和18年9月25日都政週報11号(*8-26 図7-6)では、座談会を4頁にわたって特集し、「一層不撓不屈の敢闘精神を練り鍛え、絶えず防空技術の向上を心がけ、何時空襲があっても驚かないだけの心構えを養うとともに『我等の帝都は我等で死守する』という強い覚悟と信念とを固むることが絶対に必要である」とする。

記事の中では「火を怖れなかったことが町を救った最大根本条件であろう、怖れず逃げず敢然と火に向かっていった。路上の燃えやすき物

都政週報

防空に活かせ
震災の體驗
―町を衛つた佐久間町勇士の體驗談―

奇蹟を生み、不可能を可能としたる町の人々

まへがき

図7-6 昭和18年9月25日『都政週報』11号
「防空に活かせ震災の体験」1頁目 *8-26

の処理、破壊消防、バケツのリレー、火点への突進と注水、井戸水、ポンプ、下水の利用、生豆腐、濡れ筵、濡れ布団利用、ポンプ用ガソリンかき集め等、今日防空訓練に絶対必要な措置が次々となされた」という技術的教訓にも言及している。昭和19年8月26日都51号「震災の体験を防空に活かせ」（*8-27）でも、「大震災のことを考えると全く空襲なぞ徒に恐れる必要はない」、と説く。その三週後の昭和19年9月16日都53号「大震災の教訓と防空」（*8-28）では、神田佐久間町等の町民の奮闘ぶりを紹介し、「自分たちの手で」守る気概を説く。

以上を見ると、東京市防衛局は、関東大震災時の神田和泉町・佐久間町の事蹟を、空襲下における防空防火の「模範」「手本」にしたことは明白である。重視されたことは、住民の「決死の覚悟」と「一致団結」であった。防火の技術についても触れているが、必要な資機材の確保や状況判断などについて記述されることは少ない。

その後の神田和泉町・佐久間町は、帝都復興区画整理事業の事業区域から除外された。しかし、震災復興をきっかけに、総武線が両国駅から御茶ノ水駅間が延伸することになり、一九三二（昭和7）7月に開通した。神田佐久間町には東西に鉄道が貫き、佐久間小学校は和泉町に移転し、跡地は佐久間公園になった（図7-7参照）。その13年後、一九四五（昭和20）年3月10日の空襲でこの地区も焼失したが、街区割は平成になっても変わらず、大正当時の土蔵も一部が残っていた。

一九四五（昭和20）年3月9、10日の東京大空襲の東

図7-7　昭和14年の建物状況（火災保険地図から作成）

京下町では消火作業を続け、逃げ遅れた人も多かったとされる。原因は多々あろうが、迎撃機や高射砲等の軍防空は機能せず、軍が想定した焼夷弾の数量を大幅に超え、夜間・強風下の同時多発出火に対し、消火の人員、資機材が圧倒的に不足し、不燃化・防火改修は進んでおらなかったことなどが指摘できよう。一九八〇年代にこの地を調査したH研究所のO所員は、当地の方々からこの事績のせいで大勢が空襲で犠牲になったと言われ、話を聞くことに好意的反応が得られなかった、と言っている（*9-17 作成時の談話）。

一九六八（昭和43）年4月24日、関東大震災45年にあたり、和泉公園に「防火守護地」（図7-8）の石碑が建てられた。この時期、東京では大都市震災対策の取り組みが始まったことが背景にある。この石碑と最初の木札（*9-7）と表現が違うことに時代の推移を感じる。

図 7-8 『防火守護之地』石碑

◆昭和14年1月の木札記載文

「史蹟大正十二年九月一日関東地方大震災当時町民協力防火守護之地、神田区佐久間町二丁目三丁目四丁目平河町和泉町全部佐久間町一丁目松永町、下谷区御徒町一丁目の一部、以上は町民人力の限りを尽くして天佑神助により焼失を免れた地也　昭和十四年一月」東京府

◆昭和43年4月の防火守護地の碑文

「この付近一帯は大正十二年九月一日関東大震災のときに町の人が一致協力して努めたので出火をまぬがれました。その町名は次の通りであります。／佐久間町二丁目三丁目四丁目　平河町　練塀町　和泉町　東神田　佐久間町一丁目の一部　松永町の一部　御徒町一丁目の一部」昭和四三年四月二四日 佐久間小学校　地元有志　秋葉原東部連合町会

この事蹟は、戦後になって一九七一（昭和46）年10月東京都震災予防条例（現東京都震災対策条例）における市民消火隊や自主防災組織育成の先例として再評価され、防災訓練の強化や可搬式ポンプ配備などが進んだ。なお、戦中に組織化した警防団があったため、一九四三（昭和18）年9月鳥取地震（*9-16）や戦後の一九四九（昭和24）年12月の今市地震（*9-17）では住民による消火が行われ、被害を最小限にした効果があったことも付記する。

◆（参考）震災記念行事と防空啓発

東京朝日新聞で震災記念日前後の記事の見出しを中心に紹介する。昭和13年頃から慰霊に防空が重なってくる事がわかる。

一九二六（昭和元）年8月31日朝刊「精神作興の詔書奉読、あすの震災記念日に」

一九三〇（昭和5）年9月2日夕刊「周り来てここに七年大震災の想い出哀し」震災記念堂落成式、きょう厳かに挙行

一九三一（昭和6）年9月1日夕刊「大震火災八周年、あす記念日」黙祷、震災記念堂で八年祭と法要、午後本所区の小学校で講演、日比谷音楽堂で「震災回顧の夕」、警視庁非常警防演習（消防、消防組、町会・在郷軍人・青年団）

一九三二（昭和7）年8月28日朝刊　9周年「非常時の最中に震災記念日近づく」震災記念堂で九年祭と法要、本所公会堂、日本青年館と日比谷公会堂で「追悼の夕」、「非常時だ、燃ゆる記憶で奮い立て」ポスター配布、全小学校で黙祷。代々木練兵場で2万人による防護団の発団式、式後防空演習、ラジオAK記念放送

一九三四（昭和9）年9月1日朝刊「はるかに偲ぶ十一年前の惨禍」、三市連合の合同防空演習、一日中防空講演放送、文部大臣によるラジオ全国放送、市主催の記念十一周年追悼法要

一九三六（昭和11）年9月2日夕刊「香煙に汲む涙新た、秋草繁し震災記念日」「思いはかえる十四年前」震災記念堂の法要、復興記念館での回顧展

一九三七（昭和12）年9月1日夕刊「あす震災記念日思い出深し十四周年」震災記念堂の記念式と大法要

一九三八（昭和13）年9月1日朝刊「覚悟は蘇る『きょう』事変下震災の思い出」15年前を当時の湯浅警視総監が回想

一九三九（昭和14）年9月2日朝刊「十六周年を迎えた大震災記念日の感慨」震災記念堂の堂守の談、勅語奉戴式他

一九四〇（昭和15）年9月2日朝刊「香煙に還る十七年の夢」奉公日一周年、人の波は増す記念堂、記念式典他

一九四一（昭和16）年9月2日夕刊「臨戦の秋に試練の日十八度迎う震災記念日」慰霊祭、法要、黙祷、翼賛会訓示等

一九四二（昭和17）年9月1日夕刊「あす震災記念日、防空防火に必勝陣、実戦宛らの大演習」4月空襲の体験から「空襲時火災警防特別訓練」火災の同時発生を想定して40消防署、警防団、専門学校以上の学校消防補助隊を総動員

一九四三（昭和18）年9月1日夕刊「空襲に繰り返すなあの惨害　あす震災記念日　体当たりで火を消せ」「焼夷弾もたき火―築けこの地震」本年は近県からも自動車ポンプの参加を得て空襲火災警防演習を実施、又省電駅退避訓練（新橋、両国、池袋）、共同募金、備えよ空にと題する警視庁消防課長による「空襲と震災」について講演。「震災の紅蓮の焔に囲まれて町会会員が我が身を忘れて協力、遂に町の一角を守り通した『神田佐久間町』に続け」と叫びたい。管下41消防署・特別消防隊、警防団消防部、学生報国隊、帝都消防ポンプ整備装備隊などによる「必勝消防戦」を展開した。

第九章まとめ　「神田和泉町・佐久間町の事蹟」の防空活用

①　検討のまとめ

関東大震災では多くの震災美談が生まれているが、その中で後世まで語り継がれている一つに、神田和泉町・佐久間町において住民達が町にとどまって消火活動に従事し、町を守ったという「美談」がある。

震災直後の中村の火災動態調査（*7-1）では風向の関係で防火対応できる火災であり、防火可能な条件がそろっていた、教訓として、不燃化や空地確保・水の確保・住民主体の形成が重要という指摘がされている。

今日でも、その火災調査等をもとにその時の火流の状況や実施された防火活動、成功した要因等は明確にされている。また、この教訓は、防空啓発の中で住民が一致団結すれば、大火災でも防御できるという事例として、当時も、さらにいまでも評価されている。

この事蹟は、大正14年に地元から発行した「神田復興史並焼残記」（*9-4）で詳しく記述され、「大正震災美績」一九二四（大正13）年9月（*9-5）、「東京震災録（別輯）」一九二七（昭和2）年3月（*9-6）などに収録された。この事蹟が脚光を浴びるのは昭和10年代になってからである。昭和10年頃から市民消防による焼夷弾消火の方法の普及が始まり、一九三七（昭和12）年の防空法成立後、軍関係者は講演会等でこの事例を引用し、空襲時でも「佐久間町の住民の如く一致協力して勇敢に活動すれば、必ず大難を小難で食い止める」（*6-41 小倉）と啓発を行った。一九三九（昭和14）年1月には「東京府史蹟」に指定され、防空関係者や東京市民に伝わった。

一九四一（昭和16）年以降の東京市の防空啓発にこの事蹟が使われるようになる。一九四三（昭和18）年9月の座談会で当事者が教訓を語って、当該地の町民は「天佑神助があった」という謙虚な評価であったが、軍や東京市の広報等が進むにつれて、「町内会などもない中で訓練をしていなくても協力一致したので防げた」という評価に変わり、さらに「気概があれば住民の力で火を消すことができる」ということに転化していった。

一九四一（昭和16）年の防空法改正を機に応急消火への従事義務が課せられるようになり、この事例は空襲下におけるお手本、防火の成功事例に取り上げられるようになり、この事蹟の教訓として住民の「精神」と「協力一致」が最も重要とされた。同年にはさらにこれを元にした紙芝居や絵画がつくられ、一九四三（昭和18）年には小学校の修身教科書の題材に登場した（*9-13）、（*9-14）。

以上、見たように、この神田和泉町・佐久間町の事蹟は、特定の箇所の一例を一般化し、決死の覚悟で一致団結して消火にあたれば空襲は怖れることはないと意味づけし、当局が模範にした事例と言える。その際、防火を成り立たせていた条件（空間、資機材、主体、情報等）を斟酌せず、やればできる、精神が重要と展開したのが、当時の展開であった。

② 神田和泉町・佐久間町の事蹟は、防空の模範として適切だったのか？

ところで、この神田和泉町・佐久間町の事蹟は、消防など専門職がいない中で、住民だけで押し寄せる猛火から市街地を防御したという自衛消火の成功事例であった。しかし、空襲時の焼夷弾火災に住民が立ち向かう模範として適切だったのか、という疑問は残る。焼夷弾対策として国民に期待されたのは、「一刻も早く落下した焼夷弾に駆けつけて周囲に注水し燃え移らせない」（*6-20 国民防空読本93頁）ことであった。この地区の近くに震災時は出火点が少なく（本書148頁図7-4参照）、この地には消防ですら手に余る火流が襲来した。即ち、防空の手本には、震災時に出火した火を拡大しないうちに消し止めた事例であるべきで、それならば、押し寄せた火災を防御したこの神田和泉町・佐久間町の事蹟でなく、数ある即時消火、住民防火の事例も分析し参考にすべきだった、という見方ができる。

この事蹟で示された「住民による一致団結・決死の覚悟・大きな成果」が防空の「精神」に即していたため、防空消火の模範に祀り上げられた。この事例が国民防空の防火に適切でないという指摘は、見聞の限りではこれまでなされていない。さらに研究が必要であるが、ここでも災害教訓を恣意的に活用した形跡がうかがえる。

第十章　災害教訓の適切な活用に向けて

これまでの国民防空施策の成り立ちや言説に即して、国民防空を展開するために関東大震災をどのように捉えてきたかを検討してきた。最後に当初に設定した問題意識に即して防空施策が「関東大震災から何を学び、または学ばなかったか」、を整理し、国民防空とは何を守るためになされたかを考察し、さらに今後、災害教訓を適切に活用するための留意事項を提起する。

第十章　災害教訓の適切な活用に向けて

本章の前半でこれまでの論述をまとめ、後半では災害教訓を活用するための留意事項を考察し、今後の課題を提起する。

1　関東大震災と国民防空体制の展開の流れ

国民防空の展開段階を再整理し、その時の関東大震災の位置づけを整理する。続いて、関東大震災の教訓が具体的に国民防空施策のどの分野に影響したかを考察する。

（1）関東大震災と国民防空体制の展開の流れ

数多くの既存研究において、関東大震災によって、我が国の国民防空施策の立ち上がりが加速され進展したことは定説になっている。代表的な研究書（土田*1-2）によれば、関東大震災がなければ「一九二〇年代の軍縮時代における〈民間防衛〉態勢の構築や防空演習の実施は困難であった」とされている。

どのように国民防空体制が構築されたかについて、ここでは、まず、説明しやすいように展開の段階を七段階に区分してみた（次頁図 10-1 参照、各期の名称は説明しやすいよう筆者が便宜的に付した）。

①　防空黎明期（一九一八第一次世界大戦から一九二三関東大震災まで）

震災前には、大戦下の欧州に滞在していた軍人を中心に、次の戦争では航空機の発達を受けて空襲に対する備えが必要であること、また世界大戦の様相から近代の戦争は総力戦・国民総動員になるという考えが出現したが、軍の一部による問題提起にとどまっていた。震災一年前に軍縮を巡って軍内部に混乱があり、軍への批判も多発しており、国民が抱く軍への好感度は低かった。

震災前の東京は人口が急増し、下町には労働者向け長屋等の木造密集地が各所にでき、都市問題が進行していた。有識者により不燃都市を望む声はあったが、社会的に大地震や水害などへの警告は生じていなかった。

②防空始動期（一九二三関東大震災〜一九二八大阪防空演習まで）

関東大震災では東京・横浜に猛火が生じ、デマなど社会的混乱も生れ、被災地には軍が展開し警備だけでなく救護活動等に従事し、軍に向ける国民の意識は好転した。政府や軍部には、事前に非常事態の準備がなく各機関の連係が出来なかったこと、また震災下で生じた自警団や流言蜚語などの社会混乱が統制できなかったことが課題になった。震災の翌年に大阪において、軍と地方政府・警察等によって災害と空襲を念頭においた組織連携と防空準備のための「大阪市非常変災要務規約」が定まり、それをふまえた防空演習が一九二八（昭3）年3月に行われた。関東大震災があったため戦争が切迫していない中で防空の備えを始動できた。

③防空演習期（一九二八大阪防空演習〜一九三三関東防空演習まで）

一九二八大阪防空演習に続いて、一九二九名古屋、一九二九水戸、一九三一北九州、一九三二近畿等各地で相次いで大掛かりな防空演習が実施された。軍が防空監視・対空射撃を担当し、燈火管制、消防による消火、病院・赤十字による防護・救護等を分担し、歩兵・在郷軍人・憲兵・警察官、青年団等が参加し、実演等により観衆を集めた。東京市では一九三〇（昭和5）年9月1日「東京非常変災要務規約」が締結され、軍・地方政府・警察・各種団体等の役割分担と連携方法が定まった。空襲を念頭にしたものであった。

規約の制定後、一九三〇（昭和5）年12月には東京警備司令部主催の「防空研究会」が、軍・府・市・警察消防等が参加し一週間にわたって開催された。内容は一部しか伝わっていないが、空襲実例の紹介だけでなく、後日に軍や当局の定説となった、震災の火元数と空襲の焼夷弾数の比較、関東大震災では市民が狼狽して消火

図 10-1　国民防空の展開過程と関東大震災の影響（案）

西暦	和暦	出来事
1918	大正7	**1918.11大戦終結**
1919	大正8	
1920	大正9	
1921	大正10	
1922	大正11	
1923	大正12	**1923.9関東大震災**
1924	大正13	1924.9大阪市非常変災要務規約
1925	大正14	
1926	大正15 昭和元	
1927	昭和2	
1928	昭和3	**1928.3大阪市防空演習** 翌年以降名古屋・水戸等各地で防空演習
1929	昭和4	
1930	昭和5	1930.7東京市非常変災要務規約
1931	昭和6	
1932	昭和7	1932.4満州事変 1932.9東京連合防護団結成
1933	昭和8	**1933.8-9関東防空演習**
1934	昭和9	**1933.10陸軍防空法案検討開始**
1935	昭和10	1934.8陸軍焼夷弾消火実験 1933.8帝大建物火災実験
1936	昭和11	
1937	昭和12	**1937.4防空法制定**
1938	昭和13	1937.12内務省防空指導一般要領
1939	昭和14	1939.3国民防空読本
1940	昭和15	1940.1静岡大火
1941	昭和16	**1941.11防空法第一次改正** 1941.12太平洋戦争
1942	昭和17	1942.6ミッドウェー海戦
1943	昭和18	**1943.10防空法第二次改正**
1944	昭和19	1944.11本土空襲始まる
1945	昭和20	1945.3東京大空襲 1945.8戦争終結

時期	防空への取り組み	関東大震災の影響
①防空黎明期	・近代戦は総力戦・国民総動員になり国民理解が必要になる。次の戦争では、空襲の覚悟と防空の備えが必至という考え方が生まれた。 ・これらは、一部軍人の問題提起にとどまっていた。	・地震や水害などへの意識は低位で、準備はほぼされていなかった。大火の経験はあり、家財を伴う避難が行われていた。 ・人口集中があり、都市問題が出現し、社会政策が始まっていた。 ・軍の好感度はそれほど高くなかった。
②防空始動期	・被災地には軍が出動し軍への好感度が好転した。 ・震災不安があった大阪で、軍の主導で非常時の役割分担と連絡体制構築があり、防空演習の実施に展開した。	・空襲と災害を重ねた「変災」に対する備えの重要性は、まず大阪で受け入れられ、軍主導による防空演習へと展開した。 ・震災の教訓として事前の準備、市民の混乱防止・統制が重視された。
③防空演習期	・各地で、軍が主導する防空演習が展開された。国民への防空意識啓発の効果とともに、東京でも「変災要務規約」がつくられ、防護団などで市民の組織化が進んだ。 灯火管制等防空措置を義務づけるため法令が必要という声がでた。	・関東大震災の出火件数に比して炎上する焼夷弾が何倍にもなる、震災時の混乱は重大という言説があいつぐ。
④防空態勢確立期	・各地の演習が続く中で、軍により防空法案の作成が進む。軍と内務省（地方政府・警察消防）との調整に時間がかかり、1936年11月に防空法は内務省に移管され、翌年法が制定された。	・関東大震災では、市民が消火しなかった、空襲は準備しているので対応できるという論が提起される。
⑤防空強化期	・防空に関する各種要領が定まり、警防団発足、防空建築規則、大日本防空協会、国民への防空啓発が進む。	・関東大震災は当時の市民が狼狽して消火を怠り、混乱した。 「防火なくして防空なし」焼夷弾は、家庭や防空群で消さねばならない。
⑥防空展開期	・米英との戦争必至になり、昭和16年11月に法改正され、業務には「偽装」「防火」等が追加され、国民指導が強化された。	・前期までの言説に加え、神田和泉町・佐久間町の住民は一致団結して猛火からまちを護った。防空には精神力が重要であるという国民啓発が強力に展開された。
⑦防空成熟期	・戦況不利になり昭和18年10月防空法法改正で、「疎開」「非常用物資の配給」等が加わり、統制がいっそう強まった。	（同上）

しなかった、神田和泉町・佐久間町の事蹟などがこの研究会で提示された可能性がある。ただし、避難や医療救護、他の箇所の消火活動など、災害時活動の細部や参考になりそうな教訓が深く検討された形跡はない。

一九三二（昭和7）年9月1日に東京市長を団長とする「東京市連合防護団発団式」が行われた。防護団には、在郷軍人会、男女青年団、町内会、婦人会、医事衛生関係、少年団等が参加した。各区ごとに防護団が設立され、その下の防護分団に、警護・警報・防火・交通整理・避難所管理・工作・防毒・救護・配給の各班がおかれた。一九三三（昭和8）年8月の「関東防空演習」では、都心の各所で実演によって模擬的な空襲状態がつくられ、市民の防空意識を喚起した。防空演習のあと、軍や当局・防護団などから燈火管制等に協力しない市民に対する義務徹底を望む声が高まった。

④ 防空態勢確立期（一九三三関東防空演習〜一九三七防空法制定）

「関東防空演習」の後、一九三三（昭和8）年10月ころから陸軍主導で防空法案の作成が始まったが、県市や消防警察を管轄する内務省と調整がつかなかった。一九三六（昭和11）年に陸軍省から内務省に主管が代わり、半年強で一九三七（昭和12）年4月「軍防空に即して」国民防空を展開するための「防空法」が制定された。当初の業務は「灯火管制」、「消防」、「防毒」、「避難及び救護」、「監視・通信警報」であったが、防空法の主眼は、防空計画の作成や国民の義務の明示であった。議会の審議では、関東大震災等の災害教訓を生かすべきという質問が出されたが、深くは検討されなかった。

一九三三（昭和8）年と翌年にかけて、東京帝国大学の木造家屋火災実験と陸軍科学研究所による焼夷弾消火実験が行われた。前者から外壁をモルタル等で防火壁とする「防火改修」が生まれ、後者からは焼夷弾に対して周囲に大量注水する消火法が編み出され、各地の演習で実演されていった。防空法成立の直前一九三七（昭和12）年2月に軍官学の研究者による日本建築学会「都市防空に関する調査委員会」が発足した。

⑤　防空強化期（一九三七防空法制定～一九四一防空法第一次改正）

一九三七（昭和12）年4月の防空法の制定によって、国民防空の枠組みが明確になり、それに即して具体的な防空施策が展開していく。同年12月には内務省計画局（都市計画課・防空課）が発足、「防災指導一般要領」はじめ部門別の要領がまとまり、防空の教化や指導が進んでいく。

一九三九（昭和14）年1月には消防組と防護団が統合され「警防団」が発足、都市では町内会や隣組の組織化が進行する。同年2月には建築物防火改修を促進する「防空建築規則」、3月「財団法人大日本防空協会」、7月「内務省防空研究所」が発足、8月には「家庭防空隣保組織」育成など、相次いで防空態勢強化や担い手育成が進んだ。しだいに防火が重視され、市民が空襲に踏み止まって消火するため、「避難・避難所」という用語が消えていく。

また、一九三八（昭和13）年2月『写真週報』、一九三九（昭和14）年4月東京市『市政週報』創刊があり、一九三九（昭和14）年5月内務省から「国民防空強化促進に関する件」が出され、国民への防空啓発が本格化した。

この時期、初期の国民防空の啓発書には、関東大震災時の出火数と比較して空襲の脅威を示す記述が頻出し、あの震災では、市民が狼狽し消火をしなかったので大惨事を招いたという説が定まっていく。

⑥　防空展開期（一九四一防空法第一次改正～一九四三防空法第二次改正）

一九四一（昭和16）年になると米英との戦争必至の情勢を迎え、防空法も11月に第一次改正があり、業務に「偽装」、「防火」、「防弾」、「応急復旧」が追加された。関東大震災の教訓として「神田和泉町・佐久間町の事蹟」が教科書や紙芝居に取り上げられ、一致団結・滅私奉公・決死の覚悟という防空指導が全国的に進められた。

⑦　防空成熟期（一九四三防空法第二次改正～一九四四空襲激化まで）

一九四三（昭和18）年防空法改正により「分散疎開」、「転換」、「防疫」、「非常用物資の配給」等が加わった。

一九四四（昭和19）年2月には軍から『緊急国土防空措置要領案』が出され、東京など大都市部から建物疎開が始まった。同年11月から米軍の本格的な本土空襲が始まり、防空施策は効果を上げ得ずに終戦を迎えた。

（2）各章の検討まとめ

これまでの記述と重複するが、当初設定した問題意識（4頁）に即して、国民防空の展開過程において「関東大震災の影響、教訓」がどう使われたかを整理すると以下のとおりである。

①　軍部が関東大震災から得た教訓（第三章）―震災から軍や当局は特に戦時下の国民統制の重要性を認識した―

軍にとっては関東大震災の経験から以下の三点が重要であったと結論できる。

第一に、軍にとって災害時の警備や治安維持・救護への活動は本来の役割でなかったが、来たるべき戦時の大都市占領対策や市民統制等に大きな知見を得た。

第二に、関東大震災で得られた軍への好感度を背景に軍事や国防思想の普及を促す好機になった。総力戦遂行においては国民の理解が重要という軍の考え方を展開する絶好機になった。

第三に、戦時下における人心安定や秩序維持のため、軍や当局の統率のもとに国民を組織化することの重要性が提起された。特に戦時下での国内社会の混乱は戦争遂行に大きい打撃になるとされた。

なお、軍の本務でない火災対策や避難、救援救護など災害対策については軍の所見は残されておらず、後に頻出する「精神論」は、震災直後には現れていない。

②　防護団の結成や防空演習の展開と関東大震災の影響（第四章）―震災は防空態勢構築の立ち上げを加速した―

大阪・東京の「非常変災要務規約」は明らかに大災害への備えがなかったという大震災の教訓を動機につくられたが、軍の主導によって内容は、空襲への備えが主眼になった。各地での防空演習が行われたが、大阪や東京のように訓練前に「非常変災規約」をつくって訓練に臨む例は少ない。軍や現地の師団が防空演習実施を地方政府に働きかけ、警察や在郷軍人はじめ市民が協力し、防空意識の醸成と理解増進を目的に展開された。

③　防空法の成立過程における関東大震災の影響（第五章）―震災等の経験や教訓はあまり生かされず成立した―

防空法の審議段階では、関東大震災や函館大火・静岡大火・鳥取地震などを参考に施策化を望む意見がいくつも出されたが、法案や施策に反映されなかった。なお、長続きしなかったが、関係組織が事前に協議・調整して活動計画を策定し、それに即して役割分担して事態に対応するという防空計画の構造は、後年、一九六一（昭和36）年災害対策基本法に引き継がれた。戦前の防空と戦後の防災の関連については今後の研究課題である。

④　国民防空の展開を促す言説の中の「関東大震災」（第六章）―空襲の出火は震災の数倍、当時の市民は弛緩―

国民防空の啓発書を概括すると、一九三五（昭和10）年前後に水を使った焼夷弾消火法が開発されたあとは、関東大震災では市民が消さずに逃げたという説が増え始め、一九四一（昭和16）年ころからは、関東大震災では被災者が周章狼狽し混乱した、空襲では一致団結して各々が持ち場を守れば焼夷弾は消せる、恐くないという指導に変わっていった。

ほとんどの防空啓発書で、関東大震災では同時多発の炎上火災が発生した　↓　市民が火を消さなかったのが原因　↓　なぜかというと市民が弛緩していて準備も覚悟がなく周章狼狽した　↓　その教訓から今では空襲に備えて準備をしている　↓　重要なのは精神力である・空襲を怖れることはない、という論理が定着した。

この論は一見妥当に思えるが、関東大震災当時の社会や市街地状況（注）、被害や消火の状況等を丁寧に考察した痕跡はなく、「周章狼狽」の論拠を示している著述は見当たらなかった。

（注）当時の市街地状況等について

一九二四（大正13）年「東京市統計年報20号」には震災8カ月前の大正12年1月の東京市15区の土地建物、人口等データが細かく掲載されている。これによれば15区全体で、有租地所有者25,493人、住宅棟数305,190棟、戸数641,293戸、人口2,478,233人である。借地・借家がかなりの割合を占めることが推定出来る。当時の下町には長屋が多く、住人は地域意識や地震・火災の経験は薄かったはずである。生活状況等も含めて「なぜ市民が周章狼狽」したかはもっと考察すべき課題である。（なお当時の市街地状況については2022年度日本建築学会大会防火部門研究協議会資料「関東大震災と火災延焼動態調査」所収の吉川仁「1923関東地震当時の市街地状況について」で簡略にまとめている）

⑤ 火災実験・焼夷弾消火実験・都市の防空的構築と関東大震災（第七章）―震災の経験は一部反映された―

都市計画や建築に関する技術分野では、関東大震災の被害調査が参照され、昭和初期に計画論や計画指針が提起されたが、当時は実現する環境になく、「絵に描いた餅」に終わった。しかし、戦中に携わった専門家は、戦後一九五〇年代の都市不燃化運動を牽引し、一九七〇年代の大都市震災対策に影響を与えることになった。

⑥ 国民への防空啓発に関東大震災はどう表現されたか（第八章）―東京市では特に関東大震災が強調された―

政府発行の『写真週報』の防空啓発ではそれほど関東大震災は強調されなかった。他方、東京市・都の広報誌『東京市政週報・都政週報』では、9月の震災記念日近くの特集を中心に、関東大震災を引き合いにした防空啓発が行われた。全国的な広報では、各種指導要領で定められた行動や技術を順守しようという啓発が中心になった。

⑦ 関東大震災時の「神田和泉町・佐久間町の事蹟」は、どう評価されたか（第九章）―国民防空に必要とされた「一致団結・強い精神」の模範になった―

関東大震災では数多くの震災美談が生まれているが、その一つに、神田和泉町・佐久間町において住民が町にとどまって消防に従事し、町を守ったという事蹟がある。この教訓は、防空啓発の中で住民が一致団結すれば、大火災でも防御できるという事例として、当時も、さらにいまでも賞賛されている。今日では、火災調査等をもとにその時の火流の状況や実施された防火活動、成功した要因等は明確にされている。

この事蹟が喧伝されるのは焼夷弾消火の方法が開発された昭和10年以降である。軍や当局は、住民が一致協力して勇敢に活動すれば空襲時でも町を守りうるという指導を行った。当該地の町民は「天佑神助があった、運がよかった」という評価であったが、一九四一（昭和16）年以降の東京市の広報では、「協力一致し火を防げた」、「気概があれば住民の力で町を守れる」に転化していった。この事例は空襲下におけるお手本、防空防火の模範になった。一九四一（昭和16）年の防空法改正を機に応急消火への従事義務が課せられるようになり、一九四一（昭和16）年にはこれを元に紙芝居・絵画がつくられ、一九四三（昭和18）年9月には小学校修身教科書に登場した。そこでは「自分の町を自ら護る」という功利的動機でなく「国民の自覚」、「億兆一心の大義」を教える教材にまで高められた。

神田和泉町・佐久間町の事蹟は、一致団結すれば空襲は怖れることはないと意味づけされたが、その際、その条件（空間、資機材、主体、情報等）を斟酌せず、「やればできる・要は精神」が重要と強調した。

⑧関東大震災の使われ方の特徴と問題点

以上をふまえて、使われ方の特徴と問題点を以下の三点に整理した。

一、関東大震災は「防空」を立ち上げるとても強い追い風になった

一九二三関東大震災が発生した時期は、第一次世界大戦を受けて、軍部では、次の戦争は航空戦への備えや国家総動員が必要な「総力戦」になるため、国民理解の増進が必至の課題になっていた。また、震災の経験から戦時における統制の確保、社会的混乱の防止、それへの事前準備は軍にとって大きい課題になった。軍は速やかに動き、まず大阪で地方政府に働きかけ、非常変災に対応する各機関の協力関係を構築し、防空演習を開始し国民に防空の意識を提起していった。軍は、震災を空襲に強く重ねることはしなかったが、国民や軍人の中に震災と空襲を重ねるイメージが醸成した。関東大震災があったため、防空が国民的課題として受け入れやすくなり、それまで緊密とは言えなかった軍・行政・警察・市民等が同調して防空に取り組むことになった。

二、関東大震災の全体像や災害対策に関する改善課題を、国や国民の共有認識にできなかった

当時の人々や政府にとって関東大震災はまったくの「想定外」であった。それでも内務省・東京市や震災予防調査会などの手によって詳細な記録がまとめられた。今日的な見方をすれば、本来はそれをもとに震災の教訓を共通認識に高め、国家や国民が役割分担をし課題解決にあたる「防災」への道筋が描かれるべきであった。しかし、「防空」が先行したことで多くの防災課題は未検討に終わった。大都市における大災害時の安全な避難の確保や人命の救護、被災者救援のあり方、相互応援態勢の確保など大震災の教訓を生かし得た防災対策の検討は、防空施策のもとでも可能性があったが、防空に不要不急として見送られた。

三、国民施策の展開過程で、精神性が重視され、非科学的な検討や評価がなされた

関東大震災で生じた事態の中で、警察官等が消火した事例や消火に失敗した事例、避難の成功事例、死者の原因や防止対策、デマの背景などの社会的要因は防空の展開に際してはほとんど検討されなかった。注水による焼夷弾消火実験や簡易防空壕などについても失敗や成功の要因は示されず、こうすれば可能・大丈夫であるという結論が提示された。市民消火が失敗した場合、警防団や消防が駆けつけるとされたが、具体的・定量的検討がされた形跡はない。最終的には「定めたとおりきちんと行う」準備、訓練や組織になり、「要は精神」で実現できるという指導になっていった。

国民防空の当初の考え方では、（迎撃機が打ち漏らした）一～数機の空襲に国民が対処する発想であった。空襲の脅威が低い時期の訓練では「一隣組一焼夷弾」（*6-20 国民防空読本）と指導されていた。しかし、次第に焼夷弾は多くとも怖れることはないという見方に変わっていく。

毎年、軍により「対日空襲判断」（表 10-1）が作成されていたが極秘であり、これが訓練指導に反映した形跡はない。なお、空襲の惨状は本土への集中的空爆を軍が想定してなかったためという見方がある（*1-12 柳澤）。

多くの防空の技術は一九三〇年代に開発されたが、一九四〇年代に発達した爆撃機や焼夷弾による空襲に対抗することは難しかった。一九四二（昭和17）年ドゥリトル空襲は焼夷弾の撒布モデルや防空法の態勢を検討する機会であったが、その形跡はうかがえない。空襲判断（表10-1）では、一九四三（昭和18）年12月にはB29による空襲が予想されていたが、消火方法の変更や避難の推奨などはされていない。同月の「建物疎開要綱」が対応策だったかもしれない。

国民防空においては一致団結して対応すれば、焼夷弾は恐くない、要は精神だという論理で態勢、特に消火態勢が構築された。結果論になるが、いったん定めたことを変えずに、国や国民の一致団結、なせばなるの精神論で近代的科学戦を乗り切ろうとしたのが当時の戦時体制であったと言えよう。

（2）防空施策における関東大震災の反映

定説のとおり、関東大震災によって国民防空体制の立ち上げがなされたが、防空演習が各地で展開され、防空法が制定される頃には、震災に頼らなくても、国民

表10-1　対日空襲判断の推移（*1-9本土防空作戦等から読み取り）

時期	軍の想定（国土防衛計画等の空襲判断）
昭和3年	参謀本部「国土防空に関する基礎研究」：米航空母艦から百数十機、ソ連極東から当初15～30機と想定
昭和11年	「本土空襲判断」：ソ連極東軍が数機編隊又は数十機来襲、1～5割が突破し.焼夷弾数百～数千個、瓦斯弾も多数投下
昭和15年	「対日空襲判断：ソ連及び米英、重要都市には50機内外、ときには200機内外で空襲」
昭和16年11月	「本土空襲判断」：戦争初期は一ヶ月に2、3回、一回に数十機、長期化すると米ソ軍は極東から一カ月5、6回、一回に2、30機
昭和17年3月	「対日空襲判断」：米英の対日空襲は奇襲程度、大攻勢は昭和18年以降、ソ連は対独戦のため現状まま
昭和18年3月	「本土空襲判断」：奇襲程度、米ソ提携がなければ空襲は昭和19年以降
昭和18年9月	「絶対国防圏」設定（西部ニューギニア、マリアナ、ビルマ、ニコバル、千島等）
昭和18年12月	「昭和19年における空襲判断」：B-29を予想、爆弾搭載量約4ｔ、航続距離約8千km、1944年中に東京その他重要都市等に百機内外、状況によっては数百機が来襲する
昭和19年2月	「絶対国防圏」が突破されたと認識／大本営陸軍部「緊急国土防衛措置要領」、一回の空襲で4、5万人の死者を想定
昭和19年5月	「皇土防衛作戦要綱」：太平洋方面からの本土空襲を想定
昭和20年2月	「世界情勢判断」：3、4月頃より敵機動部隊が近海に来て空襲や撹乱する公算

出典・防衛庁防衛研究所戦史室『戦史叢書本土防空作戦』昭和43年10月*1-9、及び柳澤潤『日本陸軍の本土防空に対する考えとその防空作戦の結末』戦史研究年報（11）、防衛省防衛研究所2008-03*1-12から作成

の防空への意識は徹底したようである。

分野別にみると国民防空への関東大震災の主な影響は、以下の4点と言える（図10-2参照）。

◆**関東大震災の使われ方**（次頁図10-2参照　○数字は図中の番号に対照）

① 軍や当局者は、災害や非常事態への備えがなく混乱したという反省から、軍への好感度上昇を背景に、軍と地方政府は、「非常変災要務規約」を制定し、訓練を兼ねた「防空演習」を展開した。

② 関東大震災の調査研究の知見は、都市の防火的構築や防火改修・緑化などの方法論構築に取り入られ、一部の技術的指針に反映したが、十分な実績を得られなかった。

③ 防空啓発書では、空襲の出火数は震災の数倍になることや、震災当時の市民が周章狼狽・混乱し火災を放任したとされ、空襲に対しては協力一致、強い精神力で必ず消火するものとされた。

④ 神田和泉町・佐久間町の事蹟が、一致団結すれば消火できる国民防空の模範として取り上げられた。

◆**使われなかった関東大震災の教訓**

一方、「使われなかった災害の教訓」も少なくない。特に、以下の四点を指摘したい。

① 関東大震災は災害対策強化の絶好の機会であるべきだったが、防空の展開の陰になって、総合的な防災検討の機会は失われた。大震災の総合的な調査をまとめた震災予防調査会は解散し成果が引き継がれなかった。

② 関東大震災で生じた避難や人命の確保、被災者救護等の教訓は顧みられず、また、消火や焼け止まりの成功例・失敗例などは活用されなかった。火災旋風が発生する可能性も無視された。消火や避難・救護は軍の担当外であり、その教訓が軽視された可能性がある。

③ 関東大震災の最大の教訓は事前に備えがなかったことであった。この課題に対して国民防空では様々な要綱がつくられ指導がなされた。防空書や国民啓発の中では「震災と違って空襲には準備しているので怖れるこ

図 10-2　関東大震災から国民防空への展開（まとめ）

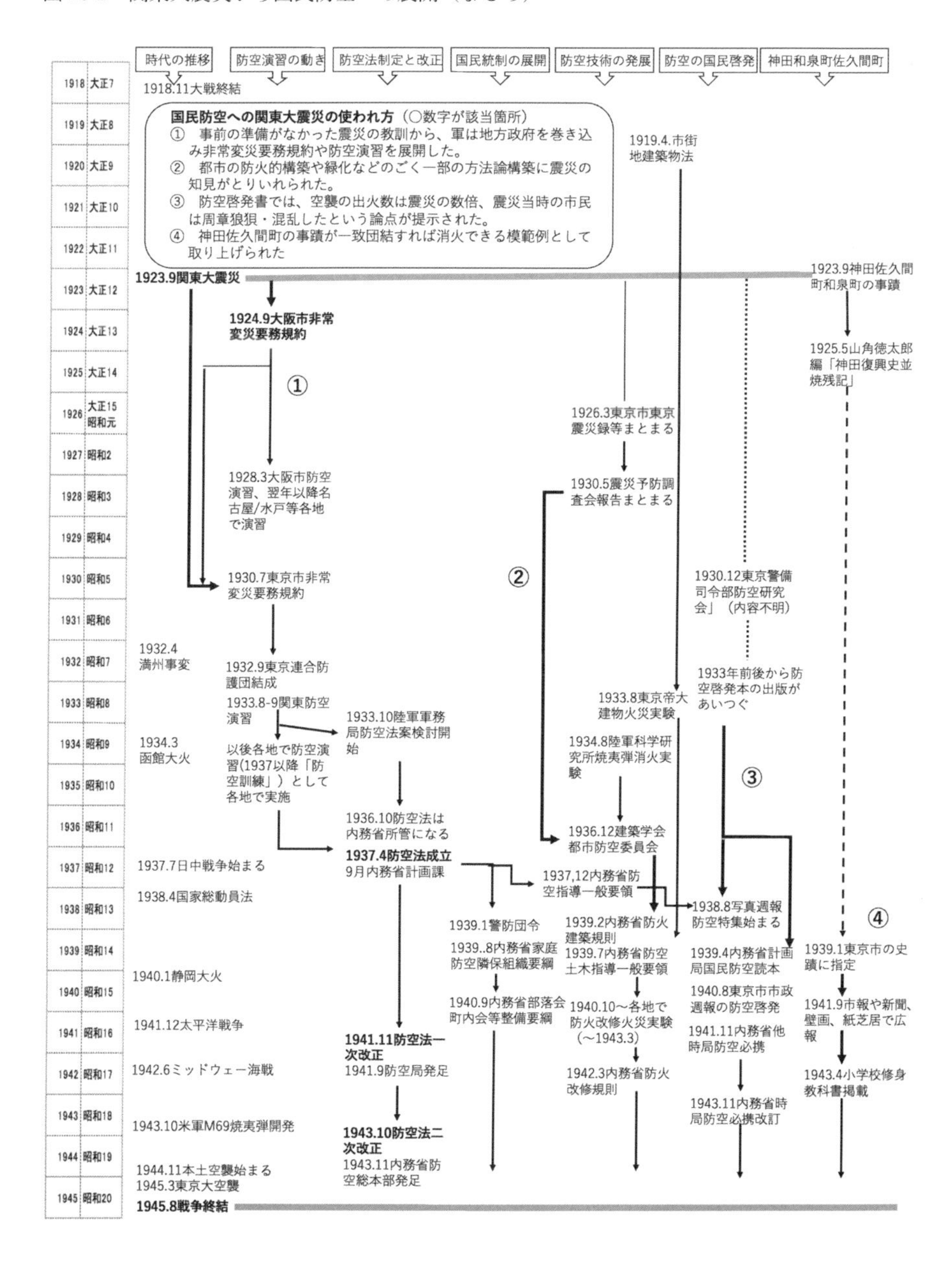

とはない」という提示がされた。しかし、結果として不十分もしくは非科学的な準備であったと言える。また、想定外の被害が生じた場合にどうするかという課題もあった。軍の想定を変えられず、決まり事を守れば消火等は失敗をしないという訓練がなされた。事態に柔軟に対応できる人材やしくみはできなかった。

④ 震災直後に軍が心配していた無秩序な混乱や暴動は、国民統制がすすんだことで終戦時まで起きなかった。防空が先がけになって地域組織を行政の末端に組み込む統制がなされ、また戦争末期には相互扶助の基盤として機能した。ある意味、震災の混乱から発出した国民統制の取り組みは所要の成果を得たが、成功と評価出来るかどうか検討の余地がある(次項参照)。なお、流言蜚語や混乱を生み出した背景等は深く検討なされなかった。

以上のように、総論としては関東大震災は国民防空の立ち上がりを加速したが、これは関東大震災を軍や政府が国民防空を展開する好都合な「神風」として受け止めたことによる。その過程で関東大震災の教訓を科学的に検証し、施策展開に取り入れるという視点はほとんど見られなかった。国民防空においては、軍の思惑が先行し、結果として目的先行の災害利用、非科学的精神主義、同調化・正常化バイアス視点の展開がもたらされたと言えよう。

(3) 何を守るための「国民防空」であったのか

最後に本書の扱う領域を超えるが、この一連の国民防空の施策は何のためになされたかについて考察する。防空法の第一条では「戦時又は事変に際し航空機の来襲により生ずべき危害を防止し又は之に因る被害を軽減する為陸海軍の行う防衛に即応して陸海軍以外のものが行う灯火管制(以下略)」と定義している。

(なお、今日の災害対策基本法第一条は「国土並びに国民の生命、身体及び財産を災害から保護するため」を掲げ、「もって社会の秩序の維持と公共の福祉の確保に資することを法の目的とする」と国土国民の保護を目的に掲げている。防空法の最終目的は「危害の防止と被害の軽減」であるように読めるが、法文からは「以て」何を実現するかは読み取りにくい。)

昭和初期に展開された国民防空の施策は何を守るためだったのか。たしかに消火や疎開等の諸施策は危害防止や被害軽減に役立つが、防空では国民の生命身体の保護は重視されず、避難や救出救護は課題にならなかった。国民防空の指導の中心になった近隣協力による焼夷弾消火が、精神力があれば総て成功するとは、建前はともかく、楽観的である。灯火管制や迷彩・偽装で空襲を軽減し、空襲警報が的確に伝わり準備が万全にできると考えるのは児戯に等しい。即ち、国民の生命財産や生活、市街地や産業を守る視点は防空では薄い。

ここで注目したいのは国民防空の枠組みは軍が構築し、内務省が引き継ぎ短期間で法案にしたことである。軍関係者からは焼夷弾を消せば損害は些少、防空も戦闘である、戦争では多少の犠牲は覚悟、という記述が多々見うけられる。国民防空は軍事行動の一部という「枠組み」の中で軍が法案をまとめたことは否定できない。

これらを考察して、本書では、国民防空は、「軍の対外活動、即ち、国の防衛のために外地に軍隊を進出する環境を国内につくり出すことが目的であった」という見方を提起する。防空を検討しはじめた時、軍は近い将来に我が国の防衛・生命線確保のため外地での軍事行動を展望していた（項末注）。軍隊が外地に展開中に、関東大震災時のような統制がとれない混乱が本土で生じることは致命的と考え、軍不在でも国内が混乱しない状態を作り出すことを軍や中央政府が目標にしたとすれば、非科学的であっても精神性を強調し「挙国一致」、「一億一心」で国民防空にあたるという人命軽視の政策も理解しやすい。そうであれば、時間がかかる不燃化や防火の都市づくりは二の次になるし、疎開も実際の効果は重要ではなく、「協力一致」すること自体が重要になる。また、極論すれば、国民防空の実行段階では火災対策や警備、人命の保護等は内務省や地方政府が果たすべき任務であり、軍にとって国民統制がとれていればよいという「縦割り思考」がされた可能性もゼロではない。

さらにこのような考察から「何を守るための国民防空であったか」という問に対し二つの回答が用意出来る。

一つは、防空法第一条の空襲からの「危害の防止・軽減」を行うために国民防空施策を展開したという見方である。もしそうであれば国民防空は、災害の教訓を学ばない非科学的・思い込み的施策だったと指摘できる。

他方、同法第一条の「陸海軍の行う防衛に即応」に着目すると、国土の防衛や生命線維持に向け軍隊を外地に展開するために、それが可能な環境、即ち軍不在でも混乱しない状況を国内に生み出すために国民防空態勢を構築したという見方もできる。そうであれば国民防空の展開過程で科学性よりも協力一致や精神が強調されたことは首肯できる。ただし、国民にその意図を伝えず防空に動員したという問題が残る。

正解はこの二つの中間にありそうである。結果論かもしれないが、本書では、「軍が外地で活動を行うために国民を巻こんで国民防空施策を展開した」という考え方を提起する。

（注）「国民防空は何を守るためめか」の傍証について

各種資料で空襲時は震災と違って応援に来る軍隊は不在であるという表現は多発しているが、「外地で軍部が軍事行動を行うために国民防空が必要である」と直截的に論じた文献や資料は見当たらなかった。しかし防空の検討開始の時期は、軍縮下であるが、次の戦争に備える国家総動員体制が動き出し、軍は大陸に進出を構想していた時期（満州事変前後）であった。その時に国内をどう統制するかは検討されたはずである。関東大震災から都市占領の教訓を得た（40頁）という記述からも外地展開の意図は推測できる。また、第77帝国議会佐藤賢了政府委員の発言（93頁）や、戦争末期の米軍本土空襲の意図の一つに軍の後背地を叩き戦争継続意思を不可にする発想があったことも傍証になる。今後の議論を期待したい。

このように考えると軍の意図は達成できたが、この結果、軍は消滅し、空襲で41万人を超える命（東京大空襲・戦災資料センター、内東京10万5千人）が失われ、荒廃した国土が生じた。関東大震災を再現させないことを口実に軍や当局が進めてきた政策の帰結として震災以上の犠牲を出したことになる。大きな歴史の逆説と言えよう。

この国民防空の展開の陰で、震災を教訓にして人命尊重や災害に強い都市・国土づくりに邁進する機会が消えたことが、歴史の陥穽として惜しまれる。

2　災害の教訓を生かすためには何をしたらよいか

これまで関東大震災を機に展開した国民防空について見てきたが、災害の教訓を恣意的に利用する傾向が見うけられたと指摘した。とはいえ適切に大震災の教訓を活用して戦争や国民防空を展開したとしても、あの惨禍は防げたとは思えないが、人的損傷は軽減できた可能性はある。

では、今日、災害の教訓を適正に生かすためにどうしたらよいか？　一般的には教訓を活用しようとする側には何らかの意図があることが多い。それはやむを得ないと考えるが、過去の災害を活用する側が恣意的に解釈する事態を防ぐには、被害や活動の実際や要因、そこからの教訓等を社会で共有認識にすることが重要である。

（1）災害教訓活用にあたっての留意すべき事項

今回の検討を通じて、発生した大災害から教訓を読み取り、次に適切に生かすためにどのような留意点が必要か、以下の四点が重要と考えられる。

①　総合的・網羅的視点から災害の記録やまとめを残し、教訓を公正に読み込む

まず、災害の教訓を生かすためには、被災の記録が残されていることが最も重要になる。全体的な統計や特徴的な被害や対策だけでなく、特に現場の被害や対応に関する個別データ・調査元票や証言等が残されていることも重要である。往々にして記録者に不適切なデータが省略されたり修正されることもあるが、多様な主体による複数の記録があってもよいと考える。

②　教訓は、結果や現象だけでなく、それをもたらした背景や要因を考察し、科学的で多様な視点からまとめる

往々にして災害や対策の結果を単純化し対策を設定するが、その時に災害等の背景や要因を読み取ることが重要である。どうして被害が出たか、または被害になりそうだったのになぜ被害にならなかったか、ある対策がどうして採用され、結果はどうだったか、それには別案の可能性がなかったのかなど、考察せねばならない。

教訓のまとめにあたって、当然ながら科学的な判断が重要であるが、様々な立場からの見方、例えば、行政担当者や専門家、被災者等だけでなく、被災しなかった人、応援に来た人や、前例・他地の事例との比較など多面的な視点が必要である。

③ 災害教訓を共有認識化し、可能性を追求する

災害の教訓をまとめるにあたって、その時代や社会の共有意識にまで高めることが必要になる。ある災害があった場合、同様の被害が起きる可能性が再度あると想定することは妥当であるが、それに合わせた対策を短絡的に定めることは注意すべきである。対策の選択にあたっては、災害の全容と背景を考察し可能性の検討など総合的俯瞰的に行わねばならない。我が国の災害対策等では、基準が定まると先例になって続く傾向があり、代替案や現場での提案が活用されることは少ないが、状況によっては別な選択肢もありうる。制度としては難しいが、たえずもっと効果的で柔軟な制度や基準の運用を希求することがあってもよい。

④ 「想定外」、「不都合な真実」、「思い込み」、「正常化の偏見」（バイアス）の自覚と多面的な対応策を考える

災害の教訓をふまえて対策を検討していく場合、注意したいことは、不都合なことを無視したり想定外として考えない傾向があることを自覚した上で、構築することが重要である。例えば、関東大震災では火災旋風が多く発生し、一九四五（昭和20）年の各地の空襲でも観測された。防空ではその事象は取り上げられなかった。

往々にして想定外とされる災害、ある対策ではカバーできない被害もあることを忘れる思い込み傾向が、ある目的を有する遂行主体には生じる。そのような場合には、代替策・補完策も考えることが現場では必要であるが、マニュアル等に明記されていないと難しい時代になっている。災害等への対処にあたって正常化の偏見（バイアス）を自覚し、「思い込み」がないか自省していくことが重要と考える。

（2）今後の研究課題

今回の作業では、当時の資料の一部をもとに、国民防空の一断面に着目して検討を進めてきた。歴史的な出来事を整理したに過ぎないが、今日の社会にも通底する傾向もみうけられた。今後、新しい資料を得て考察を深めることが重要であるが、ここでは今後の研究課題として以下の二点を提起しておく。

①　防空文化の今日への影響と批判的継承

戦後の災害対策において、防空政策の残滓・継承と見られる事項は少なくない。例えば災害対策基本法では、関係機関が地域防災会議を開いて地域防災計画をまとめるが、これは防空法の防空計画とほぼ同様の構造である。また、今日の地域の自主防災組織は、警察・消防や地域リーダーの指導の下、構成員が一致協力して事態に対処するという考え方であるが、隣組防空群の育成と相似している。大都市震災対策で提唱される都市防火区画の形成は、都市の防火的構築のビジョンとほぼ考え方が重なる（防空では避難地・避難路はなかったが）。

学校での防災教育では、国民防空教育と同じように上からの指導がされることも多い。安全であるためには、一定の法令や基準、国等からの指導を遵守していればよい、という思考方法も共通している。

このようなことはわが国特有の偏りか、普遍的なものか、今回の検討では結論できなかった。もし、戦前からの思考が継続しているとすれば、想定を超える次の災害には後手後手の対策になる可能性は少なくない。そのような意味でも歴史的な考察を深め、ポスト関東大震災百年の防災のあり方を展望していくべきである。

②　上意下達方式の固定的啓発から多面的対応ができる防災主体の育成へ

防空演習・訓練は軍の演習を参考に考案され、一定の状況を付与し定まった処置を行うプログラムを実行し、訓練時の講評や問題点から不具合を修正し次の演習に展開する。戦後の防災訓練にもこの上からの訓練企画や指導方法は引き継がれた。各地で指導されたことを守って「必ずうまくいく訓練」、「訓練のための訓練」（プログラムを順守して指示どおり行う訓練）という欠点が生じていた。いうまでもなく、災害時の対応は「臨機応変」が重要だが、それを育てるための演習や訓練の事例は少なく、昔通りのやり方が今日にも主流となっている。

また、防災も含む様々な分野で定型化された基準や要領を遵守すればよいという指導が展開している。国民防空態勢の構築と国家統制の展開過程で、一律的指導のもとで町会や隣組の役割が強化され上意下達の共助体制ができあがっていった。戦後における自主防災組織や防災訓練、さらに今日の地区防災計画の策定等でも、一定のマニュアルがあり行うべき項目や組織編成が定められている。しかし今日、個別性等を考慮しない前例重視、横並び指向の対策で、未経験の災害や事変を乗り切れるとは考えにくい。

今後いっそう実情に即した災害対策や創意工夫ある地域社会形成、さらには科学的思考のもとで主体的に活動する人材が求められている。これまでのような規範的考え方ではなく、もっと実効性があり変化にも対応できる方策を工夫し展開すべき時期に来ている。

結語

関東大震災から百年、我が国ではこの間、一九四〇戦災、一九九五阪神・淡路大震災、二〇一一東日本大震災など経験し、いままた首都直下地震や南海・東南海地震等の巨大地震の再来が指摘されている。世界的には新型ウイルス感染症の蔓延や領土侵攻、新型兵器を伴う軍事行動や戦争行為も進行中である。様々な安全を脅かす「想定外の事態」に対応をしていかねばならない未来が待ち受けている。

ポスト「関東大震災百年」の防災対策では、想定外の事態が起きた時にどう対応すべきか、というテーマが浮かび上がってくる。その過程で先人達から遺された教訓や知恵を謙虚に学び、都合のよいところだけ利用するという陥穽に落ちないよう取り組んでいかねばならない。

参考資料

（発行年は元資料の標記に即す）

第一章

*0　今村明恒「市街地に於る地震の生命及財産に對する損害を輕減する簡法」雑誌『太陽』第11巻第12号、162-171頁　1905年9月1日
*1-1　波多野勝・飯盛明子『関東大震災と日米外交』草思社　1999年8月
*1-2　土田宏成『近代日本の国民防空体制』神田外国語大学出版局　2010年1月
*1-3　原田勝正・塩崎文雄編 .『東京・関東大震災前後』日本経済評論社 . 1997年9月
*1-4　山本唯人「防空消防の展開と民間消防組織の統合過程― 防空体制の形成と都市化―」『日本都市社会学会年報17』 1999年
*1-5　上山和雄編『帝都と軍隊―地域と民衆の視点から　首都圏史叢書3』日本経済評論社　2002年1月
*1-6　東京都『東京都戦災誌』明元社　2008年8月
*1-7　白石弘之「東京都公文書館が所蔵する関東大震災関係資料について」『年報首都圏史研究2011』首都圏形成史研究会　2011年12月
*1-8　東京都公文書館『都史資料集成第12巻　東京都防衛局の2920日』東京都生活文化局　2012（平成24）年4月
*1-9　防衛庁防衛研修所戦史室『戦史叢書 本土防空作戦』朝雲新聞社 1968（昭和43）年10月
*1-10　浄法寺朝美『日本防空史』原書房　1981年3月
*1-11　服部雅徳『日本の民間防空政策史　上巻』防衛庁防衛研究所　1983（昭和59）年1月
*1-12　柳澤　潤「日本陸軍の本土防空に対する考えとその防空作戦の結末」『戦史研究年報(11)』防衛省防衛研究所　2008年03月
*1-13　吉田律人『軍隊の対内的機能と関東大震災―明治大正期の災害出動』日本経済評論社　2016年2月
*1-14　氏家康裕「国民保護の視点からの有事法制の史的考察―民防空を中心として―」『戦史研究年報(8)』防衛省　2005年3月
*1-15　水島朝穂・大前治『検証防空法―空襲下で禁じられた避難』法律文化社　2014年2月
*1-16　大前　治『逃げるな火を消せ　戦時下トンデモ『防空法』合同出版社　2016年11月
*1-17　大井昌靖『民防空政策における国民保護―防空から防災へ』錦正社　2016（平成28）年
*1-18　黒田康弘『帝国日本の防空対策―木造密集都市と空襲』新人物往来社　2010年10月
*1-19　川口朋子『建物疎開と都市防空「非戦災都市」京都の戦中・戦後』京都大学学術出版会　2014年3月
*1-20　岩村正史「第2章　空襲に備えよー民間防空の変容」玉井清編著『写真週報とその時代下―戦時日本の国防・対外意識』慶應義塾大学出版会　2017年7月

第二章

*2-1　吉川　仁「被災後対応の歴史に学ぶ」『建築雑誌』日本建築学会　2013年3月
*2-2　森　靖夫『永田鉄山』ミネルヴァ書房　2011年6月
*2-3　長岡外史『日本飛行政策』1918（大正7）年6月
*2-4　佐藤功一「住宅の本質的及び人文史的考察と耐火構造」『中央公論』 大正10年7月
*2-5　伊東忠太「曷ぞ耐火建築を造らざる」『中央公論』 大正10年7月
*2-6　内田祥三「都市の防火と耐火構造」『中央公論』 大正10年7月
*2-7　上坂倉次「東京防空史夜話（1）」『東京消防』39巻357号　昭和35年4月
*2-8　復興調査協会『帝都復興史付横浜復興記念史』 1930（昭和5）年5～6月
*2-9　稲田正純「海防から防空へ」防衛研究所図書館所蔵　1965年4月
*2-10　陸軍省軍務局「國土防空に就て」『偕行社記事』（656号） 1929年5月
*2-11　陸軍科学研究所『焼夷弾に対する認識及び処置について』 昭和9年9月
*2-12　内田祥文『建築と火災』相模書房　昭和17年12月

第三章

*3-1　内閣府の災害教訓の継承に関する専門調査会『1923 関東大震災第 1 編』内閣府ﾎｰﾑﾍﾟｰｼﾞ 平成 18 年 7 月
*3-2　内閣府の災害教訓の継承に関する専門調査会『1923 関東大震災第 2 編』内閣府ﾎｰﾑﾍﾟｰｼﾞ 平成 21 年 3 月
*3-3　東京市役所『東京震災録　後輯』 大正 15 年 3 月
*3-4　関東戒厳司令官山梨半造「震災と陸軍の活動状況（十月十日稿）」 松尾章一監修『関東大震災政府陸海軍関係資料 I II III』日本経済評論社　1997 年 1 月
*3-5　復興事務局編『帝都復興事業誌　計画編』 1931（昭和 6）年 3 月
*3-6　東京市政調査会編『帝都復興秘録』 昭和 5 年 2 月
*3-7　長岡外史『航空機と帝都復興 (1・2)』東京朝日新聞　1923(大正 12) 年 12 月
*3-8　四王天工兵大佐帝国飛行協会講演「飛行機ニ対スル帝都編成ニ就テ」大正 12 年 10 月 22 日、27 日、東京都公文書館『都史資料集成　第 12 巻』平成 24 年 3 月

第四章

*4-1　土田宏成「20 世紀日本の自然災害と戦争―関東大震災と総力戦体制」『第 1 回昭和女子大近代文化研究所所員勉強会要旨』 平成 28 年 6 月
*4-2　大阪毎日新聞「大阪市民の生命の問題 日本にとっては死活の問題／地震に対する大阪市民の用心と応急永久両策を論じた今村、渡辺両博士」 1923(大正 12).10.12　神戸大学経済経営研究所新聞記事文庫 都市 (9-110))
*4-3　大阪毎日新聞大阪朝日新聞「火災に処する訓練／震災には之が第一に肝要／今村博士進講の要旨」 1923(大正 12).10.16 神戸大学経済経営研究所 新聞記事文庫 都市 (9-110)
*4-4　大阪朝日新聞「いざ鎌倉―という時の総動員の規約」1924(大正 13).8.28　神戸大学経済経営研究所 新聞記事文庫 都市 (9-110)
*4-5　上坂倉次「東京防空史話（三）」『東京消防』39 巻 359 号　昭和 35 年 6 月
*4-6　警視庁警部西田福次郎『空襲と帝都防衛』松華堂　昭和 9 年 8 月
*4-7　上坂倉次「東京防空史夜話 (四)」『東京消防』39 巻 360 号　昭和 35 年 7 月
*4-8　日本橋二之部町会連合会『日本橋二之部町会史―町の礎』 昭和 41 年 6 月
*4-9　内務省計画局長警保局長通達『家庭防空隣保組織に関する件』 昭和 14 年 8 月
*4-10　池山　弘「第三師団主宰昭和 4 年名古屋防空演習の構造」『四日市大学論集』第 26 巻 1 号 2013
*4-11　上坂倉次「東京防空史夜話（六）」『東京消防』39 巻 362 号　昭和 35 年 9 月
*4-12　東京市『関東防空演習市民心得』 昭和 8 年 8 月
*4-13　日本橋区防護団『関東防空演習記念写真帖』 昭和 8 年 8 月実施
*4-14　大阪市住吉区金塚防護分団『近畿防空大演習紀念写真帖』 昭和 9 年 7 月実施
*4-15　寺田寅彦「からすうりの花と蛾」『中央公論』 1932（昭和 7）年 10 月
*4-16　寺田寅彦「天災と国防」『経済往来』 1934(昭和 9) 年 11 月
*4-17　桐生悠々「関東防空大演習を嗤う」『信濃毎日新聞社説』 1933（昭和 8）年 8 月 11 日

第五章

*5-1　内務省計画局防災課長発外務省文書課長宛問合文書「関東大震火災記録統計に関する件」1941(昭和 16) 年 3 月 13 日　国立公文書館アジア歴史資料センター資料
*5-2　「第 70 回帝国議会衆議院本会議議事録」（防空法案への法案説明）昭和 12 年 3 月 22 日（以下、「議事録」は帝国議事会議事録検索システムによる）
*5-3　「第 70 回帝国議会衆議院本会議議事録」（防空法案への質問）昭和 12 年 3 月 22 日
*5-4　「第 70 回帝国議会貴族院防空法案特別委員会（第 1 回）議事録」 昭和 12 年 3 月 29 日
*5-5　「第 70 回帝国議会貴族院防空法案特別委員会（第 2 回）議事録」 昭和 12 年 3 月 30 日

*5-6　「第 77 回帝国議会貴族院防空法中改正委員会議事録」　昭和 16 年 11 月 17 日
*5-7　「第 77 回帝国議会貴族院防空法中改正委員会（第 2 回）議事録」　昭和 16 年 11 月 19 日
*5-8　「第 77 回帝国議会衆議院防空法中改正委員会（第 3 回）議事録」　昭和 16 年 11 月 20 日
*5-9　東京消防庁『東京の消防百年の歩み』　昭和 55 年 6 月
*5-10「第 83 回帝国議会貴族院防空法中改正委員会議事録」　昭和 18 年 10 月 26 日
*5-11「第 83 回帝国議会貴族院防空法中改正委員会 (第 2 回) 議事録」　昭和 18 年 10 月 27 日
*5-12「第 83 回帝国議会衆議院防空法中改正委員会（第 2 回）議事録」　昭和 18 年 10 月 28 日

第六章

*6-1　長岡外史『日本飛行政策』 長岡外史　大正 7 年 6 月（国会図書館ﾃﾞｼﾞﾀﾙｺﾚｸｼｮﾝ）
*6-2　小林淳一郎述『帝国陸軍の現状と国民の覚悟』琢磨社　大正 14 年 2 月
*6-3　川島清治郎『空中国防』東洋経済出版部　昭和 3 年 11 月
*6-4　和田亀治述『帝国の国防』天人社　昭和 6 年 1 月
*6-5　皇國飛行協会編『防空の智識』皇國飛行協会　昭和 6 年 4 月
*6-6　保科貞次『空襲 !!』千倉書房　昭和 6 年 12 月
*6-7　国防教育研究会編纂『防空読本』東京教材出版社　昭和 8 年 4 月
*6-8　山田新吾編著『爆撃対防空』厚生閣　昭和 8 年 7 月
*6-9　雑誌日の出 9 月号付録『空襲下の日本』新潮社　昭和 8 年 9 月 1 日
*6-10　陸軍省新聞班『空の国防』陸軍省　昭和 9 年 3 月
*6-11　竹内栄喜著『国防の知識 万有知識文庫第 17』非凡閣　昭和 9 年 5 月
*6-12　警視庁警部西田福次郎著『空襲と帝都防衛』松華堂　昭和 9 年 9 月
*6-13　陸軍省つわもの編集部『国の力叢書（1）空の護り　国民防空必携』昭和 9 年 5 月
*6-14　保科貞次『防空の科学』章華社　昭和 10 年
*6-15　宇山熊太郎『国防論』大日本図書株式会社　昭和 11 年 4 月
*6-16　陸軍少将大場彌平『防空読本』偕成社　昭和 12 年 9 月
*6-17　宇山熊太郎『空中襲撃に対する国民の準備』亜細亜研究会　昭和 12 年 10 月
*6-18　高橋常吉『敵機来らば』新潮社　昭和 12 年 11 月
*6-19　波多野繁蔵『家庭防空読本』モスナ　昭和 14 年 2 月
*6-20　内務省計画局編『国民防空読本』大日本防空協会　昭和 14 年 3 月
*6-21　毎夕新聞社『隣組家庭防空必携』毎夕新聞社　昭和 15 年 7 月
*6-22　東京日日新聞社・大阪毎日新聞社編『戦時防空読本』　昭和 16 年 4 月
*6-23　国枝金市・福田三郎『国民防空の知識—空襲に備へて』大日本出版　昭和 16 年 6 月
*6-24　東京市防衛局上坂倉次『国民防衛の書』ダイヤモンド社　昭和 16 年 7 月
*6-25　佐藤誠也編『防空必勝宝典　一億人の防空智識 臨戦防空読本』八光社　昭和 16 年 10 月
*6-26　陸軍報道部検閲『国民防空書』国民新聞社出版部　昭和 16 年 9 月
*6-27　難波三十四『現時局下の防空『時局防空必携』の解説』講談社　昭和 16 年 11 月
*6-27-2 内務省他『時局防空必携』大日本防空協会　昭和 16 年 10 月
*6-28　藤田義光『防空法解説—大東亜戦と国民防空』朝日新聞社　昭和 17 年 2 月
*6-29　石井作二郎『実際的防空指導』堀書店　昭和 17 年 7 月
*6-30　難波三十四『国防科学叢書 22　防空』ダイアモンド社　昭和 17 年 8 月
*6-31　菰田康一『防空読本』時代社　昭和 18 年 4 月
*6-32　山口清人『もし東京が爆撃されたら !』大新社　昭和 18 年 4 月
*6-33　内務省防空局『昭和十八年改定『時局防空必携』解説』大日本防空協会　昭和 18 年 11 月
*6-33-2 内務省『時局防空必携』大日本防空協会　昭和 18 年 1 月
*6-34　館林三喜男他『防空総論　国民防空叢書第 1 巻』河出書房　昭和 18 年 12 月
*6-35　田邊平学『防空教室』研新社　昭和 20 年 1 月
*6-36　小橋豊『国民防空知識』鳥羽書房　昭和 13 年 10 月
*6-37　難波三十四『防空必勝の栞』大日本防空協会　昭和 16 年 9 月
*6-38　難波三十四・多田鐵雄『教育パンフレット防空必勝の態勢』（財）社会教育協会　昭和 16 年 9 月

*6-39 東京市『防空叢書第三輯 阿部信行閣下講演 防空に関する覚悟』東京市市民動員部防衛課 昭和 13 年 3 月
*6-40 阿部信行陸軍大将「関東大震災回顧」『防空事情』大日本防空協会　昭和 16 年 9 月号 東京都公文書館『都市史料 2 巻』XII頁　2012（平成 24）年 4 月
*6-41 小倉　尚述『防空上防火の重要性』日本建築学会　昭和 13 年 10 月 18 日
*6-42 小倉　尚述『工場防空の概要』工場防護団本部（大阪市）昭和 12 年 6 月
*6-43 中村徳次『実戦的家庭防火群』日本防空普及会　昭和 15 年 8 月
*6-44 警防時代社『警防時代』 昭和 16 年 1 月号
*6-45 上坂倉次「東京防空史話（三）」『東京消防』39 巻 359 号　昭和 35 年 6 月

第七章

*7-1 震災予防調査会『震災予防調査会報告　第百号（戊）火災篇』岩波書店　1924（大正 13）年 3 月
*7-2 警視庁消防部『帝都大正震火記録』 1924（大正 13）3 月
*7-3 改造社編『大正大震火災誌』 1924（大正 13）年 5 月
*7-4 東京府『大正震災誌』 1925（大正 14）年 5 月
*7-5 内務省社会局『大正震災志　上・下・附図』 1926（大正 15）年 2 月
*7-6 東京市『東京震災録　前篇』 1926(大正 15) 年 3 月
*7-7 （貴族院彙報附録）理学博士中村清二君講演『大正 12 年東京の火災の動態地図に就て』大正 13 年 2 月 15 日（公益財団法人後藤・安田記念東京都市研究所デジタルアーカイブス）
*7-7-2 中村清二述『1923 年東京に於ける大地震による大火災』東京帝国大学理学部会　大正 14 年 2 月
*7- 8 内田祥三「木造家屋の火災実験に就て」『建築雑誌』日本建築学会　昭和 8 年 12 月
*7- 9 内田祥文『建築と火災』相模書房　昭和 17 年 12 月
*7-10 内田祥文『建築と火災』相模書房　昭和 28 年 3 月
*7-11 内田祥三「火災と建築」『防災科学（5）火災』岩波書店　昭和 10 年 8 月
*7-12 佐藤功一「住宅の本質的及び人文史的考察と耐火構造」『中央公論』大正 10 年 7 月
*7-13 伊東忠太「曷ぞ耐火建築を造らざる」『中央公論』 大正 10 年 7 月
*7-14 内田祥三「都市の防火と耐火構造」『中央公論』 大正 10 年 7 月
*7-15 内田祥三「都市構造の根本策」『改造』 大正 12 年 10 月
*7-16 佐野利器「不燃都市の建設と復興建築会社」『都市問題』 大正 14 年 12 月
*7-17 片岡　安「防火と建築」『建築と社会』 昭和 2 年 6 月
*7-18 陸軍科学研究所『焼夷弾に対する認識及び措置に就て』 昭和 9 年 9 月
*7-19 陸軍科学研究所編纂『市民ガス防護必携附焼夷弾の防火方法』 昭和 10 年 6 月
*7-20 財団法人大日本防空協会『防空教材第二輯　防空消防』 昭和 17 年 9 月
*7-21 内務省防空局『大型焼夷弾防護指導要領』 昭和 18 年 2 月
*7-22 内務省防空研究所『資料第四号　焼夷弾による火災の防御』 昭和 15 年
*7-23 大日本防空協会『焼夷弾』 昭和 16 年 3 月
*7-24 東　健一『科学選書 37　防空の化学』河出書房　昭和 17 年 9 月
*7-25 浅田常三郎『防空科学』積善館　昭和 18 年 5 月
*7-26 浅田常三郎『国を守る科学』高山書院　昭和 16 年 12 月
*7-27 村瀬　達『科学の泉 16　焼夷弾』創元社　昭和 19 年 10 月
*7-28 日本建築学会『近代日本建築学発達史』丸善出版　昭和 47 年 10 月　第 5 編防災第 5 章空襲火災 5・3-1 東京都
*7-29 ﾛﾅﾙﾄﾞｼｪｲﾌｧｰ・深田民生訳『米国の日本空襲にモラルはあったか』草思社　1996 年 4 月
*7-30 E ﾊﾞｰﾄﾚｯﾄｶｰ・大谷勲訳『戦略東京大空爆 1945 年 3 月 10 日の真実』光人社　1944 年 12 月
*7-31 佐野利器講演「防空と建築」1933（昭和 8）年 8 月 6 日 JOAK 放送 『建築雑誌』1933 年 9 月
*7-32 日本建築学会『耐火防空建築普及促進に関する建議』 1933（昭和 8）年 9 月
*7-33 日本建築学会『焼夷弾の作用とその対策』日本建築学会　昭和 12 年 5 月

*7-34 日本建築学会都市防空に関する調査委員会『都市防空に関するパンフレット』昭和 15.16 年
*7-35 菱田厚介講述『災害と都市計画』(財)損害保険事業研究所　昭和 12 年 3 月
*7-36 東京市『都市防空パンフレット　第一輯～第十三輯』昭和 12 ～ 14 年
*7-37 磯村英一『防空都市の研究』萬里閣　昭和 15 年 1 月
*7-38 石川栄耀『国防科学新書Ⅰ　戦争と都市』電通出版部　昭和 17 年 6 月
*7-39 松本治彦『防空と国土計画』中川書房　昭和 18 年 8 月
*7-40 菱田厚介『科学新書 51　新都市の構成』河出書房　昭和 18 年 9 月
*7-41 田邊平学『不燃都市』相模書房　昭和 20 年 8 月 15 日
*7-42 大日本防空協会『防空教材第五輯　防空土木』 昭和 18 年 8 月
*7-43 町田　保『土木防空　都市計画編 5』常磐書房　昭和 18 年 11 月
*7-44 内務省防空局『防災関係法令及び例規』 昭和 17 年 3 月
*7-45 静岡新報社編『静岡大火写真帖』 昭和 15 年 4 月
*7-46 原文兵衛『元警視総監の体験的昭和史』時事通信社　昭和 61 年 4 月

第八章

*8-1 玉井清編著『写真週報とその時代　下　戦時日本の国防・対外意識』慶應義塾大学出版会 2017 年 7 月
*8-2 『写真週報 29 号』「防空おぼえ帖」 昭和 13 年 8 月 31 日
*8-3 『写真週報 42 号』「焼夷弾の延焼は防げる」 昭和 13 年 11 月 30 日
*8-4 『写真週報 88 号』「国民挙って空に備えよ」 昭和 14 年 10 月 25 日
*8-5 『写真週報 136 号』「ロンドン空爆」 昭和 15 年 10 月 2 日
*8-6 『写真週報 184 号』「都市防空」 昭和 16 年 9 月 3 日
*8-7 『写真週報 208 号』「全力で守れこの空この国土」 昭和 17 年 2 月 18 日
*8-8 『写真週報 261 号』「大型焼夷弾はどう消すか」 昭和 18 年 3 月 3 日
*8-9 『写真週報 282 号』(軍防空) 昭和 18 年 7 月 28 日
*8-10『写真週報 283 号』「改訂時局防空必携写真解説」 昭和 18 年 8 月 4 日
*8-11『写真週報 288 号』「注水競技会」 昭和 18 年 9 月 20 日
*8-12『写真週報 305 号』「空襲に予告なし」 昭和 19 年 1 月 19 日号
*8-13『写真週報 311 号』「敵機は狙う我が頭上」 昭和 19 年 3 月 1 日号
*8-14『写真週報 314 号』「兵器は私たちで造りましょう」 昭和 19 年 3 月 2 日
*8-15『写真週報 319 号』「5 月の空に手を伸ばせ」 昭和 19 年 5 月 3 日号
*8-16『写真週報 332 号』「国民大和一致、その全力を国家奉仕に発揮せん」 昭和 19 年 8 月 2 日
*8-17『写真週報 333 号』「やろう　勝つためにはなんでもやろう」 昭和 19 年 8 月 9 日号
*8-18 東京都『東京都都史紀要 36　戦時下『都庁』の広報活動』 平成 8 年 7 月
*8-19 東京市『市政週報 73 号』 昭和 15 年 8 月 31 日
*8-20 東京市『市政週報 122 号』 昭和 16 年 8 月 16 日
*8-21 東京市『市政週報 124 号』 昭和 16 年 8 月 30 日
*8-22 東京市『市政週報 125 号』 昭和 16 年 9 月 6 日
*8-23 東京市『市政週報 175 号』 昭和 17 年 8 月 29 日
*8-25 東京都『都政週報 8 号』 昭和 18 年 9 月 4 日
*8-26 東京都『都政週報 11 号』「防空に活かせ震災の体験」昭和 18 年 9 月 25 日
*8-27 東京都『都政週報 51 号』昭和 19 年 8 月 26 日
*8-28 東京都『都政週報 53 号』昭和 19 年 9 月 16 日
*8-29 神奈川大学日本常民文化研究所非文字資料研究センター「戦時下日本の大衆メディア」研究班編著『国策紙芝居からみる日本の戦争』勉誠出版　2018 年 2 月
*8-30 日本教育紙芝居協会『警視庁指導　空の護り』 1939(昭和 14) 年 6 月
*8-31 日本防空協会編纂『焼夷弾』大日本畫劇　1941 (昭和 16) 年
*8-32 大日本防空協会編纂『防空壕』大日本畫劇　1941 (昭和 16) 年
*8-33 日本教育紙芝居協会『家庭防空陣』日本教育画劇　1941(昭和 16) 年 10 月

*8-34 大日本防空協会『防空必携我等の防空　第一部基本訓練編』大日本画劇　1942(昭和17)年11月
*8-35 大日本防空協会『防空必携我等の防空　第二部警戒対策編』大日本画劇　1942(昭和17)年11月
*8-36 大日本防空協会『防空必携我等の防空　第三部空襲編』大日本画劇　1942(昭和17)年11月
*8-37 東京市防衛局提供『紙芝居トーキー　防空は防火なり』　発行年不明
*8-38 日本教育紙芝居協会『敵くだる日まで』日本教育画劇　1943(昭和18)年8月
*8-39 日本少国民文化協会選定紙芝居『クウシウ』全甲社紙芝居刊行会　1943(昭和18)年12月(福岡市博物館ホームページ)
*8-40 日本教育紙芝居協会『午前二時』日本教育画劇　1944(昭和19)年10月
*8-41 日本教育紙芝居協会『我は何をなすべきか』日本教育画劇　1944(昭和19)年10月
*8-42 内務省計画局編『少年防空読本』大日本防空協会　昭和16年3月
*8-43 大日本防空協会『内務省推薦　防空絵とき』　昭和17年11月
*8-44 警視庁防空課・消防課検閲/大日本防空協会帝都支部編『隣組防空絵解』昭和19年6月
*8-45 内務省計画局編『バウクウノオハナシ』大日本防空協会　昭和15年
*8-46 日本赤十字社『赤十字博物館報第十九号（防空法徹底強化　防護展覧会号)』　昭和13年8月
*8-47 赤十字博物館作成ポスター『防空図解』小林又七本店　昭和13年6月（国立公文書館デジタルアーカイブ)
*8-48 警視庁警務部警防課編『東京防空展覧会記録』　昭和14年7月（国会図書館デジタルコレクション所収)
*8-49 石川眞琴『防空智識図』東京教材出版社　昭和8年4月（京都大学貴重資料デジタルアーカイブ)

第九章

*9- 1 吉村　昭『関東大震災』文藝春秋社　1973年8月
*9- 2 鈴木　淳『関東大震災―消防・医療・ボランティアから検証する』筑摩書房ちくま新書　2004(平成16)年12月
*9- 3 内閣府災害教訓の継承に関する専門調査会報告書『1923関東大震災【第2編】』　2008（平成20）年3月
*9- 4 山角徳太郎編『神田復興史並焼残記』山角徳太郎　大正14年5月
*9- 5 東京府『大正震災美績』　大正13年9月
*9- 6 東京市『東京震災録　別輯』　昭和2年3月
*9- 7 東京朝日新聞　東京夕刊　1939（昭和14）年1月11日
*9- 8 警防時代社　雑誌『警防時代』昭和14年2月号
*9- 9 東京朝日新聞　東京朝刊　1939（昭和14）年9月1日
*9-10 東京朝日新聞　東京朝刊　1941（昭和16）年8月8日
*9-11 上坂倉次「東京防空史話（21)」『東京消防』　昭和36年12月
*9-12 東京市防衛局『大震火災の時の神田佐久間町和泉町一帯の人達の行動は我等に何を教えるか』　1941(昭和16)年9月
*9-13 日本教育紙芝居協会『関東大震災』日本教育画劇　1941（昭和16）年9月1日
*9-14 文部省「9焼けなかつた町」『第5期国定教科書初等科修身2』　1943（昭和18）年9月
*9-15 文部省「第2　焼けなかった町」『初等科修身教師用指導書』　昭和17-18年
*9-16 鳥取県『鳥取県震災小誌』　昭和19年9月
*9-17 下野新聞社『今市地方震災誌』今市役場情報部　昭和25年12月
*9-18 籏野次郎「地震災害に勝つことのできた人・家・街」『月刊消防11(8)(120)』東京法令出版　1989年7月号

カバー画像出典

◆表カバー写真

『防空演習での任務分担』昭和 19 年頃　旧真砂町にて（文京区教育委員会文京ふるさと歴史館提供）

◆裏カバー画像

中央部：震火災焼失区域・発火地点及び延焼状況（東京市『帝都復興事業図表』昭和 5 年 3 月）

周囲画像：帝都大震災画報・東京大震災画報（大正 12 年 9 ～ 12 月）（番号は下図、タイトル、発行、発行年月日）

① 『激震と猛火に襲われし上野広小路松坂屋付近の真景』浦野銀次郎（浦島堂画局）　大正 12 年 10 月 20 日
② 『其六　上野公園桜雲台に於て殿下災害地御視察之図』土山博（天正堂画局）宇田川安高（東京集画堂）　大正 12 年 9 月 30 日
③ 『其四　日本橋より魚河岸及び三越呉服店付近延焼』土山博（天正堂画局）宇田川安高（東京集画堂）　大正 12 年 9 月 30 日
④ 『激震と猛火に襲われし神田萬世橋惨状の真景』浦野銀次郎（浦島堂画局）　大正 12 年 10 月 20 日
⑤ 『新吉原遊郭花園地避難者の惨状大混乱の真景』浦野銀次郎（浦島堂画局）　大正 12 年 10 月 15 日
⑥ 『新吉原仲之町猛火大旋風の真景』浦野銀次郎（浦島堂画局）　大正 12 年 10 月 15 日
⑦ 『其七　猛火に包まれて不思議に焼残りたる浅草観音』田中良三（尚美堂）　大正 12 年 10 月 20 日
⑧ 『猛火に包囲されたる浅草観世音の真景』浦野銀次郎（浦島堂画局）　大正 12 年 10 月 20 日
⑨ 『浅草公園花屋敷及十二階の真景』浦野銀次郎（浦島堂画局）　大正 12 年 10 月 15 日
⑩ 『其三　浅草広小路及仲見世付近延焼之惨状』土山博（天正堂画局）宇田川安高（東京集画堂）　大正 12 年 9 月 30 日
⑪ 『其二　両国橋より本所国技館方面を望む』土山博（天正堂画局）宇田川安高（東京集画堂）　大正 12 年 9 月 30 日
⑫ 『本所石原方面大旋風の真景』浦野銀次郎（浦島堂画局）　大正 12 年 10 月 20 日
⑬ 『其六　両国橋より本所国技館及被服廠方面延焼の大惨状』田中良三（尚美堂）　大正 12 年 10 月 20 日
⑭ 『其九　厩橋より本所横網町方面大旋風之惨状』土山博（天正堂画局）宇田川安高（東京集画堂）　大正 12 年 11 月 5 日
⑮ 『其五　丸ノ内警視庁 帝劇 東京會舘付近の猛火』田中良三（尚美堂）　大正 12 年 10 月 20 日
⑯ 『其一　日本橋大通り三越呉服店付近の惨状』田中良三（尚美堂）　大正 12 年 10 月 20 日

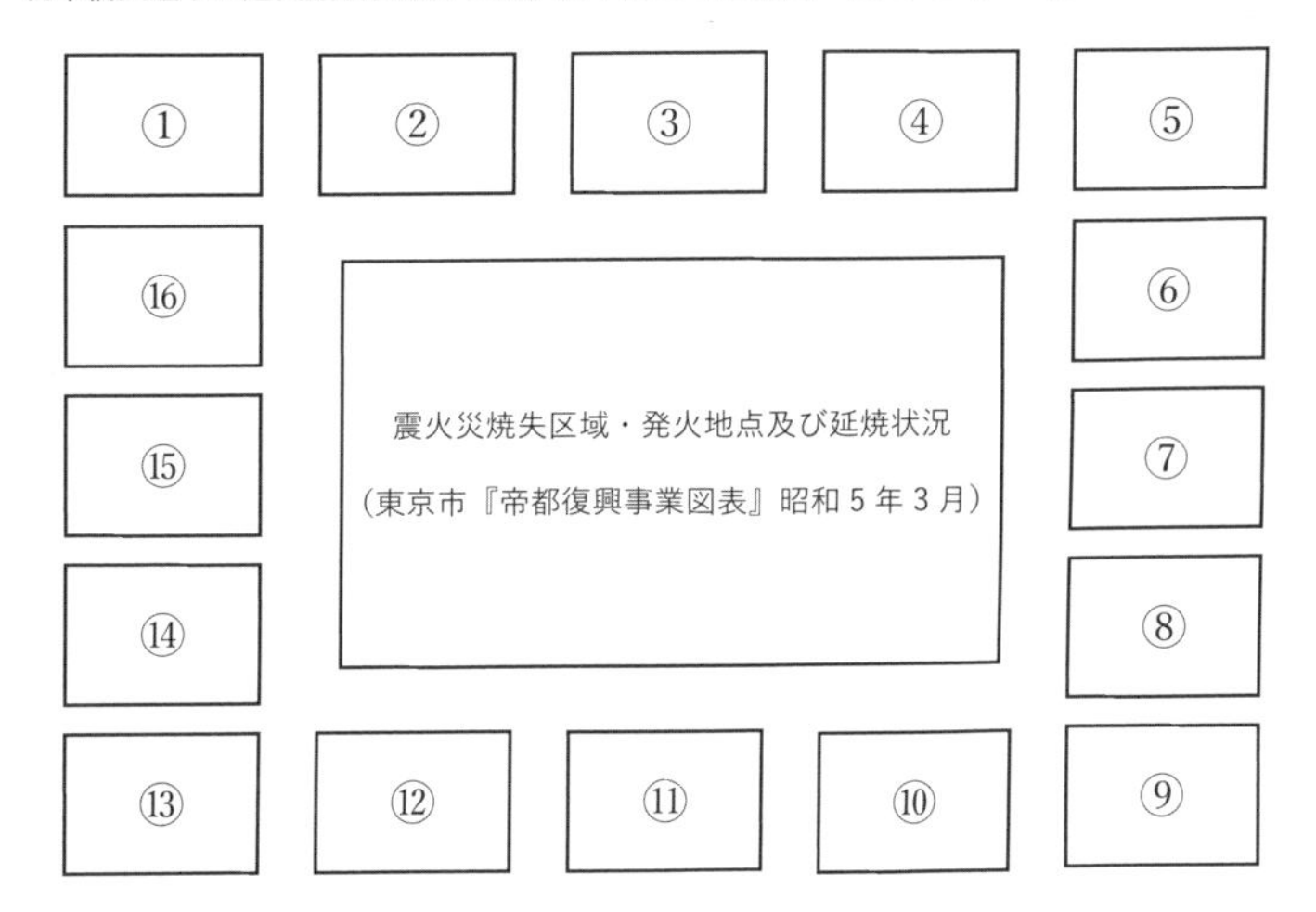

あとがき

筆者は、これまで都市防災や復興の研究、住民主体による安全で住みよいまちづくりの実務に従事する一方、防災都市計画や市街地改善の著述とともに、関東大震災や帝都復興、事前復興対策等の研究を重ねてきた。その中で災害が社会に与える影響、社会的要因から引き起こされる災害様相という相互作用に特に注目してきた。

今回の論考は、当初は10頁程度の論文作成のための資料収集を意図して作業を開始したが、この分野は近年情報のアーカイブ化が進む一方、体系的に俯瞰されておらず、戦後生まれの方々にはどのような資料があるかわかりにくい状況がある。そのため、先行する研究者に敬意を表しながら、過去にどのような考え方や出来事があり実践があったか、当時の資料を整理して『資料集』にまとめ、次代を担う世代に伝えることを心がけ本書を作成・編集した。執筆にあたってできるだけ元の資料を求め、収集できなかった一部資料は公開アーカイブを活用させていただいた。転記引用にあたり仮名遣いや旧字体など原典どおりでない箇所も多い。ひとえに筆者の力不足であるが、今後の研究では原本にあたって確認し、研究の価値を高めていただきたい。

本書の作成途上において多くの方に相談し、温かい対応をいただいた。中でも、北原糸子氏、高見澤邦郎氏、室崎益輝氏、春山明哲氏、藤森照信氏、中林一樹氏、大村謙二郎氏、関澤　愛氏、鈴木　淳氏、廣井　悠氏、及び日本建築学会都市防火小委員会の各位には深く感謝する次第である。また、本書をかたちにするにあたって、弟（故）吉川　弘と当方のつれあいから支援を得た。紙上を借りてお礼したい。

いずれにせよ様々な出来事があり、時代は進んでいく。従前を振り返り次に生かしていく。必ずしも正解の選択ばかりとは言えないだろうが、たゆまず修正し進んでいく。それを繰り返していくのが人の世かもしれないと思うこの頃である。

二〇二三（令和5）年一月　関東大震災百年を迎えて　筆者敬白

吉川　仁（よしかわ　じん）

（略歴）
1947 年長野県生まれ。1975 年東京大学工学系大学院都市工学専攻修士課程修了
専門：都市防災・事前復興・都市計画及び参加のまちづくり他
元職：首都大学東京特任教授、早稲田大学理工学術院・山梨大学工学部他講師
現在：都市プランナー・防災アンド都市づくり計画室代表
日本建築学会都市防火小委員会委員、日本都市計画学会会員等
（主な共編著）
鳥山千尋／大戸　徹／吉川　仁『まちづくり協議会読本』学芸出版社（1999）
日本建築学会『まちづくり教科書第 7 巻　防災まちづくり』丸善出版（2005）
日本建築学会『日本建築学会叢書 8　復興まちづくり』丸善出版（2009）、他
（主な論文）
「帝都復興区画整理及び復興小学校の成立過程に関する研究」都市問題（2008）
「1923 関東大震災第 3 編帝都復興第一部」内閣府災害教訓継承委員会（2010）
「第 2 回帝都復興審議会における伊東巳代治の反対論」都市問題（2011）他

［本書レイアウト・編集］ 吉川　仁

資料にみる「関東大震災から国民防空への展開」
——災害教訓の使われ方を再考する——

2023 年 2 月 24 日　初版発行

著者
吉川　仁

発行・発売
株式会社 三省堂書店／創英社
〒 101-0051　東京都千代田区神田神保町 1-1
Tel：03-3291-2295　Fax：03-3292-7687

印刷・製本／株式会社ウイル・コーポレーション

ISBN978-4-87923-190-1 C3052